水科学前沿丛书

珠三角地区城市雨洪调控技术

黄国如　冯　杰　著

科学出版社

北　京

内 容 简 介

本书主要介绍了城市雨洪模型及其在珠三角城市雨洪调控中的应用。以广州市为研究区域，分别从不同暴雨选样、设计暴雨及设计流量等进行市政排水与水利排涝标准衔接关系研究，基于 PCSWMM 模型构建适用于广州市荔湾区典型社区的城市雨洪模型，分析各种 LID 方案对减缓该社区洪涝灾害和城市面源污染的效果。基于 ArcGIS 和 SWMM 模型构建深圳市民治片区城市雨洪模型和内涝预警预报系统，评估城市化和工程整治措施对洪水的效应，在对珠三角城市暴雨内涝成因进行综合分析的基础上，结合国内外其他国家和地区内涝整治经验，提出珠三角城市内涝的综合应对措施。

本书可供从事水利、水务、市政、规划、环保等的科研工作者和工程技术人员参考，也可供相关专业的大学本科生和研究生使用和参考。

图书在版编目（CIP）数据

珠三角地区城市雨洪调控技术/黄国如，冯杰著. —北京：科学出版社，2017.8

（水科学前沿丛书）

ISBN 978-7-03-054012-6

Ⅰ. ①珠… Ⅱ. ①黄…②冯… Ⅲ. ①珠江三角洲–城市–防洪工程–研究 ②珠江三角洲–降雨–水资源利用–研究 ③珠江三角洲–洪水–水资源利用–研究 Ⅳ. ①TU998.4②TU991.11

中国版本图书馆 CIP 数据核字（2017）第 181121 号

责任编辑：杨帅英 白 丹/责任校对：张小霞

责任印制：肖 兴/封面设计：陈 敬

科学出版社 出版

北京东黄城根北街 16 号

邮政编码：100717

http://www.sciencep.com

北京通州皇家印刷厂 印刷

科学出版社发行 各地新华书店经销

*

2017 年 8 月第 一 版 开本：787×1092 1/16

2017 年 8 月第一次印刷 印张：15 1/4 插页：8

字数：362 000

定价：118.00 元

（如有印装质量问题，我社负责调换）

《水科学前沿丛书》编委会

《水科学前沿丛书》编写说明

随着全球人口持续增加和自然环境不断恶化，实现人与自然和谐相处的压力与日俱增，水资源需求与供给之间的矛盾不断加剧。受气候变化和人类活动的双重影响，与水有关的突发性事件也日趋严重。这些问题的出现引起了国际社会对水科学研究的高度重视。

在我国，水科学研究一直是基础研究计划关注的重点。经过科学家们的不懈努力，我国在水科学研究方面取得了重大进展，并在国际上占据了相当地位。为展示相关研究成果、促进学科发展，迫切需要我们对过去几十年国内外水科学不同分支领域取得的研究成果进行系统性的梳理。有鉴于此，科学出版社与北京师范大学共同发起，联合国内重点高等院校与中国科学院知名中青年水科学专家组成学术团队，策划出版《水科学前沿丛书》。

丛书将紧扣水科学前沿问题，对相关研究成果加以凝练与集成，力求汇集相关领域最新的研究成果和发展动态。丛书拟包含基础理论方面的新观点、新学说，工程应用方面的新实践、新进展和研究技术方法的新突破等。丛书将涵盖水力学、水文学、水资源、泥沙科学、地下水、水环境、水生态、土壤侵蚀、农田水利及水力发电等多个学科领域的优秀国家级科研项目或国际合作重大项目的成果，对水科学研究的基础性、战略性和前瞻性等方面的问题皆有涉及。

为保证本丛书能够体现我国水科学研究水平，经得起同行和时间检验，组织了国内多位知名专家组成丛书编委会，他们皆为国内水科学相关领域研究的领军人物，对各自的分支学科当前的发展动态和未来的发展趋势有诸多独到见解和前瞻思考。

我们相信，通过丛书编委会、编著者和科学出版社的通力合作，会有大批代表当前我国水科学相关领域最优秀科学研究成果和工程管理水平的著作面世，为广大水科学研究者洞悉学科发展规律、了解前沿领域和重点方向发挥积极作用，为推动我国水科学研究和水管理做出应有的贡献。

刘昌明

2012 年 9 月

前 言

在全球气候变化背景下，城市化水平提高在一定程度上使得城市暴雨洪水频率增加，城市洪涝灾害影响程度加深，影响范围不断加大。珠三角地区城市暴雨内涝频发，城市洪涝风险呈不断上升趋势，频繁发生的城市洪涝灾害给社会经济生产造成了巨大损失，对城市居民生命财产和安全生产造成威胁。面对日益严峻的城市洪涝灾害，除了加强必要的工程措施建设外，模拟和预报城市洪水也是防洪减灾措施中重要的甚至是必不可少的非工程措施，同时也是当前城市水文学研究的前沿课题之一。因此，为了减少城市洪涝灾害造成的损失及提升对突发性强暴雨洪水事件作出快速反应和应急处置水平，需建立一套高效、稳定的数学模型用以模拟计算城市暴雨洪水过程，研制城市暴雨内涝预警预报系统，分析评估工程建设措施的水文效益；从不同暴雨选样方法、设计暴雨和设计流量等方面分析市政排水与水利排涝设计重现期标准的衔接关系，试图解决因两者设计标准不同所导致的排水困局；在对近年珠三角城市内涝进行充分调研的基础上，分析珠三角城市内涝的发生原因，探讨城市内涝的综合防治技术，制定珠三角城市内涝防治对策，提出城市内涝防治的工程措施和非工程措施，为珠三角地区城市内涝解决提供科学依据。

本书共分 6 章。第 1 章为绪论，主要介绍城市内涝研究背景和意义、研究的主要内容等。第 2 章为城市雨洪模型，主要介绍 SWMM 模型、PCSWMM 模型和 InfoWorks ICM 模型的基本原理、结构及其基本计算方法，阐述 SWMM 模型构建的 ArcGIS 技术方法、ArcGIS 与 SWMM 模型的系统集成途径等，论述基于 ArcGIS 和 SWMM 模型的地面淹没水深计算方法。第 3 章为市政排水与水利排涝设计标准衔接关系，以广州市为研究对象，从不同暴雨选样、设计暴雨和设计流量等对市政排水与水利排涝设计重现期标准进行相关衔接分析，并基于 InfoWorks ICM 模型构建东濠涌流域一维管道、一维河道及二维地面耦合模型，分析计算管道与河道不同标准组合的衔接情况。第 4 章为低影响开发雨水利用系统雨洪调控效应评估，构建基于 PCSWMM 模型的广州市荔湾区典型社区城市雨洪模型，评估该典型社区各种 LID 方案对减缓洪涝灾害和城市面源污染的效果，优化得出该典型社区的各类低影响开发措施。第 5 章为深圳市龙华民治片区雨洪调控技术，基于 ArcGIS 和 SWMM 模型构建深圳市民治片区城市雨洪模型，研制城市内涝预警预报系统，评估城市化和工程整治措施对洪水的影响。第 6 章为珠三角城市内涝成因及解决对策，介绍珠三角城市暴雨内涝成因，梳理国内外城市暴雨内涝防治措施，据此提出珠三角城市暴雨内涝解决对策。全书由黄国如统稿。文中部分彩图附后。

本书的研究成果是华南理工大学水资源及水环境科研团队多年相关科研成果的总结和提炼，本书其他作者主要为黄纪萍、曾娇娇、张灵敏、吴海春等，研究生李彤彤、王欣在本书撰写过程中也提供了很多帮助，本书也参考和引用了国内外许多专家和学者的研究成果，在此一并表示衷心的感谢。

本书的研究得到了水利部公益性行业科研专项经费项目（201301093）、广东省科技计划项目（2016A020223003）、广东省水利科技创新项目（2016-32）、广州市科技计划项目（201707020020）、广州市水务科技创新项目（GZSW-201401）及华南理工大学亚热带建筑科学国家重点实验室自主研究课题项目（2014ZC09）等的大力资助，在此一并表示感谢。限于作者的研究水平，书中难免存在不足和疏漏之处，恳请同仁批评指正。

作　者

2017年3月10日

目　录

第1章 绪　　论

1.1 研究背景和意义

1.1.1 城市化水平提高

城市化是从以农业为主的农村社会向以工业、服务业和信息产业为主的现代城市社会转化的过程，是人类社会发展和进步的必然趋势。根据联合国人口基金会发表的《2007世界人口状况报告》的数据显示：到2030年，全球城市人口预计将达到50亿人，约占同期世界总人口的60%，其中，发展中国家城市人口预计将占世界总城市人口的81%。根据中国国家统计局的数据，2011年年末我国城镇人口占总人口的比例已经达到51.27%，城镇人口比重首次超过非城镇人口，在统计学意义上，中国已经成为“城市化”国家。图1-1给出了我国自1978年以来历年城市化率的变化情况，由图1-1可以看出，自改革开放以来，中国城市化水平不断提升，特别是1996年以后，城市化进程进一步加快，根据中国社会科学院的研究成果，到2030年，中国城市化率预计将达到67.81%。

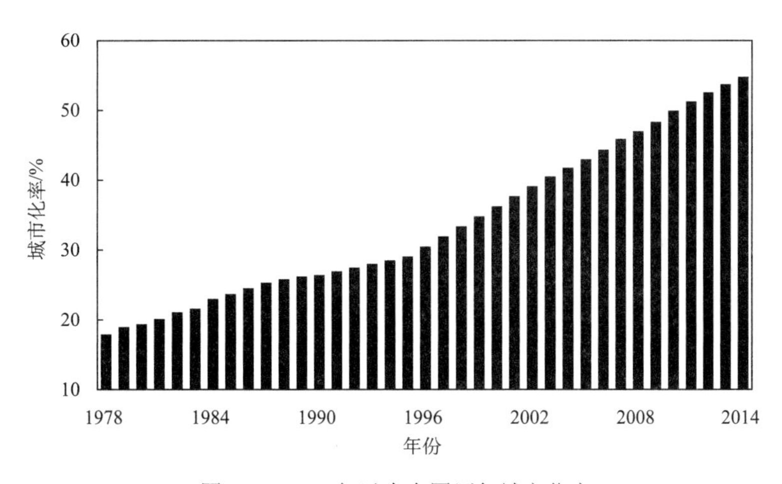

图1-1　1978年以来中国历年城市化率

城市化水平的提高推动了社会经济的迅猛发展，但同时也带来了地区人口密度的急剧加大，生态环境条件被改变，进而引起地区局部气候和水循环条件发生变化，即城市化的水文效应。从某种意义上讲，水文过程是气象要素与下垫面条件共同作用的结果，而城市化引起的土地利用变化、不透水面积增加正不断地改变着城市的气象要素与下垫面条件。城市化对水文过程的影响主要包括以下几个方面。

1）对降雨的影响。城市密集的建筑群、大量的混凝土和柏油路面及相对较少的绿地和水体等特点使得城市地区具有更大的吸热率，在相同的太阳辐射下，城区较郊区温度上升更快，与郊区形成温差，近地面风速递减，城区的绝对湿度和相对湿度逐渐减小，即“热岛效应”。受“热岛效应”、大量有利于降水的凝结核和众多高度不一的高层建筑物对气流扰动等因素的影响，城市“雨岛效应”明显。根据国内外众多研究成果，城市化能够明显诱发降水，增加降雨强度和降雨持续时间。

2）对径流的影响。一方面，在城市化过程中，城市土地使用类型的改变和地表不透水率的增加使得区域下渗量、截留量和蒸发量减少，从而极大地影响区域产流量和产流过程。另一方面，城市河道形态的改变、地下管网排水和水工建筑物等因素的影响使得城市汇流条件和特性较自然流域有了很大不同。图 1-2 给出了城市化前后地表汇流过程对比的示意图，由图 1-2 可以看出，城市化对径流的影响主要表现为径流总量增加，汇流过程缩短，洪峰流量增大，洪峰时间提前。

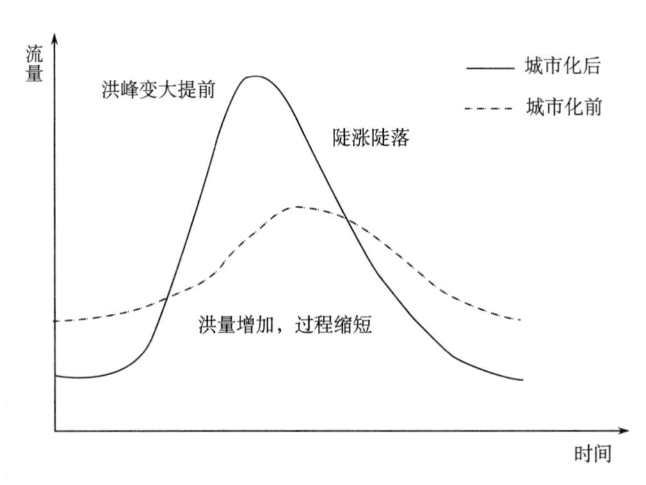

图 1-2　城市化对径流过程的影响

由上面的分析可知，一方面，城市化水平的提升是社会经济发展导致的一个不可逆转的趋势，无论是中国还是世界其他地区，都处于城市化水平不断提升的过程中；另一方面，由于城市化水平提升所带来的水文效应及全球气候变化、人口增长等，城市暴雨洪水的出现频率与潜在风险都在不断增大。城市化水平的不断提升使得人口、产业、财富快速地向城市地区聚集，即使在相同的洪涝灾害条件下，城市洪涝灾害造成的损失也明显比以前增加，间接损失和社会影响不断增大。

1.1.2　城市洪涝灾害频发

城市洪涝灾害一般是指强降雨、外江洪水漫堤和城区溃坝等在地势低洼、排水不畅等情况下造成地表积水或者行洪的自然灾害，其中，短历时强降水或过程雨量偏大是导致城市洪涝灾害的主要原因。世界上大部分城市都经常遭受不同程度的暴雨洪水的袭击，在西方发达国家城市多以局部排水不畅导致的小规模洪水为主，而在部分发展中国家，由于地下排水设施标准偏低以及城市管理水平较低，城市洪水问题则显得更严重。目前，中国城市数量已由改革开放初期的 190 多座发展至 600 多座，其中，人口在 500 万人以上的城市就有 80 多座，城区常住人口达 500 万人以上的特大或者超大城市也达到了 16

座以上。同时，我国长江三角洲、珠江三角洲、京津冀等地区的区域城市化建设也在迅速发展。据统计数据显示，城市集中了我国 50%左右的国民收入、70%左右的工业产值、80%左右的工业税收和近 90%的科教力量。由此可见，城市一旦遭受洪涝灾害，将对社会经济生产和城市居民生活产生巨大影响，造成不可估量的损失。城市洪涝造成的损失可以归结为 3 个方面：①直接损失。洪水给经过的地方所造成的生命财产损失。②间接损失。因洪水而造成的交通堵塞、工厂停工和疾病传播等损失。③社会影响。主要指洪水带来的长期社会负面影响，如洪水频繁区域财产贬值等。

近年来，我国城市洪涝问题也变得日益突出，发生严重城市洪涝灾害的频率也在不断增加。2007 年 7 月 18 日，济南市遭遇特大暴雨，3 小时最大降水量达到 180mm，由于短时间降雨过大和排水能力不足，造成至少 34 人死亡，直接经济损失高达 12 亿元。2012 年北京“7.21 特大暴雨”，全市平均降水量为 164mm，造成 79 人死亡，190 万人受灾，经济损失近百亿元。根据住房和城乡建设部 2010 年的调研结果，2008~2010 年的 3 年间，在调查范围内的 351 个城市中，发生过内涝问题的城市就达到了 210 多座，其中，有 137 个城市发生过 3 次以上的内涝，近七成城市的最大积水深度超过 50cm，内涝问题已经成为制约我国城市发展的重要因素。

在珠三角地区，城市内涝问题早在 20 世纪 80 年代就已非常严重。2014 年 5 月 11 日，深圳市遭遇有气象记录以来最强的特大暴雨袭击。暴雨从早上 6 时开始，暴雨时间延续了 22 小时，暴雨中心主要集中在龙华、南山一带。全市平均最大 24 小时降水量为 233.1mm，约 20 年一遇。其中，龙华站为暴雨中心点，最大 6 小时降水量为 310mm，约 180 年一遇；最大 24 小时降水量为 458.2mm，约 125 年一遇。龙华新区 4 个办事处防洪河堤水毁或坍塌点 13 个，其中，最典型的为观澜河干流段，左岸护坡损毁，右岸截污箱涵铺砖损毁。共计内涝 69 处，其中有 14 处易涝区、55 处积水点，局部区域积水严重，给人民的生产生活造成了较大影响。

近几年来，广州市的城市内涝问题也非常严重，2008 年 6 月 24 日，一场暴雨使广州本田厂区受到严重水浸影响；2009 年 5 月 25 日，全市发生水浸街 0.20m 以上的有 15 处，最大水浸深度为 0.40m；2010 年 5 月 7 日，五山雨量站观测到最大 1 小时和最大 3 小时降水量分别为 99.1mm 和 199.5mm，广州市 102 个镇（街）受浸，中心城区 118 处地段出现内涝，其中，44 处水浸较为严重，有 35 个地下停车场遭受不同程度的水淹，广州市经济损失为 5.438 亿元。

不同城市暴雨洪水灾害频繁发生的原因可能有所不同，但归结起来主要有以下几点。

1）自然原因。近年来，全球气候变化影响和城市化导致的“雨岛效应”，部分城市暴雨强度和频率有加大的趋势。对于沿海城市感潮河网地区，排水受外江水位或者潮位影响，如暴雨时恰逢外江发生高水位时，会影响到城市排水能力，导致内河水无法及时外排，从而形成内涝积水。由于地形原因，城市一些低洼地区排水不畅，也极度容易造成积水。

2）排水设施能力不足。有些城市老城区地下管网年代久远，排水标准严重偏低，调查显示我国 70%以上排水系统的设计标准不到 1 年一遇。排水能力不足是导致暴雨时积水的最直接原因。有些地方甚至是雨污合流制，由于污染物沉淀和附着的原因，一些管道有效过水面积减少现象很严重。同时由于更新改造不及时，有的地方虽然设计标准很高，但由于局部管道老化或者管径偏小，导致整体排水能力达不到设计标准。

3）人为因素。城市化进程使得城区面积增大及不透水比例增加，这些直接导致径流系数增大及汇流时间变短，从而导致内涝加剧。街面垃圾清理不及时，城市施工工地泥浆、油污违章排放等导致进水口或者管道堵塞，甚至损坏，使管道排水不畅，雨水径流无法排除，有时甚至会影响整个排水管网的效率。

4）城市规划的不合理。一个是政府优先发展社会经济，着眼于城市的迅速扩张而忽略了生态保护，没有平衡城市发展用地和生态用地需求，缺乏对城市水利和水环境规划的重视，许多生态绿地、湖泊都逐渐转化为建设用地，河道用地一缩再缩，降低了城市对降雨的调蓄能力，也使河道没有足够的空间及时排除涝水；另一个是城市规划过程中很少针对地势相对低洼的区域制定相应的排水规划或者高程规划，许多建设商只是将自己用地的地势填高，造成路面相对低洼，逢雨就涝。

5）职能部门的管理水平还有待加强。主要体现在长期以来，我国市政、水利、环境等职能部门缺乏必要的沟通合作。例如，市政部门可能出于利益考虑，管网资料不愿共享，水利部门难以准确掌握相关信息，在河道防洪排涝规划中只能选择简化处理；环境部门则长期处于弱势地位，在城市建设中无法施展自身保护环境的职能权利。还有就是相关规范和标准的缺失难以统一，让市政、水利工作者在实际的设计衔接上难以操作。

6）雨洪管理技术和观念落后。国外许多发达国家从很早以前就开始研究城市雨洪模型，并且已经成功广泛应用于城市排水、规划等领域，提供许多可供参考的有益信息；国内由于资料不全、技术相对落后等原因起步较晚，相关成果不多。建立预警预报系统、“源头控制”思维、低影响开发、海绵城市等观念的普及还不到位。

1.2　主要研究内容

珠三角城市内涝频发不仅对城市居民生命财产和安全生产造成威胁，也严重影响了城市经济的正常发展。为了减少内涝灾害的发生频率，确保人民生命财产安全，有必要对珠三角地区城市内涝产生的根源进行分析研究，并提出相应的对策措施。本书主要研究城市雨洪模型及其在珠三角城市雨洪调控中的应用，主要研究内容如下。

1）介绍暴雨管理模型（storm water management model，SWMM）、PCSWMM 模型和 InfoWorks ICM 模型各个模块的基本原理、结构及其基本算法，包括降雨产流、地面汇流和管网水动力汇流方法；由 SWMM 模型在地表水流计算方面的欠缺，提出开发地表积水水深计算模块，研究将一维溢流流量转化为积水水深及积水范围的方法。

2）阐述 SWMM 模型构建的 ArcGIS 技术方法，研究基于 ArcGIS 对城市下垫面进行概化，主要包括子汇水区划分、子汇水区相关属性计算和提取方法；对比分析 ArcGIS 和 SWMM 模型系统集成的各种开发方式，构建城市内涝预警系统的基本框架，并在框架的基础上研究集成 SWMM 模型和 ArcGIS Engine 组件调用的技术方法，优化 ArcGIS 与 SWMM 模型的系统集成途径。

3）分别对年多个样本及年最大值选样采用不同的频率分布模型适线，拟合暴雨强度公式，探求两种选样方法拟合所得暴雨强度公式的设计重现期衔接对比关系；对同场次实测降雨分别按不同的长短设计降雨历时进行雨量重现期统计分析，分别推求市政排水与水利排涝的设计暴雨过程线，对比分析两者设计暴雨雨峰的衔接关系；分别采用市政排水与水利排涝标准的流量计算方法推求各分区最大设计流量，对比分析两种排涝标准的设计流量衔接关系。

4）采用 InfoWorks ICM 模型，构建东濠涌流域一维管道、一维河道和二维地面耦合模型，分析验证市政排水与水利排涝不同标准组合情况下流域的排水状况，论证市政排水与水利排涝标准衔接关系的合理性。

5）建立基于 PCSWMM 模型的广州市荔湾区典型社区城市雨洪模型，评估各类 LID 措施对减缓该典型社区洪涝灾害和城市面源污染的效果，优化得出该典型社区的各类低影响开发措施。

6）利用 ArcGIS 和 SWMM 模型构建城市排水管网水力模型，并利用 ArcGIS 组件 Engine 和 SWMM 模型开源的计算模块，实现 ArcGIS 和 SWMM 模型的系统集成，构建深圳市民治片区城市内涝模型，建立基于 ArcGIS 的民治片区暴雨内涝预警预报系统，动态地模拟民治片区各个节点的淹没水深、流速、流量变化过程。

7）介绍城市化对洪水影响的影响因子，主要包括降雨和产汇流条件对洪水的影响等，定性分析深圳市民治片区城市化对洪水的影响特征，利用已经构建的城市雨洪模型进行对比分析，定量地给出城市化前后暴雨洪水特征值变化规律，以此判别城市化对洪水的影响。提出民治片区城市内涝综合整治措施，基于已经构建的城市雨洪模型评估工程措施的实施效果。

8）对珠三角地区城市内涝成因进行整理与分析，介绍国内外发达国家和地区的排水防涝标准，并对国内外城市内涝控制标准进行比较，论述发达国家在城市内涝治理方面的经验，从工程措施和非工程措施两方面分别探讨内涝防治技术，提出珠三角城市内涝的解决对策，为珠三角城市内涝的防治提供参考。

第 2 章　城市雨洪模型

目前，国内外应用较为广泛的城市雨洪模型主要有 SWMM、PCSWMM、DigitalWater 和 InfoWorks 等（黄国如等，2011，2013；汉京超，2014；黄纪萍，2014；石赟赟等，2014；陈小龙等，2015；黄国如等，2015a，2015b；曾娇娇，2015；张灵敏，2015；黄维，2016）。在众多排水管网水力模型软件中，除了 SWMM 模型之外，其他模型软件基本都是商业软件。SWMM 模型应用最为广泛，尤其在模拟地下排水管网方面具有显著优势，在全世界拥有庞大的用户群，模型功能不断更新以适应用户需求，其水文水动力计算内核与其他软件基本类似；另外，由于该模型计算代码完全开源，有利于将该模型与 ArcGIS 功能有机集成，从而便于实现 SWMM 模型的二次开发，因此，选用 SWMM 5.1 模型进行排水管网水力模型的建模分析及与 GIS 的集成开发。

2.1　SWMM 模型

2.1.1　概述

暴雨管理模型最早于 1971 年由美国国家环境保护局（EPA）牵头，联合 M&E 公司（梅特-卡夫-埃迪）、WRE（美国水资源公司）和 UOF（佛罗里达大学）三家单位开发，是一个动态的降雨径流模拟软件，至今已推出 SWMM 5.1 版本。最新版本软件具有良好的系统兼容性和友善的操作界面，易于理解操作。功能也不断强大，能模拟各种时段降雨条件下完整的城市降雨径流过程，包括地表径流、排水管网水流以及管网系统在添加各种水利设施（如水泵、堰闸、蓄水池）条件下的水力特征值，同时能模拟伴随着产汇流过程产生的水体污染物负荷量。

2.1.2　SWMM 模型结构

SWMM 5.1 由两大模块构成，分别为计算模块和服务模块。两大模块中又各自包含子模块，各个子模块都有独立功能。其中，计算模块是模型的最主要部分，包括 4 个核心的水文水力模块，分别为径流模块（RUNOFF BLOCK）、输送模块（TRANSPORT BLOCK）、扩展输送模块（EXTENDED TRANSPORT BLOCK）、储存/处理模块（STORAGE/TREATMENT BLOCK），各个模块功能独立，而除了径流模块不能接收其他模块的输出结果外，其他都可接收其他模块的输出作为自身模块的输入数据。服务模块主要承担模型前期降雨、水文等边界数据输入、数据处理及后期模拟结果的显示、统计和分析，主要包括统计、图表、合并、降雨和温度 5 个子模块。各子模块之间的关系见图 2-1。

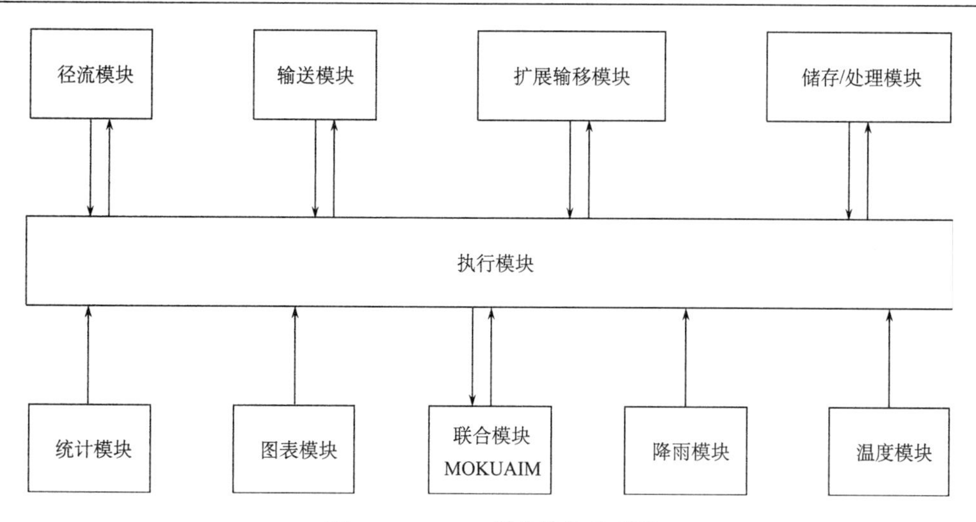

图 2-1　SWMM 模块结构关系图

2.1.3　降雨计算

排水管网流量计算中，管道流量主要来自于地面降雨，因此，排水管网水力模拟过程中，降雨是模型重要的外部输入。降雨要素包括降水量（深）、降雨强度、降雨历时和降雨面积，各个要素对城市内涝的严重程度都有不同影响。为了充分反映降雨的时空分布特征，常用降雨过程线、降雨累积曲线、等雨量线及降雨特征综合曲线描述降雨。SWMM 排水管网模型中，可选用降雨过程线或降雨累积曲线作为降雨模型输入数据，而降雨过程线更加常用。

SWMM 模型输入的降雨过程可以是实测的降雨过程，也可以是人工合成的设计暴雨过程线，即暴雨模型。使用实测降雨过程进行排水管网水力模拟更符合实际，同时可结合实测出口流量过程验证，能对区域排水管网的排水能力进行更合理、正确的评估。实测降雨资料可通过气象部门或自建雨量记录设备获得当地降雨数据，对于排水管网模型，尤其是模拟城市内涝情景，一般需要较精细的降雨数据，降雨数据时间间隔应尽可能小，目前，国内气象部门提供的降雨数据较多以日、时的间隔记录，此类资料对于模拟排水管网水力特征而言步长较长，一般应选用步长为分钟的降雨资料作为降雨输入。

城市设计暴雨由暴雨强度公式求得，暴雨强度公式是各地根据长期的气象观测降雨资料，经数理统计分析得出符合该地暴雨特征的推求公式。根据《室外排水规范》要求，进行雨水排水系统规划设计时，需采用不同重现期的设计暴雨计算管网设计流量。而在实测降雨资料较缺乏的地区，设计暴雨也常用于排水管网系统排水能力的校核评估。在排水管网水力模型模拟中，除了一定历时的平均降雨强度，降雨的时程分布形式，即雨型，也是对管网水力特征有重要影响的因素，因此，需选用合适的雨型进行降雨过程线模拟。

常用的设计暴雨过程线模拟方法有 CHM 法（也称 KC 法）、Huff 法、YC 法和 PC 法等。根据前人的分析比较，国内适用性较好的合成暴雨模型是由 Keifer 和 Chu 提出的芝加哥雨型（CHM 法）（岑国平等，1998），该方法用与均匀降雨相同平均强度的暴雨生成雨强过程线，并且在所选择的时间内造峰（张大伟等，2008）。该雨强过程线形状对任何暴雨历时的降雨均适用，只是平均强度不同。其计算方法如下。

假设暴雨强度公式为

$$i = \frac{A}{(t+b)^n} \tag{2-1}$$

式中，i 为 t 历时内的平均雨强，mm/min；t 为历时，min；A、n、b 为暴雨公式参数。

则历时为 t 的降雨总量为

$$H = i \times t = \frac{At}{(t+b)^n} \tag{2-2}$$

式中，H 为 t 历时内的降雨总量，mm。

用历时 t 对降雨历时内的降雨量求导，得出瞬时降雨强度为

$$I = \frac{\mathrm{d}H}{\mathrm{d}t} = \frac{A[(1-n)t+b]}{(t+b)^{n+1}} \tag{2-3}$$

式中，I 为瞬时降雨强度，mm/min。

根据芝加哥雨型，降雨过程雨峰将出现在降雨开始后其历时的某一比例为 r（雨峰系数）处，则降雨过程线分为峰前降雨和峰后降雨，过程线公式修正如下。

峰前：

$$I = \frac{A}{\left(\frac{t_1}{r}+b\right)^n}\left(1-\frac{nt_1}{t_1+rb}\right) \tag{2-4}$$

峰后：

$$I = \frac{A}{\left(\frac{t_2}{1-r}+b\right)^n}\left[1-\frac{nt_2}{t_2+(1-r)b}\right] \tag{2-5}$$

式中，t_1 为峰前历时，min；t_2 为峰后历时，min；r 为雨峰相对位置。

由以上分析可知，计算某一城市的设计暴雨过程，只需选定适合该城市的 A、n、b 参数及雨峰系数 r，即可绘出需要的某一重现期的设计暴雨过程线。其中，r 主要根据当地多年降雨资料统计分析得出，一般取值在 0.3~0.5，根据暴雨期间排水管网容积率分析可知，当 r 越接近于 1 时，则暴雨对排水系统造成的潜在风险越大。

2.1.4　集水区域概化

基于 SWMM 模型构建排水管网水力模型，考虑到研究区域的空间变异性，首先需根据地形、雨水口分布等因素，将集水区域划分为若干个子汇水区。子汇水区由面积、流长、坡度、不透水率等地理水文特性描述，用户需为每个子汇水区指定降雨过程线及地表径流的排出口，该排出口可以是排水系统的雨水口节点，也可以是其他子汇水区。

每个子汇水区是一个独立的水力单元，模型根据各子汇水区特性分别计算其地表径流过程，再根据流量演算法将各子汇水区出流组合起来，集水区域概化图见图 2-2，图中的代号 S 表示子汇水区，J 表示节点，C 表示排水通道。

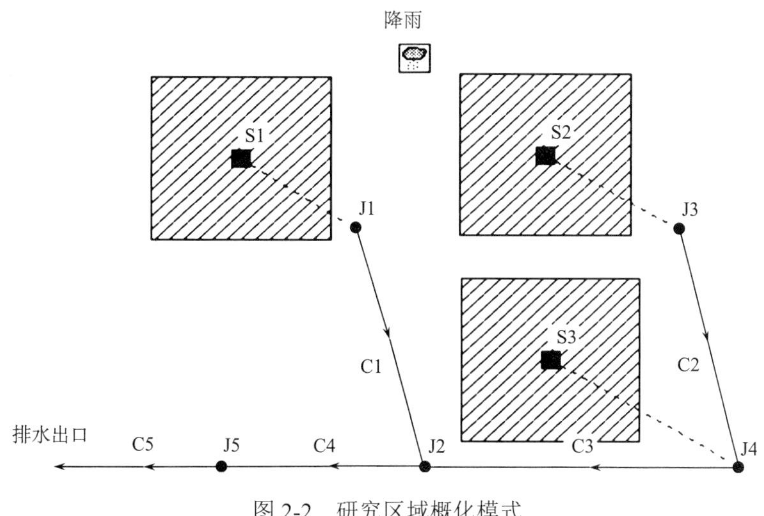

图 2-2　研究区域概化模式

计算地表径流时，为反映不同的用地类型，每个子汇水区又分为透水区和不透水区，透水区的降雨将部分下渗到土壤层中，不透水区则没有下渗损失。不透水区又分为有洼蓄和无洼蓄两部分，无洼蓄不透水区在降雨初期即产流。透水分区与不透水分区的径流可演算到对方分区，也可分别排到子汇水区的排出口，如图 2-3 所示，其中，A_1 为透水区面积，A_2 为有洼蓄不透水区面积，A_3 为无洼蓄不透水区面积，其中，A_1 宽度等于整个汇水区宽度 W_1，而 A_2 和 A_3 宽度 W_2、W_3 与它们各自的面积占总不透水区面积的比例成正比，即

$$W_2 = \frac{A_2}{A_2 + A_3} W_1 \quad , \quad W_3 = \frac{A_3}{A_2 + A_3} W_1$$

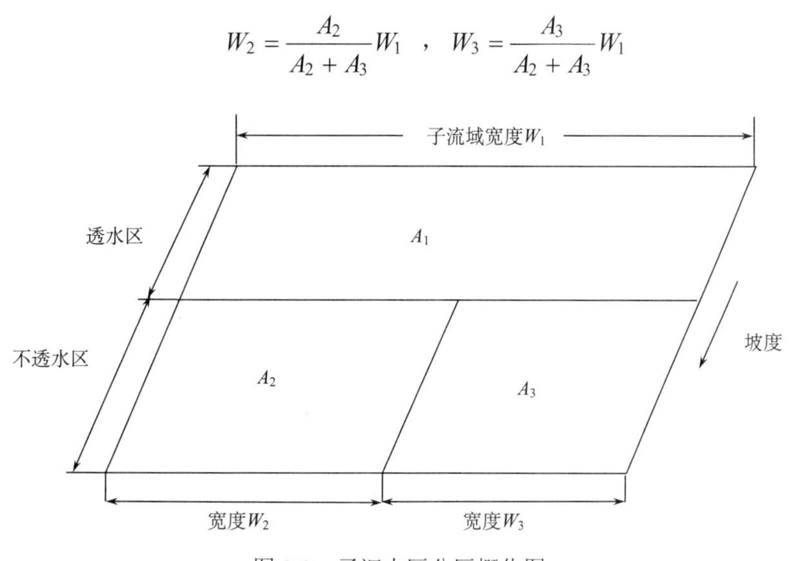

图 2-3　子汇水区分区概化图

2.1.5　地表产流计算

地表产流计算是指降雨扣除蒸发、截流、洼蓄和下渗等损失形成净雨的过程。城市排水管网模拟的降雨输入多为短历时高强度暴雨，降雨过程中蒸发的水量很小，因此，在 SWMM 模型地表产流计算中，降雨主要考虑洼蓄和下渗损失。

由图 2-3 可知，子汇水区可划分为 3 个子区，各子区代表不同的地表特征，其产流计算方法也有所不同。模型对各子区单独进行产流计算，子汇水区的出流量等于 3 个部分出流量之和，下面对各类型分区产流计算进行介绍。

无洼蓄不透水区地表上的降雨除了蒸发外均转化为径流量，当降雨强度大于蒸发强度时，产生径流。

有洼蓄不透水区上的降雨先满足地面最大洼蓄量，然后开始形成径流。

透水区的降雨先满足地表面入渗需求，当降雨强度大于入渗强度时，地面开始积水，当地面积水量达到洼地最大蓄水量时，开始形成地表径流。入渗强度大小及随时间的变化情况对透水区的产流时间和产流峰值有重要影响（刘贤赵和康绍忠，1999），入渗机理较复杂，而影响入渗的因素也有多方面，包括下垫面情况、土壤、降雨强度、前期土壤含水率等（崔凤铃，2007）。

SWMM 模型提供了霍顿（Horton）模型、格林-安普特（Green-Ampt）模型和径流曲线数法（curve number method）三种模型用于计算产流过程的下渗强度，三种方法的入渗机理各不相同，简介如下。

（1）Horton 模型

Horton 模型是由 Horton 于 1933 年提出的一个三参数经验模型，描述了下渗率随降雨时间变化的关系，该模型参数较少，适用于土壤资料欠缺地区，目前广泛应用于水文模拟中。入渗强度与历时 t 的关系如下：

$$f_t = f_c + (f_0 - f_c) \times e^{-kt} \tag{2-6}$$

式中，f_t 为历时为 t 的下渗率，mm/h；f_c 为稳定下渗率，mm/h；f_0 为土壤初始下渗率，mm/h；k 为下渗衰减系数，与土壤的物理性质有关，h^{-1}；t 为历时，h。

初始下渗率 f_0 即暴雨开始时的最大入渗率，随着降雨入渗过程进行，入渗率呈指数次方递减，当达到稳定入渗率 f_c 时不再变化。模型所需参数较少，建模过程中可根据 SWMM 模型提供的各种土壤类型条件下的参数范围选取模型参数，尤其适用于土壤资料较缺乏地区，常用于城市流域排水管网模型中。但模型存在的问题是，模型只考虑入渗率随时间变化，并不考虑土壤类型和土壤含水率，因此，模型在大流域应用有所限制。

（2）Green-Ampt 模型

Green-Ampt 模型是 Green 和 Ampt 在 1911 年根据毛管理论推导出来的一种近似积水模型（余新晓，1991），因具有一定的物理含义而被广泛应用。该方法假定在土壤层中存在一个干湿界面，在界面处土壤含水量出现急剧变化，湿界以上土壤是饱和的，以下土壤水分保持不变（刘姗姗等，2012），降雨入渗将使土壤经历不饱和到饱和的变化过程。模型将下渗过程分为土壤未饱和阶段和土壤饱和阶段进行计算：

$$f_{\mathrm{P}}=K_{\mathrm{s}}\left(1+\frac{S\times \mathrm{IMD}}{F}\right) \tag{2-7}$$

式中，f_{P}为下渗率，mm/h；K_{s}为有效饱和导水率，mm/h；S为湿润锋面处平均毛细管吸力，mm/h；IMD 为初始土壤湿度亏损，mm；F 为累积下渗量，mm。

在 SWMM 模型中，应用该方法进行入渗计算，要求输入的参数有土壤初始亏水量、土壤水力传导度和湿界处的负压水头。但是各参数的确定难度系数较大，对土壤资料要求较高。

（3）SCS-CN 曲线法

SCS-CN 曲线法是美国水土保持局提出的一个经验模型，该法通过计算土壤吸收水分的能力来计算降雨下渗值，而土壤的吸水能力与曲线值（curve number，CN）密切相关。CN 是根据日降水量与径流量资料按照一定经验确定，与土壤类型、土地利用类型、植被和土壤初始饱和度（土壤前期条件）等因素相关。

在 SWMM 模型中，使用该模型需要输入的参数是曲线数、土壤水力传导率，以及土壤由湿润到完全干燥整个过程的时间。该法考虑了流域下垫面情况和前期土壤含水量对降雨产流的影响，但不反映降雨过程（即降雨强度）对产流的影响，较适用于大流域（刘兰岚，2013）。

2.1.6　地表汇流计算

地表汇流计算是将子汇水区的净雨转化为子汇水区的出流过程线的计算，SWMM 模型地表汇流计算采用水文学模型方法。水文学模型采用系统分析方法，把汇水区当作一个黑箱或灰箱系统，建立输入与输出的关系模拟坡面汇流（任伯帜和邓仁建，2006）。传统地表汇流计算方法有等流时线法、瞬时单位线法、推理公式法、线性水库法和非线性水库法。推理公式法无法得出流量过程线，一般仅用于小流域出口的峰值流量计算，瞬时单位线法对实测资料有较大依赖，在城市流域难以实际应用。等流时线法和非线性水库法在城市地区的汇流计算中应用效果较好（周玉文等，1994），因城市流域径流具有非线性特征，两种计算方法对比，非线性水库法能得到精度更高的流量过程线。

在 SWMM 模型中，地表汇流计算采用非线性水库法，该方法需定义子汇水区特征宽度和地面曼宁系数，通过联立求解曼宁方程和水量平衡方程对子汇水区的 3 个分区表面分别进行汇流计算。

水量平衡方程又称连续方程，其物理意义为，流域产流量等于流域出流量与地表集水量的和，方程为

$$\frac{\mathrm{d}V}{\mathrm{d}t}=A\frac{\mathrm{d}d}{\mathrm{d}t}=Ai^{*}-Q \tag{2-8}$$

式中，V为地表集水量，$V=A\times d$，m^3；d为水深，m；t为历时，s；A为子汇水区面积，m^2；i^*为净雨强度，mm/s；Q为子汇水区出口流量，m^3/s。

式中，出流量采用曼宁方程计算：

$$Q=\frac{W}{n}(d-d_{\mathrm{p}})^{5/3}S^{1/2} \tag{2-9}$$

式中，W 为子汇水区漫流宽度，m；n 为地表曼宁系数；d_{p} 为地表最大洼蓄深，mm；S 为子汇水区平均坡度。

联立式（2-8）和式（2-9），合并为非线性微分方程，求解未知数 d。

$$\frac{\mathrm{d}d}{\mathrm{d}t}=i^{*}-\frac{W}{An}(d-d_{\mathrm{p}})^{5/3}S^{1/2}=i^{*}+\mathrm{WCON}\ (d-d_{\mathrm{p}})^{5/3} \tag{2-10}$$

式中，WCON 为由面积、宽度、坡度和糙率构成的流量演算参数，$\mathrm{WCON}=-\frac{W}{An}S^{1/2}$。

对于每一时间步长，用有限差分法求解式（2-10），为此，方程右边的净入流量和净出流量为时段平均值，净雨强度值 i^{*} 在计算中也是时段平均值，则式（2-10）可变成：

$$\frac{d_2-d_1}{\Delta t}=i^{*}+\mathrm{WCON}\left[d_1-\frac{1}{2}(d_2-d_1)-d_{\mathrm{p}}\right]^{5/3} \tag{2-11}$$

式中，Δt 为时间步长，s；d_1 为时段内水深初始值，m；d_2 为时段内水深终值，m。

用 Horton 公式计算时段步长内的平均下渗率得到净雨强度 i^{*}，再对式（2-11）采用 Newton-Raphson 迭代法求解，便可得到 d_2，将 d_2 代入式（2-9），从而得出时段末的瞬时出流量 Q_2。

2.1.7　管网水动力计算

1. 雨水管网基本特征

城市排水管网系统是由排水管道和节点组成的网络，在排水管网水力模拟模型中，排水管网系统通常概化成点和线连接形成的树状或环状网络系统。线表示管道，一般为圆管，也有其他形状的沟渠，包括城市内河，主要起雨水输送作用。节点表示雨水口、检查井、交叉点、调蓄设施、泵站、管网出水口等，主要起连接管线、收集地表雨水并进行调节和控制的作用（任伯帜，2004）。在 SWMM 模型中，管网系统概化如图 2-4 所示。

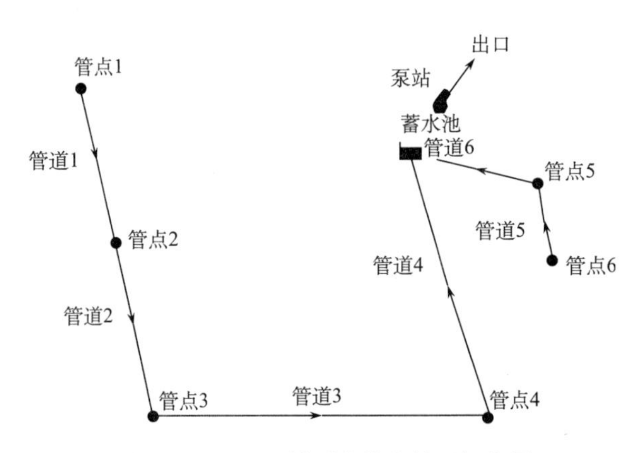

图 2-4　SWMM 模型中排水管网概化图

城市排水管网的水流状态主要分为无压非恒定流和有压非恒定流，当降雨强度较小时，排水管网中的水流一般根据管渠两端水面高差从高向低处流动，此时水流为无压非恒定流，即重力流。而当遇到短历时大暴雨时，管道内流量猛增，可能出现非恒定的压力流。当管道排水能力不足时，将产生超载，出现检查井蓄水，当检查井积水深度大于井深时，地面开始出现积水漫流。此外，城市雨水管线在不断向下游传输径流的同时，不断汇集各支管的径流，因此，流量不断增加，但在没有支管汇入时，沿管线和节点传输过程中峰值又会出现变动。由此可见，城市雨水管网中的水流状况相当复杂，与天然河网的汇流既有相似也有差异。

2. 管网水力特性计算方法

降雨经地表产汇流进入排水管网系统后，需经管网汇流最后排入河道、湖泊等受纳水体。管网汇流模拟方法有很多种，粗略的模拟方法有时间漂移法、水库调蓄演算法等，较为精确的有 Muskingum-Cunge 法、非线性运动波法、扩散波法和动力波法（圣维南方程组全解）。目前对于管网汇流采用的数学计算模型以水动力学方法为主，其核心是求解圣维南方程组（谢莹莹，2007）。

SWMM 模型提供三种方法用于管道的汇流计算，即恒定流法、运动波法和动力波法。恒定流法假定在每一个计算时段流动都是恒定和均匀的，是最简单的汇流计算方法。运动波法可以模拟管渠中水流的空间和时间变化，但是仍然不能考虑回水、入口及出口损失、逆流和有压流动。动力波法通过求解完整的圣维南方程组来进行汇流计算，是最准确也是最复杂的方法。模型建立时，对于连接管渠写出连续性和动量平衡方程，对于节点写出水量平衡方程。动力波法可以模拟管渠的蓄变、回水、逆流和有压流动等复杂流态。

主要是建立研究区域排水管网水力模型，模拟研究区域在高强度暴雨条件下的内涝情景，内涝状态下的管网水流状态较为复杂，水流主要为压力流，同时涉及下游水流的顶托和回水作用等。因此，选择动力波法计算管网的水流特征，该法的控制方程包括管道中水流的连续方程、动量方程和节点处的连续方程。

（1）管道控制方程

管道控制方程分为连续方程和动量方程，如式（2-12）和式（2-13）。

连续方程：

$$\frac{\partial Q}{\partial x}+\frac{\partial A}{\partial t}=0 \tag{2-12}$$

式中，Q 为流量，m^3/s；A 为过水断面面积，m^2；t 为时间，s；x 为距离，m。

动量方程：

$$gA\frac{\partial H}{\partial x}+\frac{\partial(Q^2/A)}{\partial x}+\frac{\partial Q}{\partial t}+gAS_{\mathrm{f}}=0 \tag{2-13}$$

式中，H 为水深，m；g 为重力加速度，取 $9.8m/s^2$；S_{f} 为摩阻坡度，由曼宁公式求得

$$S_{\mathrm{f}}=\frac{K}{gAR^{4/3}}Q|V| \tag{2-14}$$

式中，$K = gn^2$，n 为管道的曼宁系数；R 为过水断面的水力半径，m；V 为流速，绝对值表示摩擦阻力方向与水流方向相反，m/s。

假设 $\frac{Q^2}{A} = v^2 A$，v 表示平均流速，将 $\frac{Q^2}{A} = v^2 A$ 代入式（2-13）中的对流加速度项 $\frac{\partial(Q^2 / A)}{\partial x}$，可得式（2-15）：

$$gA\frac{\partial H}{\partial x} + 2Av\frac{\partial v}{\partial x} + v^2\frac{\partial A}{\partial x} + \frac{\partial Q}{\partial t} + gAS_{\mathrm{f}} = 0 \tag{2-15}$$

将 $Q = Av$ 代入连续方程，式（2-15）两边再同时乘以 v，移项得式（2-16）：

$$Av\frac{\partial v}{\partial x} = -v\frac{\partial A}{\partial t} - v^2\frac{\partial A}{\partial x} \tag{2-16}$$

将式（2-16）代入动量方程式（2-15）中，得式（2-17）：

$$gA\frac{\partial H}{\partial x} - 2v\frac{\partial A}{\partial t} - v^2\frac{\partial A}{\partial x} + \frac{\partial Q}{\partial t} + gAS_{\mathrm{f}} = 0 \tag{2-17}$$

将式（2-16）与式（2-17）联立，依次求解各时段内每个管道的流量和每个节点的水头，有限差分格式如下：

$$Q_{t+\Delta t} = Q_t - \frac{K}{R^{4/3}}\left|V\right|Q_{t+\Delta t} + 2V\Delta A + V^2\frac{A_2 - A_1}{L} - gA\frac{H_2 - H_1}{L}\Delta t \tag{2-18}$$

式中，下标 1 和 2 分别表示管道或渠道的上下节点；L 为管道长度，m。

由式（2-18）可求得 $Q_{t+\Delta t}$：

$$Q_{t+\Delta t} = \frac{1}{1 + (K\Delta t / \overline{R}^{4/3})\left|\overline{V}\right|}(Q_t + 2\overline{V}\Delta A + V^2\frac{A_2 - A_1}{L}\Delta t - g\overline{A}\frac{H_2 - H_1}{L}\Delta t) \tag{2-19}$$

式中，$\overline{V}$、$\overline{A}$、$\overline{R}$ 分别为 t 时刻的管道末端的加权平均值，此外，为考虑管道的进出口水头损失，可以从 H_2 和 H_1 中减去水头损失。式（2-19）的主要未知量为 $Q_{t+\Delta t}$、H_2、H_1、A_2、A_1，变量 $\overline{V}$、$\overline{A}$、$\overline{R}$ 都与 Q、H 有关系。因此，还需要有与 Q 和 H 有关的方程，可以由节点方程得到。

（2）节点控制方程

管网和渠道的节点控制方程为

$$\frac{\partial H}{\partial t} = \frac{\sum_{i=1}^{m} Q_{ti}}{A_{\mathrm{sk}}} \tag{2-20}$$

式中，H 为节点水头，m；Q_{ti} 为进出节点的流量，$\mathrm{m^3/s}$；m 为进出节点的管网或渠道的数目；A_{sk} 为节点的自由表面积，$\mathrm{m^2}$。

化为有限差分格式为

$$H_{t+\Delta t} = H_t + \frac{\sum_{i=1}^{m} Q_{ti}\Delta t}{A_{\mathrm{sk}}} \tag{2-21}$$

联立式（2-18）和式（2-21），可依次求得 Δt 时段内每个连接段的流量和每个节点的水头。

2.1.8　地表溢流计算

1. 地表积水计算

采用动力波方法计算管网汇流时，当管网节点入流水量超过排水系统的输水能力时，管网水流将会由无压流转变为压力流，当管道水流的水头超过节点的最大深度时，水流将溢出节点。在 SWMM 模型默认的计算方法中，溢出的流量会从系统中损失掉，不参与后续的流量计算。SWMM5.1 版本推出后，每个管点增加了蓄水参数，即用户可通过设置节点顶部的蓄水面积，将管点溢流的水量作为积水暂时存储在管点上方具有一定底面积的圆形水池中，地表积水模型如图 2-5 所示。当排水系统排水能力恢复后，该积水会重新引入排水管网系统进行汇流计算，在实际排水模拟中，该部分积水对内涝退水计算有影响。

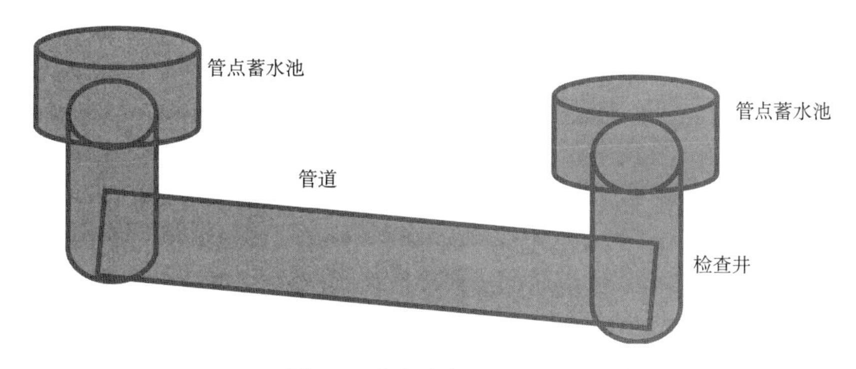

图 2-5　节点地表积水池模型

2. 双层排水模型

传统的城市排水管网系统以地下管网为主，初期的城市雨洪计算模型管渠汇流计算部分也只考虑了地下排水系统的排水作用，即降雨径流在子汇水区出口直接进入地下管网系统，再经地下管网系统的汇流计算，得到排水系统出水口的流量过程。这种模型适用性比较强，能满足工程要求，然而这种模型缺乏考虑水量在地表的交换，忽略了地表排水通道的排水作用，难以反映水流的实际流动状态。理想的排水管网系统模型应当具备 Djordjević 等（1999）提出的双层排水结构（图 2-6），即既要考虑管网、河网等的传统排水体系，又要考虑地表排水体系，如路网、道路边沟等。

双层排水计算模型考虑了水流在地表的运动状态，当水流从节点溢出后，可通过与该节点相连的地表排水通道进入下游节点，重新回流到地下排水管网系统中，参与汇流计算。该模拟方法能较好地模拟水流在道路上的运动及道路与地下排水系统的水流交换，使构建的排水管网模型更具真实性和代表性（Mark et al.，2004）。

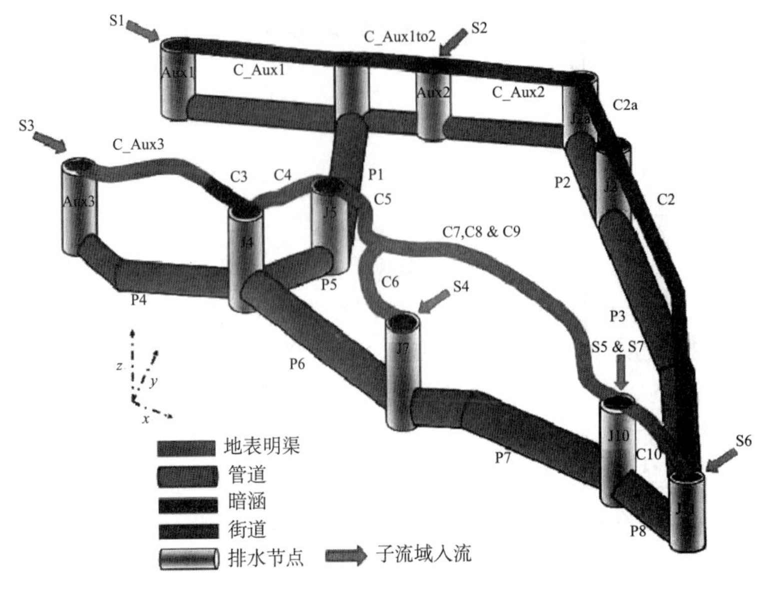

图 2-6　双层排水模型

2.1.9　SWMM 模型中地表污染物累积与冲刷原理和计算

1. 地表污染物累积模拟

一般情况下，城市地面污染物多以尘埃和颗粒物形式累积存在，可以采用多种方法模拟其在子流域的地表累积过程。SWMM 模型以线性或非线性的累积方式模拟地表污染物增长过程，主要包括如下四种不同的累积曲线。

（1）线性累积公式

污染物累积量与时间呈线性关系，即

$$B = t_e \times Y(s)_u \tag{2-22}$$

式中，B 为次降雨之前流域内污染物的累积量，kg，在大多数情况下，以悬浮固体作为径流污染的主要指标；$Y(s)_u$ 为街道表面固体日负荷量，kg/d；t_e 为等效的晴天累积天数，d，按式（2-23）估算：

$$t_e = (t - t_s) \times (1 - \varepsilon_s) + t_s \tag{2-23}$$

式中，t 为最近一次降雨事件后所经过的天数，d；t_s 为最近一次清扫街道后所经过的天数，d；ε_s 为街道清扫频率。

（2）幂函数累积公式

污染物累积量与时间成幂函数关系，累积至极限即停止，即

$$B = \mathrm{Min}(C_1, C_2 t^{C_3}) \tag{2-24}$$

式中，C_1 为最大累积量，为单位面积或单位路边缘长度的质量，kg/m^2 或 kg/m；C_2 为累积率常数，d^{-1}；C_3 为时间指数。

线性累积公式为幂函数累积公式的特殊情况，$C_3=1$。

（3）指数函数累积公式

污染物累积量与时间成指数函数关系，累积至极限值即停止，即

$$B=C_1(1-\mathrm{e}^{-C_2 t}) \tag{2-25}$$

式中，C_1 为最大累积量，为单位面积或单位路边缘长度的质量，kg/m^2 或 kg/m；C_2 为累积率常数，d^{-1}。

（4）饱和函数累积公式

饱和函数累积公式也称米切里斯—门顿函数，污染物累积与时间成饱和函数关系，累积至极限值即停止，即

$$B=\frac{C_1 t}{C_2+t} \tag{2-26}$$

式中，C_1 为最大累积量，为单位面积或单位路边缘长度的质量，kg/m^2 或 kg/m；C_2 为半饱和常数，即达到最大累积量一半时的天数，d。

2. 地表污染物冲刷模拟

地表污染物冲刷过程是指在径流期地表被侵蚀及污染物质被溶解的过程，SWMM 模型可模拟以不同单位计量的被冲刷污染物质，如浊度、细菌总数等。冲刷过程由以下几种方式描述。

（1）指数方程

假设被冲刷的污染物质的量与残留在地表的污染物质的量成正比，即

$$P_{\mathrm{off}}=-\frac{\mathrm{d}P_{\mathrm{P}}}{\mathrm{d}t}=KP_{\mathrm{P}} \tag{2-27}$$

式中，P_{off} 为 t 时刻子流域单位面积或单位边缘长度径流冲刷的污染物的量，kg/（s·m^2）或 kg/（s·m）；P_{P} 为 t 时刻单位面积或单位边缘长度剩余地表污染物的量，kg/m^2 或 kg/m；K 为系数，s^{-1}，系数 K 假设与径流率的 n 次方成比例，即

$$K=R_{\mathrm{c}}r^n \tag{2-28}$$

式中，R_{c} 为冲刷系数，mm^{-1}；r 为 t 时刻子流域的径流率，mm/s，$r=Q/A$，Q 由式（2-9）计算得出。R_{c} 和 n 是该模型需要输入的参数，每种污染物对应的数值不同。

将式（2-28）代入式（2-27），得

$$P_{\mathrm{off}}=-\frac{\mathrm{d}P_{\mathrm{P}}}{\mathrm{d}t}=R_{\mathrm{c}}r^n P_{\mathrm{P}} \tag{2-29}$$

式（2-29）表明，冲刷率随径流量增加而增加，被冲刷地表污染因子的浓度为

$$C=\frac{P_{\mathrm{off}}}{r}=\mathrm{conv}\frac{(-R_{\mathrm{c}}r^n P_{\mathrm{P}})}{r}=\mathrm{conv}(-R_{\mathrm{c}}P_{\mathrm{P}}r^{n-1}) \tag{2-30}$$

式中，C 为被冲刷的地表污染因子的浓度，kg/m^3；conv 为单位转化系数。

（2）径流特性冲刷曲线

该冲刷模型假设冲刷量与径流率为简单的函数关系，污染物的冲刷模拟完全取决于污染物的地表累积量，即

$$P_{\text{off}} = R_{\text{c}} r^{n} \tag{2-31}$$

（3）次降雨平均浓度

一次降雨径流过程中的次降雨平均浓度为

$$\text{EMC} = \frac{M}{V} = \frac{\int_0^T C_t Q_t \text{d}t}{\int_0^T Q_t \text{d}t} \tag{2-32}$$

式中，EMC 为次降雨平均浓度，kg/L；M 为径流过程的污染物总量，kg；V 为相应的径流量，L；C_t 为污染物浓度，kg/L；Q_t 为流量，m^3/s；T 为径流时间，s。

在以上 3 个模型中，剩余地表污染物为零的时候冲刷停止。

3. SWMM 中街道清扫模拟

在不同的土地利用类型地表，街道清扫将阶段性减少地表累积物的量，以清扫频率和清扫效率来表示街道清扫去除地表累积物的量。模型需要输入以下参数。

1）两次清扫间的天数。

2）模拟起始时间距前一次清扫的天数。

3）各土地利用的清扫去除百分率。

4）各种污染物的清扫去除百分率。

2.1.10　传输子系统的水质计算方程

污染物在管网系统中的模拟假定为连续搅动水箱式反应器（CSTR），即完全混合一阶衰减模型。在调蓄节点处的模拟原理与其在管段中的一样，所有进入没有调蓄体积的节点处的水流充分混合。

完全混合一阶衰减模型的控制方程为

$$\frac{\text{d}VC}{\text{d}t} = \frac{V\text{d}C}{\text{d}t} + \frac{C\text{d}V}{\text{d}t} = Q_i C_i - QC - \text{KCV} \pm L \tag{2-33}$$

式中，$\frac{\text{d}VC}{\text{d}t}$ 为管段内单位时间的质量变化，kg/s；$Q_i C_i - QC$ 为管段的质量变化率，kg/s；KCV 为管段中的质量衰减，kg/s；L 为管段中污染物的源汇项，kg/s；C 为管段中及排出管道中的污染物浓度，kg/m^3；V 为管段中的水体体积，m^3；Q_i 为管段的入流量，m^3/s；C_i 为入流的污染物浓度，kg/m^3；Q 为管段的出流量，m^3/s；K 为一阶衰减系数，s^{-1}。

将 Q、Q_i、C_i、V、L 以时段 Δt 的平均值代入方程进行求解，得

$$C(t+\Delta t) = \frac{Q_i C_i + L}{V \times \text{DENOM}}(1 - \text{e}^{-\text{DENOM}}) + C(t)\text{e}^{-\text{DENOM}\cdot\Delta t} \tag{2-34}$$

式中，

$$\mathrm{DENOM}=\frac{Q}{V}+K+\frac{1}{V}\frac{\mathrm{d}V}{\mathrm{d}t} \tag{2-35}$$

2.1.11　SWMM 模型中的 LID 措施模拟

LID 作为一种新生的雨水管理方法在世界上逐步得到重视和应用，其主要核心技术分述如下（图 2-7~图 2-13）。

（1）绿色屋顶

绿色屋顶主要通过在屋顶布设特定类型的绿色植物，配套生存所需的营养层，底部再覆盖蓄水层、排水层、防水层等所组成的屋面系统。这种措施能够改善城市的景观和生态效应，减少混凝土暴露以减弱城市热岛效应，同时对降雨径流有吸纳、储蓄、减缓汇流速度等作用。

缺点：对改造建筑物的屋顶承载能力具有相关要求，对磷等营养物质去除率低。

（2）透水性路面

透水性路面可以分为两类，一种是材料本身具有较好的渗透功能，降雨落到材料上可迅速下渗；另一种是材料本身虽然不具有高透水性，但是采取了透水铺设形式，降雨可从预留的缝隙或者孔隙下渗。铺设透水性路面，在小雨情况下地面可实现路面无积水，在大雨情况下能够削减地表产流量，对降雨中的污染物具有一定的控制作用，而且可以起到一定的调节空气湿度的效果（户园凌，2012）。

缺点：不适用于重载路面，易堵塞，透水材料因为孔隙率较大容易损坏，需要经常维护。

（3）植被浅沟

植被浅沟是一种在源头和汇流输送过程中都能对降水起控制减少作用的、表面具备植被覆盖的浅沟渠工程措施。该措施主要基于重力流原理，使降雨在地表汇流传输过程中被土壤和植被吸收、过滤和截留，对水中的污染物质具有良好的吸附作用。

缺点：沟渠经常属于湿润状态，容易滋生蚊虫。

（4）雨水花园

雨水花园是一种生物滞留措施，主要指采用下沉式设计的景观绿地或者绿化带，用于滞留降雨时周边的雨水径流，原理与植被浅沟一样，但主要作为雨水径流的滞留地（苗展堂，2013）。雨水花园的植被类型较为丰富，包括各种草丛灌木和多年乔木，能够一定程度上减少水中的污染物质，补充地下水资源。

缺点：同植被浅沟一样，由于水体下渗较慢，地表湿润，容易滋生蚊虫。

（5）调蓄池/雨水桶

调蓄池和雨水桶的原理是一样的，都是一种雨水分散式的源头收集处理措施，主要利用蓄水容器或者蓄水建筑物，将降雨初期的地表或者屋面产流进行收集，经过初步过滤处理后作为中水回用或者延迟排放，能够起到很好的“源头控制”作用，实现雨水资源的回收再利用，并且能有效地减少地面径流量和径流峰值。

缺点：需要一定的布设空间，雨水净化能力受调蓄容积限制。

（a）

（b）

图 2-7　绿色屋顶

（a）

（b）

图 2-8　透水性路面

（a）

（b）

图 2-9　植被浅沟

（a）

（b）

图 2-10　雨水花园

（a）

（b）

图 2-11　下沉式绿地

（a）

（b）

图 2-12　生物滞留带

（a）

（b）

图 2-13　雨水桶

各类低影响开发措施均由不同的“层”构成，如透水铺装由透水面层、透水基层、透水底基层等组成，绿色屋顶由植物层、基质层、过滤层、排水层等组成，下沉式绿地和生物滞留设施由蓄水层、种植土、原土层等组成。

SWMM 模型中专门有一个模块用于设置 LID 措施，模型基于各种低影响开发措施的基本原理概化为七种 LID 调控措施，分别为 Bio-Retention Cell、Rain Garden、Green Roof、Permeable Pavement、Infiltration Trench、Rain Barrel 和 Vegetative Swale，SWMM 模型也是通过竖向层的组合表示，且 SWMM 模型中各 LID 调控措施主要包括表层、土壤层、路面层、蓄水层、暗渠（排水层）等，不同的 LID 措施含有不同的层，具体各 LID 措施所含结构层见表 2-1。其中，土壤层、路面层、蓄水层、排水层等根据字面很容易理解，值得一提的是表面层，其指的是，当生物滞留池、植草沟等达到入水口高度时便从入水口处流出，排入市政管网，换言之，即入水口距土壤层的高度，或者理解为该措施表面可以蓄存的水流深度，超过该深度则溢流或外排。

表 2-1　各类 LID 措施所含结构层

LID 类型	表面层	土壤层	路面层	蓄水层	排水层
生物滞留	✓	✓	×	O	O
下渗沟槽	✓	×	×	✓	O
透水铺装	✓	O	✓	✓	O
雨水桶	×	×	×	✓	✓
植草沟	✓	×	×	×	×
雨水花园	✓	✓	×	×	×
绿色屋顶	✓	✓	×	×	✓（排水垫层）

注：其中✓代表有该层，×代表没有该层，O 代表该层可选。

每种措施都有对应的详细设置参数，可以模拟低影响开发中的大部分低影响开发措施类型，LID 布设原理如图 2-14 所示。

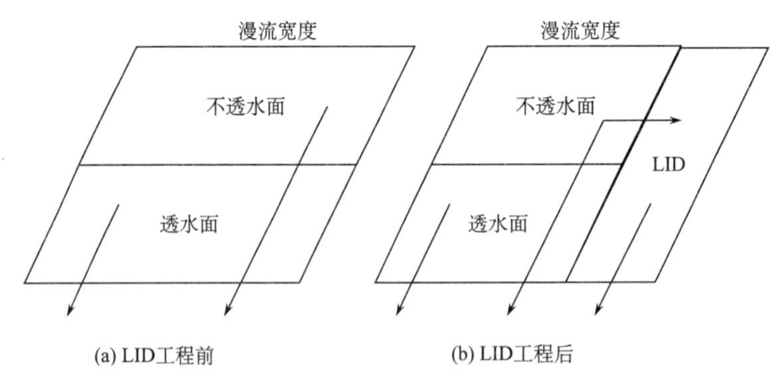

图 2-14　SWMM 模型 LID 布设原理图

如图2-14所示，LID措施基于“使城市开发建设的水文特征与开发前接近”的思想，在模型中主要体现在对不透水面积的减少和替换。当设置了一种LID措施，除了相应措施面积（如调蓄池建筑面积）被转化为具有更好下渗能力或者储蓄能力的LID区域外，其相应的不透水服务面积（调蓄池所能收集的不透水区域面积）也会被转化为LID区域，区域的原有属性也将被相应的LID属性所替代（如不透水率、坡度、糙率等）。

调整后的坡度、糙率等参数需要在LID参数中重新设置，故原子汇水区无需调整，但原子汇水区不透水率需重新调整，新的不透水率为添加LID后不透水面积占非LID区域面积的百分比，具体调整公式见式（2-36）：

$$p=\frac{100\times(Af/100-A_{\text{imperv, LID}})}{A-A_{\text{LID}}} \tag{2-36}$$

式中，p为调整后子汇水区不透水面积的百分比，本质即不透水区占非LID部分的百分比，%；A为子汇水区的面积，m^2；f为调整前子汇水区不透水面积的百分比，%；$A_{\text{imperv, LID}}$为该子汇水区由不透水部分变为LID措施的面积，m^2；A_{LID}为调整后该子汇水区中LID措施所占面积，m^2。

SWMM模型中的LID控制措施是在子汇水区属性中设置，可以在同一子汇水区中设置多种不同LID措施和多个同种LID措施单元。有两种不同的方法可以将LID措施置入子汇水区，分别为：①向一个没有LID措施的子汇水区加入一个或多个子汇水区措施；②同一个子汇水区只添加一种LID措施（图2-15）。

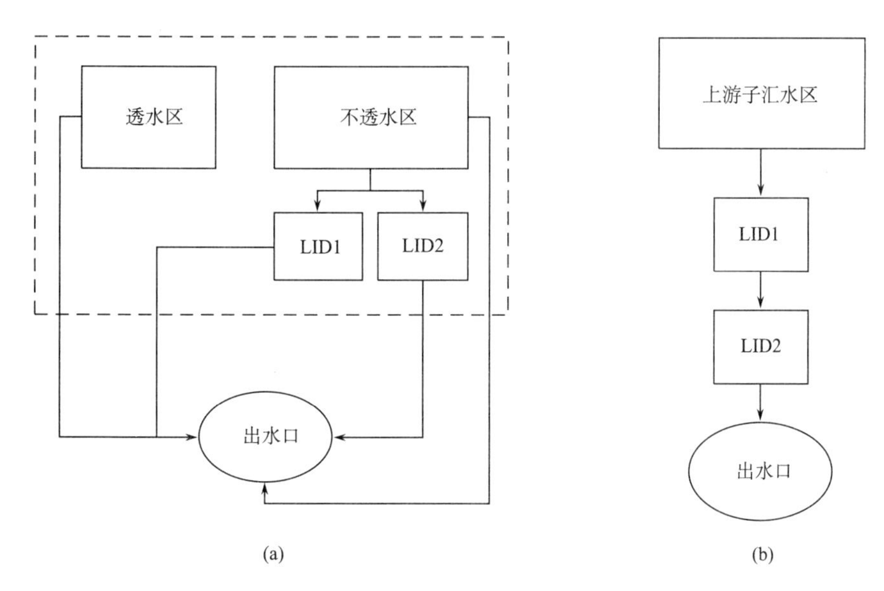

图2-15　LID流程设置方案

第①种方法允许将多个LID措施混合置于一个子汇水区中，但各LID措施并列运行，每个LID措施分别处理其对应面积的子汇水区水流部分，不可以一个LID措施的出流数据作为另一个LID措施的输入数据。第②种方法允许LID措施占据整个子汇水区，并允许接受来自上游子汇水区的出流作为该子汇水区的入流，故可以满足流向设置，但第②

种方法需要创建新的子汇水区，并设置新的 LID 子汇水区面积属性。

2.1.12　SWMM 模型参数

SWMM 模型的水文水动力参数有 14 个，水质参数有 20 个。水动力参数中汇水区面积、不透水率、平均坡度、漫流宽度和管长是 5 个具有显著空间特征的参数，可以通过测量获得，其余参数根据规范或经验或相关文献资料取值（丛翔宇等，2006；Jorge，et al.，2008；Rossman，2008）；水质参数中累积模型的最大累积量、累积速率常数、时间指数，以及冲刷模型的冲刷系数、冲刷指数等均要通过参数率定得到，其余参数根据规范或经验取值。SWMM 模型参数与收集到的资料之间的关系见表 2-2。

表 2-2　SWMM 模型参数一览表

参数类别	编号	参数名称	物理意义	参数获取
水动力参数	1	Area	汇水区面积	地形图资料
	2	Width	汇水区漫流宽度	同上
	3	% Slope	汇水区平均坡度	同上
	4	% Imperv	汇水区不透水率	土地利用类型资料
	5	N-Imperv	不透水区曼宁系数	经验参数
	6	N-Perv	透水区曼宁系数	经验参数
	7	Destore-Imperv	不透水区洼蓄深	经验参数
	8	Destore-Perv	透水区洼蓄深	经验参数
	9	% Zero-Imperv	无洼蓄不透水面积率	经验参数
	10	Conduit Length	管长	管网资料
	11	Conduit RoughneTSS	管道曼宁系数	经验参数
	12	MaxRate	最大下渗率	土壤类型资料及经验
	13	MinRate	最小下渗率	土壤类型资料及经验
	14	Decay	渗透衰减系数	土壤类型资料及经验
水质参数	15	Rain Concen	雨水中污染物浓度	降雨资料及经验
	16	GW Concen	地下水污染物浓度	土壤类型资料及经验
	17	I&Iconcen	深入流中污染物浓度	土壤类型资料及经验
	18	Decay Coeff	污染物衰减系数	土壤类型资料及经验
	19	Snow Only	污染物在降雪时才有累积	经验参数
	20	Co-Pollutant	相关污染物	土壤类型资料及经验
	21	Co-Fraction	相关系数	土壤类型资料及经验
	22	Interval	街道清扫间隔	实际资料或经验
	23	Availability	清扫去除率	经验
	24	Last Swept	上次清扫到模拟时的天数	计算
	25	Function	累积函数	可选
	26	Max Buildup	最大累积量	率定
	27	Rate Constant	累积速率常数	率定

续表

参数类别	编号	参数名称	物理意义	参数获取
水质参数	28	Power/Sat Constant	半饱和累积时间	经验或率定
	29	Normalizer	流域参数	可选
	30	Function	冲刷函数	可选
	31	Coefficient	冲刷系数	率定
	32	Exponent	冲刷指数	率定
	33	Cleanning Effic	清扫效率	经验
	34	BMP Effic	最佳管理模式的清除效率	经验

2.2 SWMM 模型构建的 GIS 技术方法

构建城市排水管网水力模型，首先需具备准确而全面的模型基础数据，基于 SWMM 模型构建城市排水水力模型，基础建模数据主要包括排水管网数据和子汇水区数据。对于面积较大的城市研究区域，建模的基础数据是海量的，主要表现在现代城市排水管网的数量庞大、信息复杂，以及概化的子汇水区参数众多。基于 ArcGIS 的数据管理功能和空间分析功能，将管网数据和子汇水区集成为模型数据库进行数据集中管理和分析，其对提高建模效率和模型参数精度并实现较好的模拟效果有重要作用。

2.2.1 ArcGIS 平台概述

ArcGIS 平台是美国环境系统研究所（Environmental System Research Institute，ESRI）公司开发的一款 GIS 平台产品，具有强大的地图制作、空间数据管理、空间分析、空间信息整合、发布与共享的能力，是目前世界上应用最为广泛的 GIS 软件之一。

ArcGIS Desktop 是一个集成了众多高级 GIS 应用的软件套件，可以实现任何从简单到复杂的GIS任务。它包含了一套带有用户界面的Windows桌面应用程序，包括ArcMap、ArcCatalog、ArcToolbox、ModelBuilder、ArcScene 和 ArcGlobe。其中，ArcMap、ArcCatalog、ArcToolbox 是 ArcGIS Desktop 的基本模块，ArcMap 执行所有基于 Map 的任务，包括制图、编辑、查询、统计分析、报告生成等；ArcCatalog 是地理数据的资源管理器，帮助用户构建和管理所有的 GIS 信息，如地图、数据集、模型、元数据、服务等；ArcToolbox 是 Geoprocessing（地理处理）的工具箱，利用工具箱中的工具可以对 Map 中的图层（包括矢量图层和栅格图层）进行二维、三维运算和分析，如图层的合并、剪切、栅格计算、水文分析等功能。工具箱的各工具分别提供了内置对话框，同时用户也可根据自己的需要，利用 ModelBuilder 将各种工具连接成具有一定功能的组合工具模型。三大基本模块使 ArcGIS Desktop 在数据处理和空间分析这两方面的功能尤其强大。

数据处理包括数据的采集与输入、编辑与更新、存储与管理、分析，以及数据与图形的交互显示。数据的采集与输入即将系统外部原数据传输到 GIS 系统内部的过程，并将这些数据从外部格式转换到系统便于处理的内部格式，通常是将数据存储为地理数据库的数据形式。数据编辑主要包括图形编辑和属性编辑，图形编辑主要包括拓扑关系建立、图形编辑、图形整饰、图幅拼接、投影变换和误差校正等，属性编辑主要与数据库管理结合在一起完成。此外，GIS 可以通过对数据的存储与管理方式，实现空间数据与属性数据的连接，在对图形信息操作编码以后，可以同时编辑每个图形所对应的属性信息。具有较强的空间分析能力是 GIS 的主要特征，有无空间分析功能是 GIS 与其他制图系统相区别的主要标志。

空间分析能力使 ArcGIS 在地质、环境科学、水科学等领域的应用越来越受到重视，是 ArcGIS 与其他制图系统相区别的主要特征。ArcGIS 空间分析是从空间物体的地理位置、联系等方面去研究空间事物，以对空间事物做出定量的描述，从信息提取的角度来讲，这类分析还不是严格意义上的分析，而是一种地理关系的描述和说明，是特征的提取和参数的计算。ArcGIS Desktop 包含数以百计的空间分析工具，这些工具可以将数据转换为信息以及进行许多自动化的 GIS 任务。基本的空间分析包括以下内容。

1）空间位置：借助于空间坐标系传递空间对象的定位信息，对空间对象进行表述。

2）空间分布：同类空间对象的群体定位信息，包括分布、趋势、对比等内容。

3）空间形态：空间对象的几何形态。

4）空间距离：空间物体的接近程度。

5）空间关系：空间对象的相关关系，包括拓扑、方位、相似、相关等。

空间分析方法：①空间查询与量算；②缓冲区分析；③叠加分析；④网络分析；⑤统计分析；⑥数字地形分析。

主要借助 ArcGIS Desktop 的数据处理和空间分析两大功能进行排水管网水力模型的构筑，以弥补 SWMM 模型在管网数据、地形数据前处理方面的弱点，在提高建模速度的同时提高了模型基础数据的准确性。

2.2.2　数据管理

1. 地理空间数据库

数据管理的核心是数据模型，ArcGIS 的数据模型经历了由 CAD 数据模型向 Coverage 数据模型的突破发展，而后改进为地理空间数据库（Geodatabase）的过程。CAD 数据模型采用点、线、面的几何图形描述地理实体，并将几何图形与属性数据一起集中存放，属性主要采用图层和注记号表达，该数据表达方式无法进行几何与属性标注的索引查询，更无法展开数据空间分析。20 世纪 90 年代发展起来的 Coverage 数据模型是一种基于关联的矢量数据模型，空间数据以二进制的数据形式描述，属性数据则以表的形式记录，两者分开存放，但两者之间以公共的标识码关联，可实现属性与图形的双向查询和编辑，更为重要的是，要素之间的几何拓扑关系也能被存储和查询，能实现基本的空间分析。这种数据类型的局限性在于，当同样的要素类型代表不同的地理实体时，空间数据不能与其行为很好地对应。而随着信息系统所要反映的地理实体越来越多样，且计算机软件设计、工程应用和项目开发等领域对“面向对象”技术的广泛采用，这种局限性日趋明显，由此催生了地理空间数据库。

地理空间数据库是 ArcGIS 引入的全新的空间数据模型，是基于面向对象技术的统一化、智能化的空间数据模型。“统一”在于 Geodatabase 能在同一模型框架下对矢量、栅格、三维表面等 GIS 通常所处理和表达的地理空间要素进行统一描述。“智能化”指的是 Geodatabase 对地理要素的表达方式，较之以往的数据模型更接近我们对现实事物的认识和表达方式。而面向对象表现在该数据模型可以统一保存图形数据和属性数据，用户可以在图形数据库中存储要素属性，赋予要素某种行为，并采用要素扩展定义各种要素类型间的关系，无需通过程序编码完成，完全实现了图形数据和属性数据的一体化。在地理数据库中还可进行空间数据和属性的查询和空间分析。

在 Geodatabase 数据库中，可用于表达地理实体和关系的数据对象包括以下几个。

（1）对象类（object class）

对象类表示一个没有空间几何的实体，没有位置相关信息，如土地所有者，其作为一个表存储在 Geodatabase 中，一个对象表示一行。

（2）要素类（feature class）

要素类是同类型空间要素的集合，即在同一个要素类中，空间要素的几何形状必须一致。要素类中存储了空间信息及对应的属性信息，其中的要素数据支持几何操作，如计算长度、面积，同时还可以进行叠加、相交或最邻近要素查找等信息查询。地理数据库中，要素的类型可以是点、线、面，也可以是地图的标注文本信息，各要素类可独立存在，也可通过组织要素数据集的方式建立不同类型要素之间的关系。

（3）要素数据集（feature dataset）

要素数据集由一组具有相同空间参考坐标系的要素类组成，一般而言，将要素类组织到同一要素集中，主要有以下三方面原因。

1）专题归类——当不同的要素类属于同一范畴时。

2）创建几何网络——几何网络中充当连接的点和线的各类要素必须组织在同一要素数据集内，如排水管网系统中，有检查井、雨水篦、泵站、管道、明渠等排水设施和排水通道，这些地理实体分别采用点、线要素类表示，而要把它们构建成排水网络系统时，这些要素类必须位于同一要素数据集中。

3）创建拓扑关系——与创建几何网络类似，创建拓扑关系的要素类也必须包含在同一要素数据集中。

（4）关系类（relationship class）

关系类定义两个不同要素类或对象类的关系，如构建公交站点与公交线路之间一对多的关系，在查询某个公交站点时就可以查询经过这个站点的所有公交线。

（5）几何网络（geomotric network）

几何网络是在同一要素数据集的若干要素类的基础上构建的一种新类，构建几何网络时，需指定网络中各要素类扮演的角色。几何网络中的要素类可以扮演四种角色：简单边、简单交汇点、复杂边和复杂交汇点。

（6）域（domains）

域用于指定对象类或要素类中属性的有效值范围，该范围可以是连续的变化区间，也可以是离散的取值集合，并且每个属性可以定义一个默认的缺省值。

（7）属性验证（validation rules）

属性验证用于约束要素类的行为和取值，如要求管网系统中变管径处必须有管点连接，该约束可增加数据的完整性和特征描述的客观可靠性。

（8）栅格数据集（raster dataset）

栅格数据是以二维格网或栅格的像素值来存储数据，每个象元（cell）表示栅格的一个像素值，该像素值可以描述各种数据信息，如高程值、光谱值反射率、图片的颜色值等。

（9）三角形格网数据（TIN dataset）

不规则三角形格网（TIN）是一个表面数据模型，ArcGIS 中，地理表面被概化为用不规则分布的采样点的采样值（一般是高程值）构成的不规则三角集合。在 TIN 描述的地理范围内，任何点的高程值都可以通过已有高程点插值获得。

（10）定位器（locators）

定位器是定位参考和定位方法的组合，对不同的定位参考，用不同的定位方法进行定位操作。所谓定位参考，不同的定位信息有不同的表达方法，在 Geodatabase 中，有四种定位信息：地址编码、<*X*，*Y*>、地名及邮编、路径定位。

由上述介绍可见，Geodatabase 可以简易地建立地理要素之间的空间几何关系，因而在本模型的排水管网数据库设计中，采用 Geodatabase 数据模型进行管网数据库构建。

2. 模型数据要求及数据库设计

基于 Geodatabase 构建排水管网模型数据库，是一个将地理实体概化为空间数据模型并储存属性的过程，首先需分析模型计算的数据要求以确定数据库的数据类型。

排水管网水力模型构建需要的数据较多，除了排水管网系统构筑物的特征信息，如管点、管段、泵站及出水口等排水设施外，还包括与地表产汇流计算相关的基本地理特征信息，如地形、土地利用、土壤类型和降雨数据等。在构建模型 Geodatabase 数据库时，各种排水设施和地理特征信息将采用相应的数据对象表达，主要分为矢量数据和栅格数据两种（姜永发等，2005）。排水管网系统的构筑物主要采用矢量数据表达，而矢量数据又可分为点、线、面三种几何类型矢量。数据对象的选择既与其地理实体形状相关，又与其在模型中充当的角色相关，如泵站和阀门在某些地理信息系统中可能会被抽象成点要素，因为其物理特性更接近于点要素特点，但是将其抽象为线要素，原因在于泵站和阀门在排水管网水力模拟系统中的功能与管道类似，起节点间的连接作用，下面介绍构建模型数据库时地理实体与数据对象的对应关系（姚宇，2007）。

点要素：检查井、雨水篦、排放口、蓄水池等；

线要素：雨水管线、合流管线、泵站、明渠、河道等；

面要素：子汇水区、土地利用类型分布；

TIN 格网：高程图；

栅格数据：研究区地图、数字高程模型（DEM）。

在排水管网水力模型中，排水系统概化成了点和线连接的网络，这些点和线都有不同的属性字段，以反映它们的特征。因此，在构建模型数据库时，需要对矢量要素设置属性字段，通过设置的要素属性来反映地理实体的特征，如采用点要素表达的检查井，其属性要素包括名称、底部高程、井深、所在位置等。这些属性数据是用来反映与几何位置无关的信息，它是与地理实体相联系的地理变量或地理意义，一般经过抽象的概念，通过分类、命名、量算、统计等方法得到。

根据 SWMM 模型计算需求建立了 4 个矢量图层，分别为节点图层（检查井、雨水口）、管网图层（排水管道、街道）、出口图层、子流域图层。每个图层都有一个与之相对应的属性表，该表包含了 SWMM 模型所需的属性信息。同时，根据内涝预警系统所要展示的计算结果，还为每个图层设置了存储结果的属性。

表 2-3~表 2-6 分别列举了各个图层所需要的属性数据。此外，还设置了土地利用类型矢量图层，用于存储研究区域的土地利用信息，该图层采用面要素类表达，要素类的属性数据见表 2-7。

表 2-3　节点图层属性表

序号	字段名称	类型	字段长度/字节
1	节点名称	文本	10
2	底部高程	双精度	8
3	节点深度	双精度	8
4	初始水深	双精度	8
5	最大额外水头	双精度	8
6	蓄水面积	双精度	8
7	所在道路	文本	20
8	溢流量	双精度	10
9	水浸深度	双精度	8

表 2-4　管网图层属性表

序号	字段名称	类型	字段长度/字节
1	管道名称	文本	10
2	上游节点名称	文本	10
3	下游节点名称	文本	10
4	管长	双精度	8
5	曼宁系数	双精度	8
6	上游管底偏离	双精度	8
7	下游管底偏离	双精度	8

续表

序号	字段名称	类型	字段长度/字节
8	初始流量	双精度	8
9	最大允许流量	双精度	8
10	断面形状	文本	10
11	参数 1	双精度	4
12	参数 2	双精度	4
13	参数 3	双精度	4
14	参数 4	双精度	4
15	并行数	双精度	4
16	排水类型	文本	8
17	材质	文本	8
18	所在街道	文本	15
19	流速	双精度	10
20	负载率	双精度	10
21	水深	双精度	10

表 2-5　出口图层属性表

序号	字段名称	类型	字段长度/字节
1	出口名称	文本	10
2	底部高程	双精度	8
3	出流方式	文本	10
4	时间序列	文本	10
5	有无防潮门	文本	8

表 2-6　子流域图层属性表

序号	字段名称	类型	字段长度/字节
1	子流域名称	文本	8
2	雨量站	文本	8
3	入流节点编号	文本	8
4	面积	双精度	10
5	不透水率	双精度	8
6	漫流宽度	双精度	10
7	坡度	双精度	8
8	特征长度	双精度	10
9	融雪	双精度	6
10	不透水曼宁系数	双精度	6

续表

序号	字段名称	类型	字段长度/字节
11	透水曼宁系数	双精度	6
12	不透水填洼量	双精度	6
13	透水填洼量	双精度	6
14	无洼不透水比例	双精度	6
15	路径	文本	10
16	路径百分比	双精度	6
17	最大下渗率	双精度	8
18	最小下渗率	双精度	8
19	衰减系数	双精度	8
20	干燥时间	双精度	6
21	最大可能入渗量	双精度	6
22	溢流总量	双精度	10
23	径流系数	双精度	6

表 2-7　土地利用图层属性表

序号	字段名称	类型	字段长度/字节
1	地块名称	文本	10
2	面积	双精度	8
3	径流系数	双精度	6

3. 排水管网数据转换及编辑

上文 2.模型数据要求及数据库设计构建了模型地理数据库的基本框架，而完整的数据库需要数据内容的支撑。数据库中各要素类要素的创建一般通过编辑输入的方式添加图形要素并编辑属性字段值，然而，城市排水管网数据量较大，且前期收集的数据资料类型繁多，有图形资料、文字资料，又有数据表格等，通常管网图形和属性数据分开存储，在创建管点管线时，若采用人工绘制和输入编辑的方式构建数据库，工作量较大，且创建过程中容易出错，因此，需要研究排水管网源数据向地理空间数据转换的方法。

城市排水管网数据一般通过实际勘查获取，并以 dwg 格式的 AutoCAD 文件和 Excel 数据表的方式分别存储其图形和属性数据。因此，以 CAD 管网图和数据表构建地理空间数据库，需进行两方面的数据处理，即实现 CAD 几何图形向矢量要素图形的数据转换，以及矢量数据中几何图形与属性数据表的对应连接（陈能和施蓓琦，2005）。

（1）数据转换

AutoCAD 几何图像转化为地理空间数据库的矢量要素一般采用在 ArcCatalog 中导入 CAD 图形的方法。然而，CAD 排水管网图形一般只考虑图形之间表面上的联系和显示效果，管网的各组成部分之间并没有合理的分层，如雨水检查井、排水口和雨水管道共用一个图层，这样的几何图形导入地理数据库后，难以正确表达管网各要素，因此，进行数据转换前需对 CAD 图进行分层、筛选处理。

根据所获得的 CAD 管网图资料情况，首先在 AutoCAD 中将管网各个组成部分划分到不同的图层中，每个图层表示一种对象，如检查井、排水口分别划入到检查井图层和出水口图层。

分层后的 CAD 图可在 ArcCatalog 运行环境中，选择要素类的加载数据项加载导入。在加载对话框中选择排水管网 CAD 图及导入的几何类型（点、线、面、注记），并选择要导入的图层名称及其属性名称，即可将 CAD 图转化成矢量要素，如图 2-16 所示。例如，选择检查井图层，并筛选要导入的检查井的属性项，一般 CAD 图层中，只存储了检查井的名称和坐标，以及与几何图形显示相关的属性，转换成要素时，只保留名称属性。然而，需要注意的是，为显示效果需要，CAD 图中，管点所选用的图形是面，而非空间数据库中所需的点要素，因此，在 ArcCatalog 环境下，创建的储存检查井图形属性信息的要素是面要素，导入检查井图层后，再应用 ArcToolbox 的数据管理菜单下的要素转点工具，将面要素转化为点要素，导入的检查井图及生成对应的数据表如图 2-17 所示，其中表格的一行表示一个节点要素。

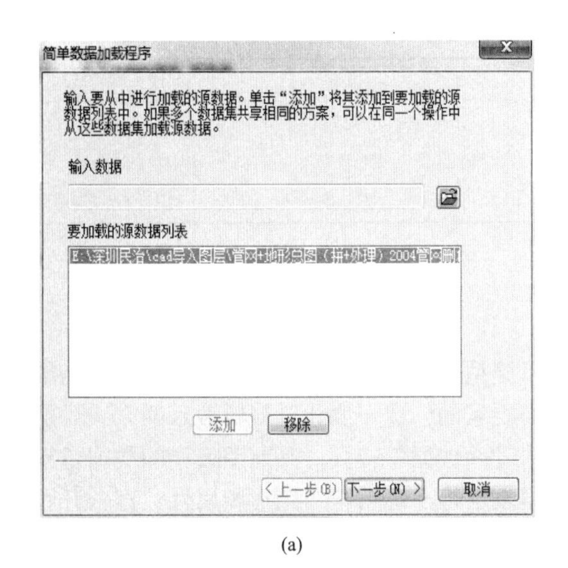

(a)

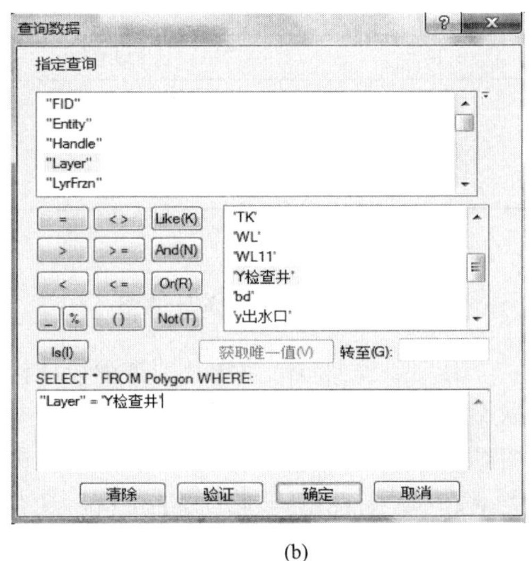

(b)

图 2-16　CAD 数据类型转为要素类

（2）数据连接

CAD 几何图形存储了部分属性，但这些属性只描述图形的几何特征，其他与地理实体相关的特征，如管点深度、底部高程、管线断面尺寸、坡度等，在 CAD 图中并未存储到对应的几何图形中，而是以文字图形的方式就近标注。对于排水管网数据，这些属性通常以 Excel 数据表的形式存储，因此，要为地理数据库中管网的管点和管线要素添加属性值，必须建立 Excel 数据表与要素类的连接，为要素的各个属性赋值（黄成君等，2013）。

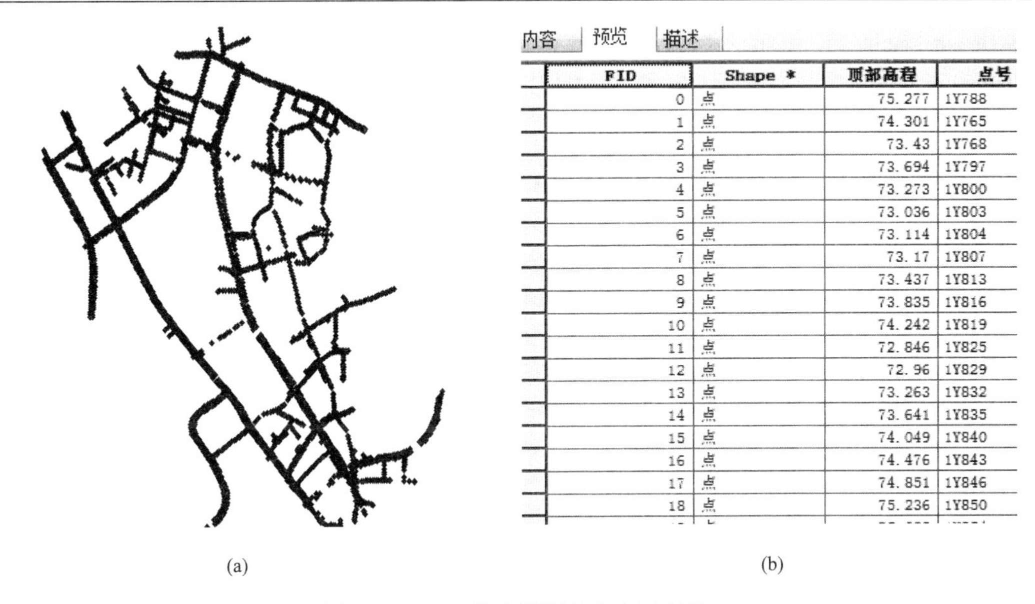

FID	Shape *	顶部高程	点号
0	点	75.277	1Y788
1	点	74.301	1Y765
2	点	73.43	1Y768
3	点	73.694	1Y797
4	点	73.273	1Y800
5	点	73.036	1Y803
6	点	73.114	1Y804
7	点	73.17	1Y807
8	点	73.437	1Y813
9	点	73.835	1Y816
10	点	74.242	1Y819
11	点	72.846	1Y825
12	点	72.96	1Y829
13	点	73.263	1Y832
14	点	73.641	1Y835
15	点	74.049	1Y840
16	点	74.476	1Y843
17	点	74.851	1Y846
18	点	75.236	1Y850

(a)　　　　(b)

图 2-17　CAD 管点图层转为点要素类

数据连接基于 ArcMap 平台利用数据表的空间连接功能完成。首先需寻找要素类与数据表之间的共同编码或共同属性值作为连接基础。从 CAD 图导入的节点要素类（主要为检查井、出水口）已经存储了节点名称、节点地面高程、*XY* 坐标属性，该节点名称可与 Excel 数据表中的管点预编号对应。因此，节点的数据连接以节点名称为连接基础，连接成功后，即可利用 ArcMap 的数据编辑工具“字段计算器”将 Excel 表中的管点属性赋到要素类的对应属性字段中。

管线要素类无名称属性，但管线矢量具有方向性，从 CAD 导入时，要素类已存储了管线的起点和终点坐标，该坐标可采用 ArcMap 的“计算几何”工具获取，在排水管网 CAD 图中，管线的端点即为节点。而在 Excel 表中，每根管线是通过上、下游管点名称标识，管线的相关属性（管径、管的材质、上下端口埋深）也与管点一起存储。因此，管线要素类与 Excel 数据表的连接主要基于坐标位置，以起始点坐标为基础，构建管线与端点的连接。该数据连接方法某种程度上是基于要素类之间的空间位置关系，是 Geodatabase 几何图形与属性数据的统一体，使连接得以实现。

采用数据转换和数据连接赋值的方法构建数据库，加快了模型数据库构建速度和准确度，这种数据编辑输入方法在后面子汇水区的属性编辑中同样可以使用。

4. 排水管网数据校检

城市排水管线多深埋于地下，管网数据的获取多通过人工配合仪器探测完成。因管线探测工作量大，数据在录入和绘制呈现的过程中难免存在错误。因此，原始的管网数据在转成数据库要素类的数据格式后，并不能直接应用于管网数据的管理和查询，更无法用于管网水力模型的模拟计算，必须对管网数据进行合理性、有效性检验，找出问题管线、管点，并加以纠正处理（梁洁等，2005；向元佳和王峰，2009）。进行管网数据的错误检查，首先要确定排水管网空间数据和属性数据的有效性原则，以其作为判断依据，根据排水管网规划设计的基本原则及城市雨洪模型计算对管网数据的要求，制定的排水管网的有效性规则如下。

1）节点必须在管线上，且管线上下游必须有节点。

2）无重叠或重复记录的管线和管点。

3）不能有环形管网出现。

4）节点至少有一条下游管线（除出水口外）。

5）管网系统应该至少有一个出水口。

6）分流井必须有且最多有两条管线。

7）管底埋深必须高于管点底部高程。

由排水管网的有效性规则分析可知，主要从两个方面进行管网校验：①空间几何关系检查；②逻辑有效性检查。管网系统主要由管点、出水口和管线三部分组成，这三者的空间几何关系可通过创建拓扑规则进行自动校检，而逻辑上的有效性规则主要是源汇关系的检查，这部分关系在管网系统中主要通过属性关系反映，如管线属性中对上、下游节点名称的记录，因此，逻辑有效性检查通过对要素属性值的查询获得（赵冬泉等，2008a）。

（1）空间几何关系检查

因管网数据量庞大，采用人工检查方法十分困难，而基于 ArcCatalog 构建的地理数据库可通过创建拓扑对象的方法，对管网数据进行几何拓扑上的校检，很大程度上提高了检查差错能力和差错效率（孔彦虎，2012）。

拓扑对象是在要素数据集中创建，因此，需把排水管网具有空间几何关联的要素类导入到同一个要素数据集里面。创建拓扑对象后，需制定拓扑规则，数据库将根据制定的规则进行拓扑检查，如图 2-18 所示。

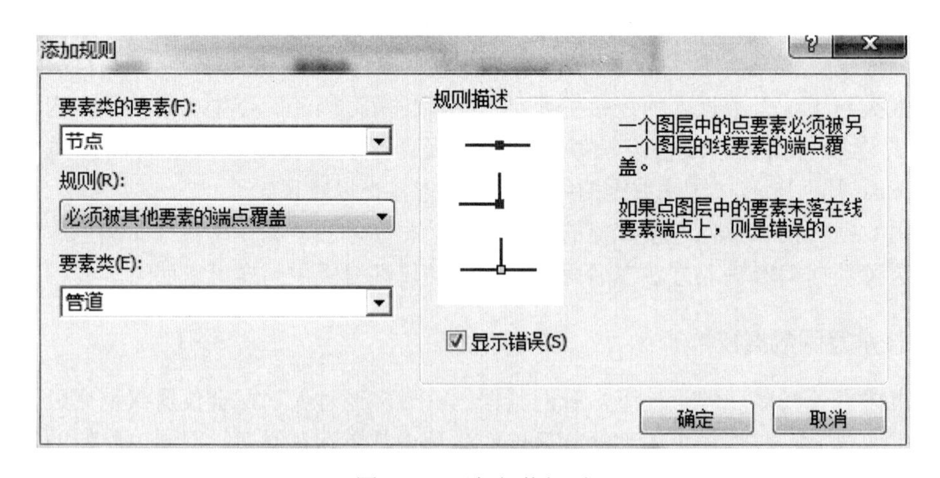

图 2-18　添加拓扑规则

用于空间几何关系检查的拓扑规则有四条：点必须被其他要素的端点覆盖，线的端点必须被其他要素覆盖，点不相交，线不重叠。制定拓扑规则后，对数据集的图层进行拓扑验证，并生成验证结果，如图 2-19 所示。还可以在图形上查看错误节点、管线位置，并逐一进行修正。

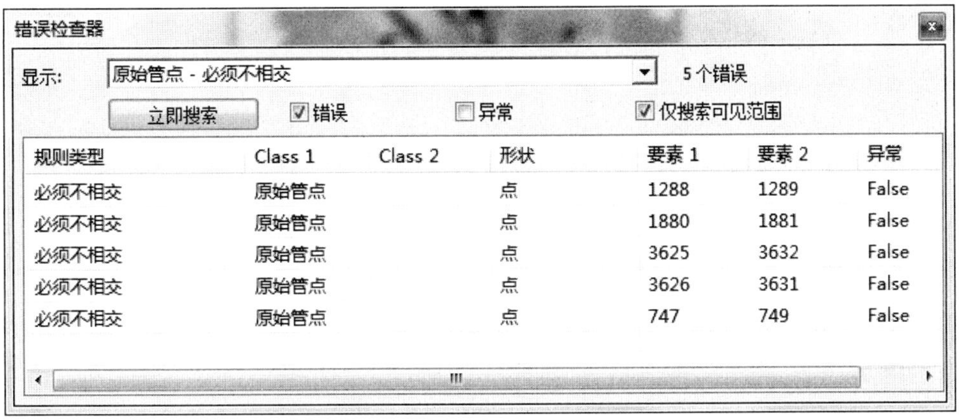

错误检查器

显示: 原始管点 - 必须不相交　　5 个错误

立即搜索　　☑错误　　☐异常　　☑仅搜索可见范围

规则类型	Class 1	Class 2	形状	要素 1	要素 2	异常
必须不相交	原始管点		点	1288	1289	False
必须不相交	原始管点		点	1880	1881	False
必须不相交	原始管点		点	3625	3632	False
必须不相交	原始管点		点	3626	3631	False
必须不相交	原始管点		点	747	749	False

图 2-19　拓扑验证结果（重叠管点）

（2）逻辑有效性检查

逻辑有效性检查主要包括两个方面：①源点关系检查；②汇点关系检查。这两方面检查主要通过在管网数据库各要素类的属性表中采用 SQL 语句查询进行。必须注意的是，查询语句中涉及不同类型要素，因此，各要素类必须在同一要素数据集内，否则 SQL 语句会显示无效。

1）源点分析

排水管网中的源点（雨水管网的起始点，如排水户、雨水篦等）只能存在下游管线，源点的查找一方面可以查看管网起始点的分布位置情况，另一方面可以排查环状管网，没有源点的管网则可能是环状管网（吴建华和付仲良，2007）。源点的查找实现方法：起点没有在任何一条管线的终点里面的点就是所需要的源点。实现的 SQL 程序如下。

select * from 管道 where 起点编号 not in（select 终点编号 from 管道）

2）汇点分析

排水管网中的汇点（雨水的终点，如出水口等）只能存在下游管线。因此，只在管道终点编号中出现的管点即为汇点，实现该查询的语句如下。

select * from 管道 where 终点编号 not in（select 起点编号 from 管道）

对管网系统进行汇点查询有重要作用，首先通过查找汇点，并与管网数据库中的出水口图层对比，可以查看出水口处的管道是否正确布设，判断出水口是否位于管网系统终端；其次可通过汇点查询初步判断管道是否出现流向错误，在管网数据库中，流向错误通常是由管道上下游节点编号倒置造成的，因此，汇点查询能迅速找出错误管道，并通过 ArcGIS 的“倒置”功能，迅速实现流向纠正。其中，汇点分析如图 2-20 所示。

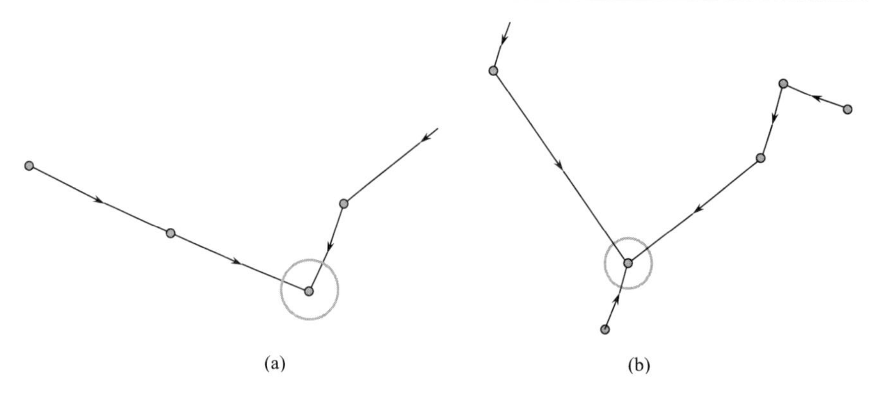

图 2-20　管网系统汇点查询

2.2.3　地形表面分析及属性计算提取

地表汇流计算是城市排水管网水力模拟计算中的重要组成部分，地表汇流流量是管网汇流的上边界条件，因此，地表汇流计算结果对管网模拟结果有重要影响。在 SWMM 模型中，通过将研究区域地表概化成汇水小单元（即子汇水区）的方式计算地表汇流。因此，要使汇流计算结果与实际情况相符，需合理概化下垫面。概化过程就是研究区域离散化以及实际地理表面特征参数化的过程，而合理性包括两个方面，即汇水区划分要与实际排水情况尽量相符，且下垫面参数要与实际情况尽量接近。传统建模方法中，地表区域概化主要采用在 CAD 地形图中量算、估计的方式获取地表参数，如通过地表坡度、特征宽度、不透水率等参数获取。提出基于 ArcGIS 的空间分析功能，进行研究区地形表面分析和相关地表参数提取，以提高地表概化精度。

1. 研究区数字地形构建

DEM 是表示地形空间分布的一个三维向量系列{x，y，z}，其中，（x，y）表示平面坐标，（z）表示相应点的高程，以离散分布的平面点上的高程数据来模拟连续分布的地形表面。DEM 是进行地形分析的基础，尤其在流域分布式水文模型的应用中，通过 DEM 计算可以提取模型所需要的陆地表面形态信息。借助 ArcGIS 的空间分析和水文分析功能进行 DEM 计算分析，协助构建城市排水管网水力模型。

DEM 有两种表现形式，一种是矩形规则格网，通常称的 DEM 就是指矩形规则格网，另一种是三角形不规则格网，称为 TIN。进行地形表面特征分析时，如坡度、坡向计算，通常采用 TIN 格网模型，该模型基于原始高程点的拓扑关系直接构建三角形格网，每个三角形的顶点就是一个高程点，因为实际测量地形高程点分布具有随机性，所以格网排列不规则，数据结构较复杂，但能较好地保留原始地形地貌，地形信息无丢失。而矩形格网 DEM 则由原始高程点插值获得，并存储于矩形中心，该高程模型排列规则，数据简单，运算简便，因此，常用于较复杂的地形计算分析中，如水系提取、流域划分等水文分析计算。

DEM 一般通过高程数据转换获得，研究区的地形资料为 CAD 图文件格式，图中以点图形存储地形信息，高程点具有标高信息（z）及位置信息（x，y），采用数据转换方法即可将高程点导入到 ArcGIS 中，转化成点要素类，CAD 点的 z 值坐标被自动转化为 ArcGIS 中点要素类的 Elevation 属性。在 ArcGIS 平台上利用 3D 分析工具箱中的创建 TIN 工具即可生成研究区不规则三角形格网表面，如图 2-21 所示。图中北部为城区，地势较低，南部为地势较高山区，与实际地形相符，可见 TIN 地形表面能较好地反映实际地形地貌。矩形规则格网 DEM 可通过 TIN 转换，也可由高程点经插值构建。常用的栅格插值方法主要有克里金法、反距离权重法、自然领域法、样条函数法和趋势面法。反距离权重法采用对各个像元邻域中的数据点取平均值的方法来估计像元值，点到要估计的像元的中心越近，则其在平均过程中的影响或权重越大。该方法插值结果更符合城市地形分布特点，因此，选用反距离权重法进行插值计算。构建的 DEM 矩形格网如图 2-22 所示。

图 2-21　研究区 TIN 地形表面

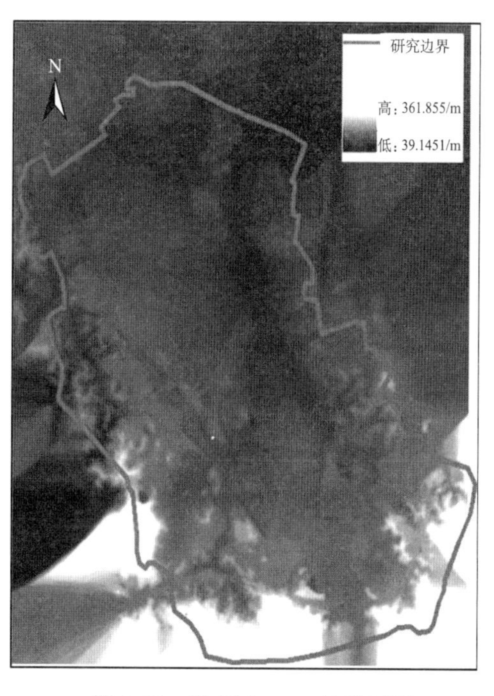

图 2-22　研究区 DEM 地形表面

2. 子汇水区划分

子汇水区是模型计算产流汇流的子单元，子汇水区划分是根据地面雨水实际汇流情况，将地表径流汇流分配到对应的排水管网节点中，子汇水区的合理划分可为排水管网汇流计算提供较理想的输入边界条件，使管网模拟结果与实际更加相符。

（1）划分依据

在自然流域划分中，地形资料是建立流域分水岭最重要的依据，ArcGIS 的水文分析工具箱就有基于地形数据（一般为矩形格网 DEM）划分流域的工具，通过计算各格网流向，计算研究区的累积流量，并基于累积流量提取河网水系，进而构建分水岭，划分效果良好。然而，对于城市研究区域，下垫面情况较自然流域更复杂，雨水实际汇流过程中，因建筑物阻挡等因素，水流方向不一定就是由高到低。进行子汇水区划分时，不能将地形情况作为唯一依据，应实地调查片区内的排水情况。在没有经过实地考察的情况下，主要依据地形条件、社区单元和就近排放原则进行汇水区划分。

（2）划分方法

根据子汇水区划分原则，分两步构建子汇水区模型，分别为子流域初步划分和子汇水区细致划分。初步划分是采用 ArcGIS 水文分析工具，对构建的 DEM 地形图进行流向计算、累积流量计算，根据设置的流量阈值提取河网，最后再根据提取的河网划分分水岭，水文分析过程如图 2-23 所示。细致划分是在初步划分的子流域基础上进行的，即以初步划分的子流域为边界，根据由 TIN 地形表面生成的坡向图、结合社区单元航拍图和排水管网布置图构建子汇水区。

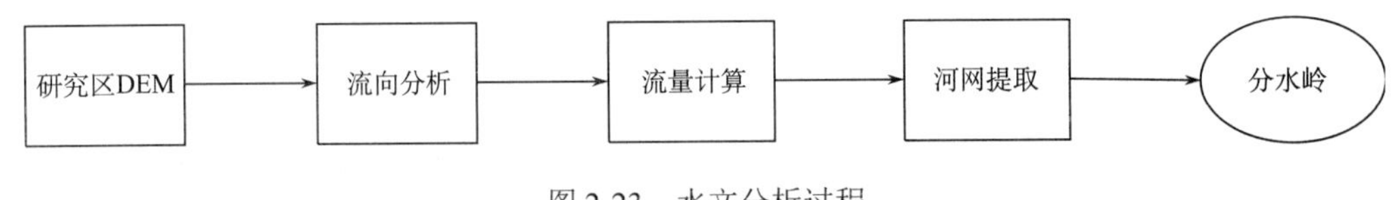

图 2-23　水文分析过程

3. 子汇水区坡度计算

坡度是子汇水区重要的参数之一，子汇水区坡度为该区域的平均坡度。传统建模过程中，子汇水区平均坡度主要通过在 CAD 图上测量两个高程点的高程差和长度计算高程点之间的坡度，并通过多次采样方法确定子汇水区的平均坡度。该方法受主观因素影响大，计算结果准确度有限，且当子汇水区数量较大时，该方法工作效率低。借助 ArcGIS 的空间分析工具，并基于 TIN 地形图计算坡度，坡度以栅格图形式表达，而要计算各个子汇水区的平均坡度，则需利用 ArcGIS 的分区统计工具，并将分区统计结果通过空间关联的方式赋值到子汇水区的属性表中（滕利强和王亮，2008），计算工具窗口见图 2-24。

4. 土地利用类型提取分析

不透水率即土地利用类型中不透水区的比例，在子汇水区的各项属性参数中，不透水率是除了面积外，对汇流计算结果影响最明显的参数，因此，在建模过程中，需尽量提高该参数的计算精度。传统的不透水率计算方法是通过统计研究区土地利用规划图中不透水区和透水区的面积，进而计算子汇水区的不透水率，然而实际下垫面土地利用情况比规划图更加复杂，如土地利用规划图中标记为住宅区的区域，实际上仍有不少绿化用地掺杂其中。因此，从提高建模精度的角度出发，借助于 ArcGIS 的影像分类工具，对研究区的航拍图进行人机交互式解译，提取研究区的透水区和不透水区（赵冬泉等，2008b）。

不透水率的提取主要根据图 2-25 所示的过程实现。

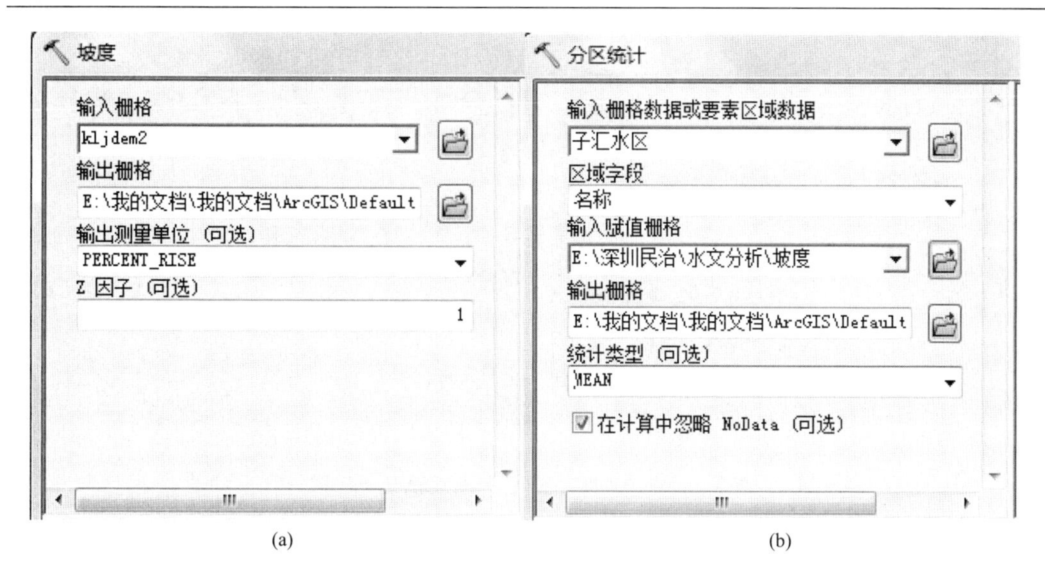

(a)　(b)

图 2-24　坡度分区统计

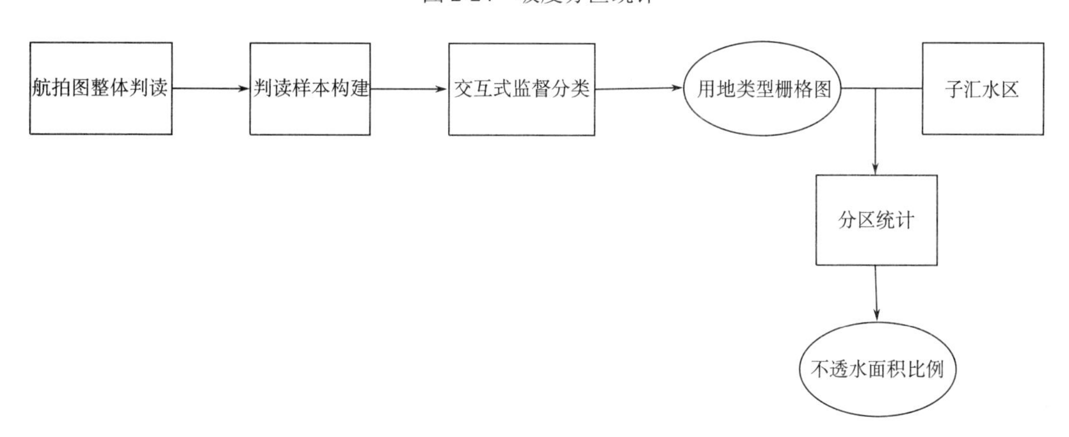

图 2-25　土地利用类型提取方法

（1）航拍图整体判读

从 GoogleEarth 截取研究区的航拍遥感图，通过影像配准工具配准遥感图坐标，并导入 ArcGIS 中，使截取的研究区影像与矢量要素类坐标系统一致。如图 2-26 所示，该影像图较为清晰，能通过肉眼清楚地分辨地物特征，整体判读研究区域下垫面情况。经判读，该区土地利用类型主要有人工植被、天然植被、交通道路、居民区、工业区、未利用地和水体。根据土地的透水性能划分，这些类型又可综合为绿地、裸地、水体和硬地。其中，绿地和水体可归纳为透水区，居民区和工业区属于硬地，为不透水区，而未利用地属于裸露地面，具有一定的透水性，属于半透水区。为便于统计各汇水区的不透水率，采用交互式监督分类方法，将航拍影像图分为绿地、裸地、水体和硬地四种类型。

(a)

(b)

图 2-26　遥感影像图和监督分类结果对比图

（2）构建判读样本

图像进行交互式监督分类前，需构建判读样本，即分别对四种类型的下垫面进行取样。选择各类型的样本时，要注意每种地类的样本应尽量分散在全图上，且每种地类应取多个样本，如绿地，既有耕地又有人工植被和天然植被，各种类型的光谱特征都有所区别。创建的判读样本和样本判读信息见表 2-8。

表 2-8　交互式监督分类判读样本列表

序号	样本名称	判读信息	样本	代表颜色
1	绿地	耕地纹理明显，形状规则；林地颜色较深，片状分布	、、	
2	裸地	主要为褐黄色，成片分布	、、	
3	水体	颜色为深绿色，成片分布	、	
4	硬地	颜色较亮，形状规则	、、	

（3）监督分类

ArcGIS 中的分类方法并不多，主要提供了交互式监督分类、ISO 聚类非监督分类、最大似然法分类、主成分分析、类别概率等，一般的多光谱影像通过这些工具基本可以满足影像分类需求，采用监督分类方法进行研究区土地利用类型识别分类。

监督分类（supervised classification）即训练区分类，该遥感图像分类方法基于统计识别函数理论，是目前在影像处理分类方面应用较多、发展较为成熟的分类方法。该方法通过对训练样本，即判读样本的图像进行分析，选择样本中的特征参数，如光谱特征，建立各类型样本特征参数的判别函数作为判别准则，以对图像的各个象元进行判别处理，判别过程中，将符合某一判别准则的像元归为某一类型，如此完成整幅图像的分类处理。由上述可见，监督分类是模式识别的一种方法，判读结果精度受判读样本影响较大，要求样本具有典型性和代表性（费鲜芸和高祥伟，2002；赵冬泉等，2006）。

通过导入创建的判读样本，选择“交互式监督分类”，即可迅速获得研究区航拍图的分类结果，如图 2-26 所示。通过与原航拍图对比，可见监督分类能较好地根据创建的样本进行土地利用分类，但某些建筑物间的投影也被当作绿地或水体识别，该情况下需进行局部调整。

（4）分区统计不透水面积

图像分类识别构建的是各种类型用地的栅格图，栅格图中的每个栅格像元值是其所代表的土地类型在样本中的序号。整幅栅格图包含 4 个值，其中，绿地类型栅格值为“1”，裸地为“2”，硬地为“3”，水体为“4”。而要统计获取各子汇水区的不透水率，需先统计子汇水区的不透水面积。因监督分类结果是四种类型的土地，为了便于统计，只对其中的不透水类型用地进行提取。通过 ArcToolbox 的“栅格计算器”编写栅格条件语句，对不透水土地类型栅格进行筛选提取，并将每个不透水栅格的像元值设为“1”，而后采用与坡度分析相同的方法，对每个子汇水区的不透水栅格进行总和统计，由此可获得每个子汇水区的不透水区栅格总数，将栅格个数与每个栅格面积相乘，即可获得不透水面积。

2.3　ArcGIS 与 SWMM 模型的系统集成

随着计算技术和地理信息系统功能的不断提升，排水管网管理逐渐向数字化和信息化方向发展，基于 ArcGIS 的数据管理功能和空间分析功能构建排水管网数据库，将管网数据和子汇水区集成为模型数据库进行数据集中管理和分析，便于数据的查询、编辑和管理，对提高建模效率和模型参数的精度并实现较好的模拟效果有重要作用。另外，将城市雨洪模型与 GIS 系统集成，在利用 GIS 数据库对基础信息进行数据管理与分析的基础上，对城市雨洪状况进行模拟，同时实现模拟结果的直观显示。目前，一些商业软件能较好地实现 GIS 系统与雨洪模型的集成，如丹麦 DHI 的 MIKE URBAN、英国沃林福特的 InfoWorks ICM，以及国内清控人居环境公司的 DigitalWater 等，本书实现 GIS 与 SWMM 模型的有机集成，为城市雨洪模型构建提供重要支撑。本书主要借助 ArcGIS Desktop 的数据处理和空间分析两大功能，进行排水管网水力模型构筑，以弥补 SWMM 模型在管网数据、地形数据前处理方面的弱点，在提高建模速度的同时，提高了模型基础数据的准确性。

2.3.1　ArcGIS 与 SWMM 模型的集成优势

ArcGIS 与 SWMM 模型的集成优势体现在如下几个方面。

（1）管网水力模型构建方面

SWMM 模型是发展较为成熟的城市暴雨管理模型，常用于城市区域的径流计算，尤其是结合排水管网汇流过程，模拟城市排水管网的水力状况。模型具有较强大的地表产汇流、管网汇流计算功能。然而，SWMM 模型在建模方面存在一定的缺陷，即模型构建过程复杂，步骤繁多，尤其当研究区范围较大时，建模工作量繁重。其主要原因在于，现代城市排水管网具有信息量庞大、数据结构复杂的特点，基于 SWMM 模型建模，需要对每根管道进行点、线绘制，并手动输入属性，工作量大且易于出错，此外，研究区下垫面存在空间特征差异性，各子汇水区的特征参数需要逐个计算、输入，建模十分不便。而 ArcGIS 平台有强大的数据管理和数据分析功能，能对排水管网数据进行几何图形与属性数据双向统一的显示、编辑。将 SWMM 模型与 ArcGIS 平台相结合，则能借助于 ArcGIS 的优势弥补 SWMM 模型的缺陷，建模方面的优势表现在以下几个方面。

1）ArcGIS 能以数据形式存储建模所需的管网数据和子研究区的细分概化数据，并通过二次开发方式生成 SWMM 模型所需的数据输入文件，可直接供 SWMM 模型模拟，减少了人工录入建模产生的错误，同时提高了建模效率。

2）基于 ArcGIS 平台能对管网数据进行快速更新和管理查询，与 SWMM 模型结合能实现数据管理和系统模拟的统一，提高管理效率，并为两者的数据直接交换建立可能。

（2）模拟结果统计及可视化表达方面

ArcGIS 有较强的图形显示功能，能对图形的各种属性数据进行渲染显示。将 SWMM 模型与 ArcGIS 系统集成，可实现模型计算结果动态返回图形属性，如管道节点的溢流量返回节点图层属性表的对应字段，并可在 GIS 中进行水深动态显示。尽管 SWMM 模型也有结果显示功能，但在 ArcGIS 中，动态显示更加直观，如可以通过识别查询的方法，查询溢流节点或超负荷管道的位置。同时，在系统中还可以对计算结果进行统计分析，并将分析结果以表格、曲线或图形等方式显示在管网地图中。

此外，利用 ArcGIS 的地形分析和栅格计算功能，还可以实现模型溢流量计算结果的二维表达。众所周知，SWMM 模型是一个一维水文水动力模型计算软件，该模型只能提供一维计算结果，如管道的流量、水深、流速，节点的积水水深、入流量、溢流量过程等。对于水溢出节点后，水流扩散情况及所导致的内涝积水范围和积水深度，模型计算结果无法反映，而这些结果却是实际城市防洪抢险中最为关心的问题。因此，基于 ArcGIS 的空间分析功能，结合地形数据，在集成的系统中将节点的溢流量转化成地表积水深度和积水扩散面积，并制作成栅格地图进行显示，直观地表达研究区的内涝情况。

2.3.2　ArcGIS 与 SWMM 集成开发方式

城市雨洪模型与地理信息系统常用的集成方式主要有三种：独立开发、宿主型二次开发、基于 ArcGIS 组件的二次开发。

独立开发完全脱离了 ArcGIS 平台，从数据的采集、编辑、管理等一系列流程和功能均由开发者设计算法完成。该开发成本低，但所需开发周期较长，且对程序设计和软件开发能力要求较高。

宿主型二次开发是基于 ArcGIS Desktop 软件平台进行的，ArcGIS Desktop 为用户提供了二次开发的脚本语言（VBA、C#），可在软件应用过程中添加符合用户需要的应用程序。该方法实现难度低，且所需时间较短，但是对 ArcGIS 软件依赖性高，要求系统中先安装 ArcGIS 软件，且能实现的功能有限。

基于嵌入式 GIS（ArcEngine 组件）的二次开发是较为有效的一类开发模式，ArcGIS

平台的各个应用程序是基于 ArcObjects 平台开发的，ArcEngine 也是基于 ArcObjects 组件的完整嵌入式 GIS 组件库和开发包。基于 ArcEngine 开发组件，可在开发者的应用程序中嵌入 ArcGIS 程序功能，从简单的地理浏览到复杂的数据统计和空间分析。基于 ArcEngine 组件式的二次开发，不管是软件程序功能、开发周期，还是开发难度都较为理想、适中，符合城市内涝预警系统需求。

采用基于 ArcGIS Engine 组件式开发的方法将 ArcGIS 功能与 SWMM 雨洪管理模型计算核心集成，开发过程基于 Visual Studio 2010（VS2010）平台，采用 C#编程语言，系统数据流向如图 2-27 所示。

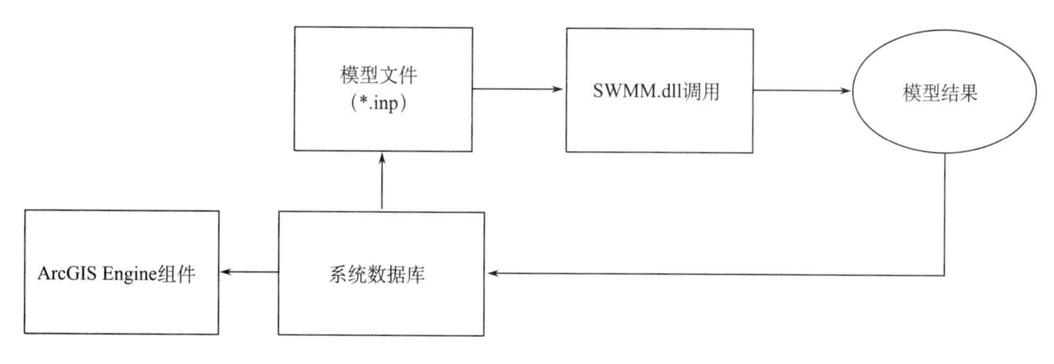

图 2-27　系统数据流向图

2.3.3　SWMM 模型嵌入

1. 模型文件生成

基于 SWMM 构建研究区模型并运行计算时，软件会生成一个.inp 数据文件，用以保存运行所需的所有信息，该文件是模型的输入文件。基于 ArcGIS Engine 组件实现 SWMM 与 ArcGIS 的系统集成，建模过程脱离 SWMM 界面操作，仅调用 SWMM 的计算引擎进行计算。因此，需在系统中实现输入文件*.inp 的生成。

输入文件保存了模型构建和运行计算的所有信息，如子汇水区、节点、管线的属性数据、降雨数据和运行参数设置。子汇水区属性数据等研究区概化数据已在 ArcGIS 地理空间数据库中保存，因此，可通过编写 C#程序读取数据库，并根据*.inp 文件的格式要求编写成 SWMM 输入文件。

2. 计算引擎的调用和结果输出

SWMM 模型自 1971 年推出以来，功能不断完善，为满足用户的不同需要，该模型软件还提供了开源的软件代码。最新的 SWMM 5.1 版本，除了可直接运行的模型软件程序外，还包括用 C 语言编写的具有独立平台的计算引擎 SWMM Engine 和用 Delphi 编写的界面平台，以及模型的动态链接库（dynamic link library，DLL）。DLL 是一个包含可被其他应用程序及其他的 DLL 调用的进程和函数的集合体，DLL 中的函数已被编译、链接，并与调用它们的应用程序分开存储。通过编写接口程序可实现 SWMM 动态链接库的调用，SWMM 5.1 针对不同编程语言，提供了基于 VC、VB、Delphi 编写的接口程序，分别为 swmm5_iface.c、swmm5_iface.bas、swmm5_iface.pas 及各接口函数声明文件 swmm5.h、swmm5.bas、swmm5.pas。

采用 SWMM 提供的 DLL 和接口程序能方便地调用 SWMM 计算引擎进行模型计算。例如，在采用 Microsoft Visual Basic 6.0 调用 SWMM 5.1 的 DLL 时，只需将 swmm5.bas、swmm5_iface.bas 文件加载，并将 swmm5.dll 和 swmm5.lib 注册。

鉴于基于 C#进行集成系统开发，无法使用提供的接口程序直接调用动态链接库 SWMM.dll，因此，将 VB 编写的接口调用程序再编写为动态链接库 VbToAny.dll，而后编写 C#可执行的接口程序调用 VbToAny.dll，从而实现对 SWMM 计算引擎的调用。调用过程需要输入 3 个文件名及其路径作为输入参数，即 SWMM 的输入文件*.inp、输出文件*.rpt、结果文件*.out 的文件名和路径。

（1）输入文件（*.inp）

输入文件是一个文本格式文件，文件中包含了模型计算所需的所有信息，包括各对象的属性，如各子汇水区及其参数、降雨数据和模拟过程的基本参数设置，如计算开始时间、结束时间、计算时间步长等。

（2）输出报告文件

SWMM 输出报告文件是一个文本文件，可直接打开查看，此文件包含模拟运行状态信息，如错误信息、警告信息、误差，同时包含模型各项目的计算结果总结，如各汇水区的降水量、径流总量、径流系数，节点最大水深等。

（3）结果二进制文件

SWMM 模型每个模型对象（子汇水区、节点、管道）的每个水文水力特征在各个时间步长的计算结果都以二进制的数据格式保存在*.out 文件中。因*.out 是二进制文件，要读取其结果，需要调用动态库中的 GetSwmmResult 函数：

GetSwmmResult(iType, iIndex, vIndex，period, Value)

式中，iType 为查询对象类型（0 表示子流域、1 表示节点、2 表示排水管线、3 表示系统）；iIndex 为被查询对象在其类型集合中的顺位序号（从 0 开始），与*.inp 文件顺序一致；vIndex 为查询的变量，其中控件查询变量分为子流域变量（0 表示降雨、1 表示积雪深、2 表示蒸发和入渗损失、3 表示径流率、4 表示地下水出流率、5 表示地下水水位标高）、节点变量（0 表示节点底部高程以上的水深、1 表示水头、2 表示蓄滞量、3 表示横向入流、4 表示总入流、5 表示淹没溢出流量）、管道变量（0 表示流量、1 表示径流深、2 表示流速、3 表示弗劳德数、4 表示管道充满率）；period 为查询时段（从 1 开始）；Value 为查询结果返回值。

如 GetSwmmResult（1,1,1,2,x）表示 x 等于第 2 个时段第 2 个节点的水头。

综上所述，通过对 SWMM 动态链接库的调用即可实现模型计算和结果查询，并通过与地理空间数据库的数据交换，实现结果的统计和空间显示。

2.3.4　ArcGIS Engine 组件式的系统构建

1. ArcGIS Engine 概述

集成系统除了具备 SWMM 模型的计算功能外，还具有 ArcGIS 数据管理、查询和地图显示等功能，而这些功能则是在 C#环境下基于 ArcGIS Engine 开发的。

ArcGIS Engine 是一组完备的且打包的嵌入式 GIS 组件库和工具包，是 ArcObjects 组件跨平台应用的核心集合。ArcGIS Engine 提供多种开发的接口，可以适应.NET、Java 和 C++等开发环境。开发者可以通过访问接口的方式调用 ArcGIS Engine 组件，以开发与 GIS 相关的地图应用，包括从简单的地图浏览到高级的 GIS 数据编辑、管理和空间分析等程序。

基于 ArcGIS Engine 工具包进行系统功能开发，首先需安装 ArcGIS Engine Developer kit 组件。进而在 VS2010 C#环境中，根据所要创建的 GIS 功能，对相应的 ArcGIS Engine 组件接口进行引用和声明，即可访问接口所包含的方法，并通过创建类实现该方法。

2. 系统功能需求分析

构建城市排水管网模型并集成为城市内涝预警系统，所要达到的目的主要有以下几个方面。

1）实现排水管网的数据化、信息化，能对排水管网系统数据进行迅速、高效的查询和编辑管理。

2）实现排水管网图形与数据的统一，能通过地图查看，了解研究区域的管网布置情况。

3）能实现排水管网数据的更新。

4）通过嵌入的 SWMM 模型计算，能对现有排水管网排水情况进行校核，分析排水管网系统中的排水瓶颈、研究区域内涝分布位置和内涝情况，为该区排水管网远期规划设计和内涝应急治理提供决策性参考。

由系统的用途可总结出系统构建过程中所要实现的 ArcGIS 功能。

1）能导入并查看研究区各种数据类型的地图，包括矢量数据类型的管网图、栅格形式的地形图、航空影像图和内涝积水淹没图等。

2）可对地理空间数据库的各要素类进行查询和编辑，查询和编辑既可在要素类数据属性表中完成，也可通过点击图像识别其属性数据进行查询和编辑。

3）图形编辑可实现图形的增加、删除、复制、移动，线条的拉长和缩短，以及多边形边界修改操作，系统能自动更新相应的地理空间数据库数据，使其与图形保持一致。

4）能对排水管网水力模型结果进行渲染显示，如对溢流点位置进行显示。

3. ArcGIS Engine 组件调用

ArcGIS Engine 组件库的每个组件中定义有不同的类，类下面定义了不同接口，接口中又包含不同的属性和方法。针对不同的 GIS 功能，需要调用不同的组件。

（1）系统界面

系统界面主要包括4个部分：图形显示窗口、缩略图窗口、图层列表窗口和工具栏。采用ArcGIS Engine提供的ToolbarControl（工具条控件）、TOCControl（图层控件）和MapControl（地图控件）来定制这4个界面，如图2-28所示。MapControl控件主要用于空间数据的显示和分析，ToolbarControl控件封装了一些地图编辑功能，TOCControl控件则主要用于图层文件的管理。ToolbarControl和TOCControl控件需要和一个伙伴控件协同工作，可在ToolbarControl和TOCControl控件属性设置中设定与MapControl控件关联，如图2-29所示，即可构建基本的系统窗口，实现图层加载、删除、伸缩等地图显示操作。

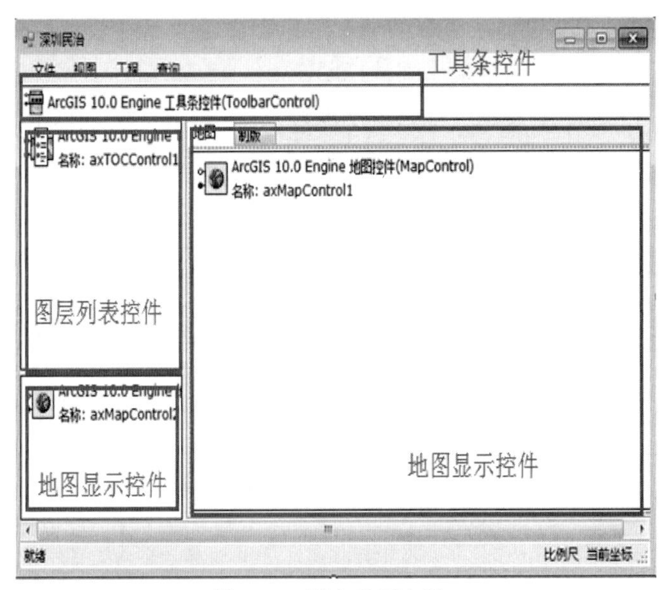

图2-28　用户界面布置

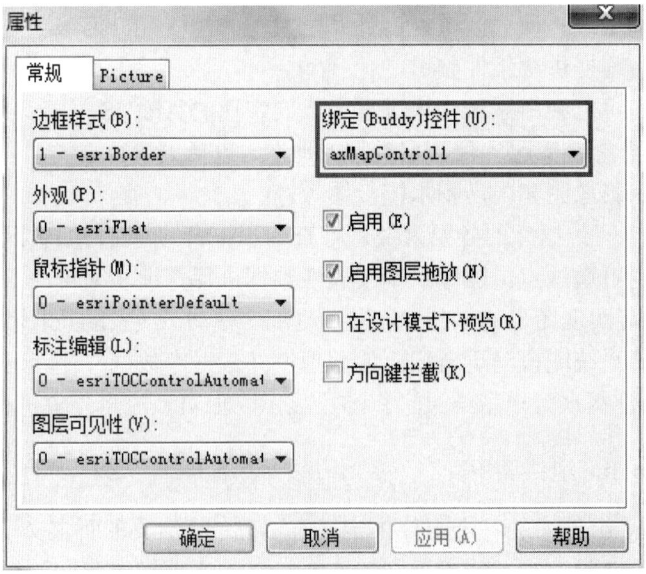

图2-29　管理控件与显示控件关联

（2）图层属性数据查询、编辑

ArcGIS Engine 封装了一些属性查询和编辑的基本工具，可通过 ToolbarControl 控件直接添加使用，如图 2-30 所示，在 ToolbarControl 控件属性中添加工具条工具，其中，ⓘ和“编辑器”即分别封装了 ArcGIS 的点读查询功能和数据编辑功能。

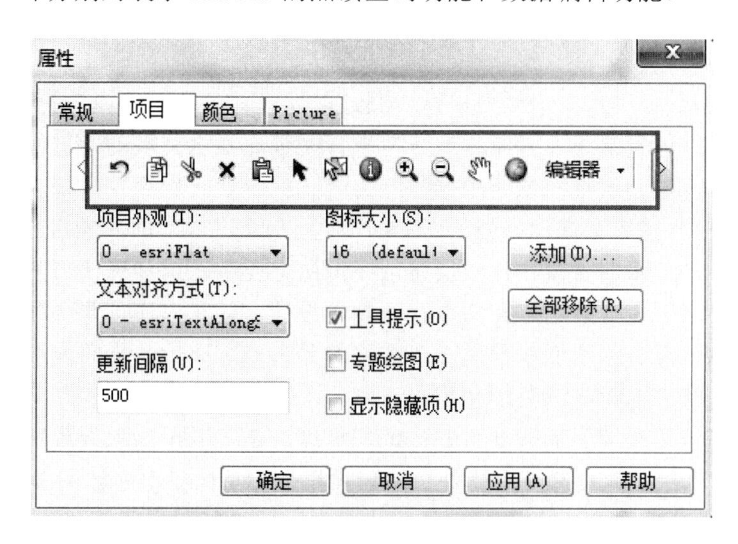

图 2-30　添加图层数据查询、编辑工具

此外，系统还需具备要素类图层数据表查询功能，如通过点击管网要素类图层右键，即可打开要素类数据文件进行查看。该功能实现方法如下。

1）新建窗体并采用 DataGridView 控件，用于图层数据表的显示。

2）通过创建 TOCControl 控件右键点击事件，获取所选图层的名称及其数据。

3）创建内存数据表 DataTable，并将获取的图层数据填充入 DataTable 对应的行、列中。

4）将 DataTable 与 DataGridView 控件进行数据关联，即可在 DataGridView 窗口中查看图层数据。

（3）模拟结果图层渲染

对水力模型计算结果进行直观的显示是本系统的重要功能，在 ArcEngine 开发中，图形显示实际上是对数据进行点、线、面的渲染。对计算结果渲染显示主要通过以下步骤实现。

1）将 SWMM 引擎计算结果导入到空间数据库中对应的管点和管道，实现空间数据和属性数据的无缝关联。

2）更新地图，以更新图层的数据表。

3）调用 ArcEngine 的 IMap、IFeatureLayer、ITable 等接口，获取图层数据。

4）调用 ArcEngine 的 ISimpleMarkerSymbol、IColor 和 IClassBreaksRenderer 等接口对数据表中存储计算结果的字段进行渲染设置，如渲染图形、颜色设置，并将设置应用于已定义的 IClassBreaksRenderer 类实例。

5）调用 IActiveView 对图层进行刷新，实现结果的图形显示。

对结果的渲染显示包括静态显示和动态显示，静态显示可反映涝点位置、溢涝范围等内涝分布情况。动态显示可反映研究区域排水管网系统运行过程，如管道流速、节点水深等随时间的变化情况。

2.3.5　地表淹没水深计算模块开发

SWMM 模型是一维水文水动力模型，通过前述对其各个计算模块的计算方法研究，可知该模型能较好地模拟地表径流和地下排水管网等一维水文水动力过程。而在暴雨积涝过程中，当雨水量超过管网系统的排除能力时，就会导致检查井内积水，当节点积水水深超过井深时，水流就会溢出。对于水流溢出管网节点进入地面后的水流特征，SWMM 模型只能通过增加蓄水节点或构建双层排水模型概化反应，这种概化方法与实际情况差别较大，计算结果较少被采用。在雨水管网规划设计评估和内涝预警预报机制的建立过程中，内涝积水水深、积水面积都是一个重要的参考值，因此，需研究水流溢出后在地面的运动状态，计算内涝淹没范围和积水深度。

水流溢出节点后在地面的流动主要由地形坡度决定，溢出的水将集聚在地势较低的区域，因此，计算积水淹没水深主要基于地形数据进行，计算方法如图 2-31 所示，具体计算步骤如下。

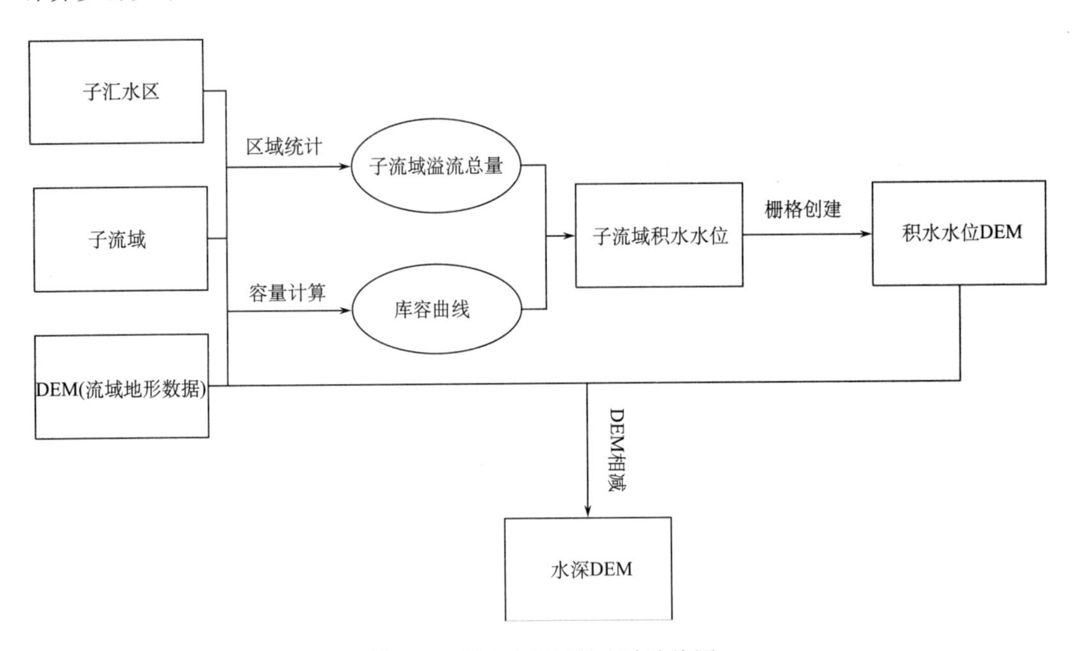

图 2-31　积水水深计算方法路线图

（1）区域统计

该方法首先需对研究区子流域进行划分，划分仅以地形为依据，可采用水文分析方法划分，并进行局部修正得到子流域。根据系统调用 SWMM 模型的计算结果，对节点的溢流量进行区域统计，即统计每个子流域范围内节点的溢流量总和。

（2）容量计算

开发淹没水深模块的核心是构建各子流域的"库容曲线"，库容曲线源自于水库调洪演算，为水位与流量的关系曲线。将每个子流域概化为小型水库，通过计算各水位条件下子流域的积水容量，即构建每个子流域的"水位-容量"关系。容量计算采用 ArcGIS 的体积计算功能，以各子流域最低高程为起算高程，计算不同高程下的积水容量，形成"库容曲线"。该"水位-容量"关系存储在系统数据库中，每次运行，通过统计各子流域内的溢流总水量，将总水量在库容曲线中插值，即可得出相应的积水水位。

（3）DEM 创建和运算

以积水水位值为栅格值，将子流域创建成水位 DEM，必须注意的是，该水位 DEM 必须与研究区地形 DEM 精度一致，两 DEM 方可进行运算。用水位 DEM 减去地形 DEM，差值即为淹没水深值。提取相减后栅格值大于 0 的栅格，即可在系统中显示淹没区域。

本计算方法基于水位流量关系思想，通过流量得到水位，并根据地形资料计算淹没水深。尽管计算过程中未考虑子流域之间的积水交换及建筑物的阻水作用，但由于计算过程中考虑了实际地形作用，该分析方法能较为真实地反映积水在地表的淹没情况，在地形资料精度较高的情况下能得到具有一定精度的计算结果。

2.4　PCSWMM 城市雨洪模型

2.4.1　PCSWMM 模型概述

PCSWMM 模型是加拿大水力计算研究所（Computational Hydraulics International，CHI）于 1984 年以 EPA SWMM 模型为核心开发的城市雨洪模型，支持 1D-2D 模型的耦合，及支持基于开放标准的 DEM、GIS 和 CAD 格式和数据，结果表达也比 SWMM 模型更直接、形象、便捷，广泛应用于排水管网和暴雨管理研究中。可模拟完整的降雨径流和污染物运移过程，对单场暴雨或连续暴雨所产生的降雨径流进行动态模拟，并解决与暴雨径流相关的水量与水质问题。

PCSWMM 模型内嵌 GIS 供能，支持多种格式数据，包括 ArcGIS、Geomedia SQL、MapInfo、Microstation、AutoCAD、SQL、OpenGIS、GML、KML，以及其他类型矢量图或栅格图，通过系统自身的整合提供智能化的工具，以用于模型的建立、优化和分析。

2.4.2　PCSWMM 模型建模步骤

PCSWMM 模型是基于 SWMM 模型开发的商业软件，其模型基本原理和计算方法与 SWMM 模型类同，在此不再一一赘述。但其在 SWMM 模型的基础上增加了前后处理功能，使建模更为方便，结果查看更为直接和形象，例如：

1）导入导出工具。导入工具可以导入 GIS（如 shp 文件）、CAD（如 dxf 文件）、数据库（如 mdb）、Excel、Access、CSV 等格式文件，快速建模，并可将 PCSWMM 模型中各图层实体导出为 shp 格式文件，方便在其他软件（如 ArcGIS）中操作。

2）选择工具。PCSWMM 模型提供选择工具，可以批量选择符合某条件的图层，便于对其进行更改操作，如选择上游所有节点和管段，选择下游节点和管段等，也可根据需要选中的条件编辑 SQL 数据查询语句对其进行选择。

3）管道纵断面。可显示管道纵断面，并播放其随时间的变化过程，并显示各管道的流量流速、水力坡降线和检查井水深等水力要素。

4）表格显示工具。可将模型中对象各属性按表格形式显示出来并操作。

还有泰森多边形划分、子汇水区划分、面积加权工具、选择孤立体、设置坡度等工具，便于对模型进行调试更改，相对于 SWMM 模型更为方便。

由于 PCSWMM 模型集成了 GIS 诸多功能，建模过程与单纯地应用 SWMM 模型建模略有不同，PCSWMM 模型建模主要分为建立新项目、导入管网数据和子汇水区划分等步骤。

1. 建立新项目

PCSWMM 模型在新建项目时，需进行一些默认设置，如项目类型、流量单位、管线偏移量、路由模型、坐标系、入渗模型，以及是否自动量测对象长度面积等，具体如下。

（1）项目类型

根据项目用途，PCSWMM 模型提供了三种项目类型供选择（图 2-32）：用于雨水、污水和集水区建模的 SWMM5 项目，用于校准、分析和利用雷达降雨数据的雷达采集与处理的 RAR 项目，用于管理、编辑或分析任何类型的时间序列的时间序列项目。

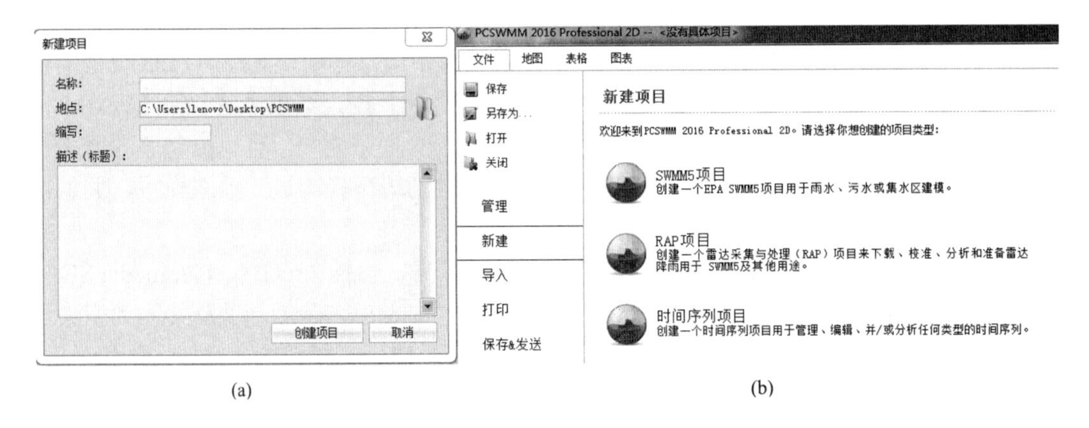

图 2-32　PCSWMM 模型新建项目

（2）设置常规、ID、子流域、节点/管段等默认值

对新建的项目，PCSWMM 模型导入数据时，将按提前设置的属性默认设置进行命名并取值，其中，流量单位常取 CMS，即 m^3/s，管线偏移量即该管段上下游管底高程取值方式，有 DEPTH 和 ELEVATION 两种方式可供选择，其中，前者是取管道上游或下游管道深度相对上游或下游检查井井底的相对深度，而后者取管道上游或下游管底标高

（图 2-33）。由 CAD 管网资料中提取出来的管道数据是指标高数据，所以在导入数据时需将该选项选择为 ELEVATION，当然数据资料适用于前者时需选择前者。

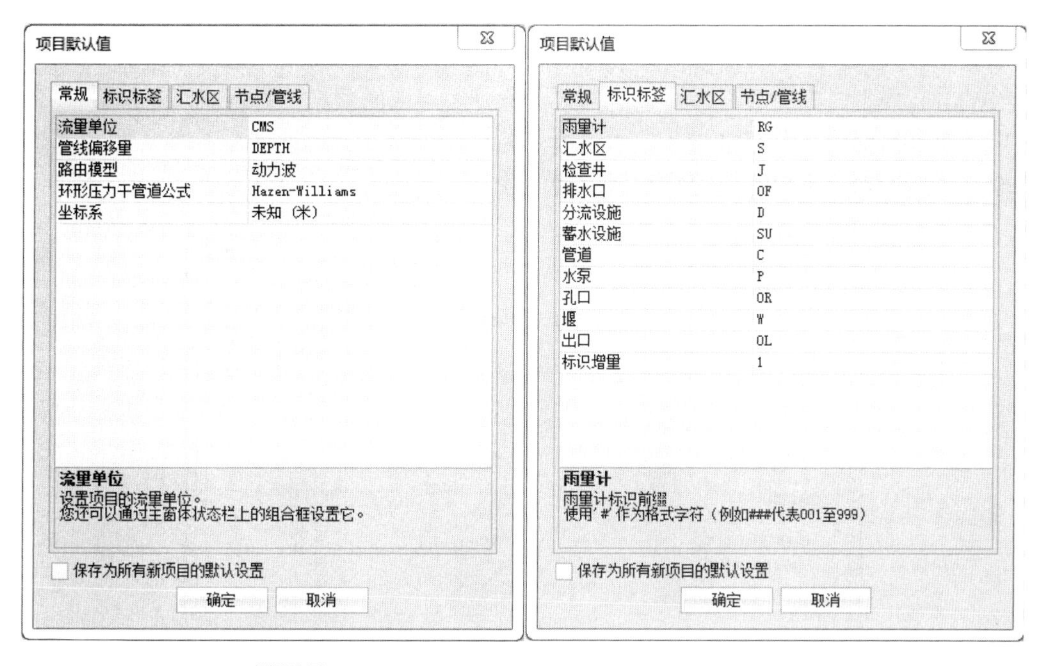

(a) 常规设置　　　　(b) ID标签设置

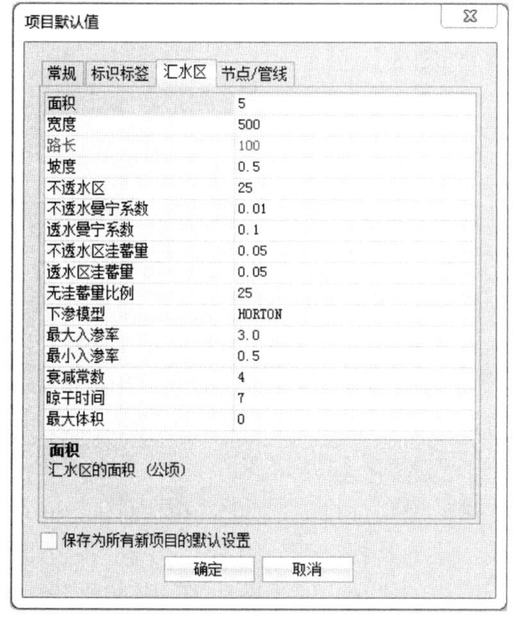

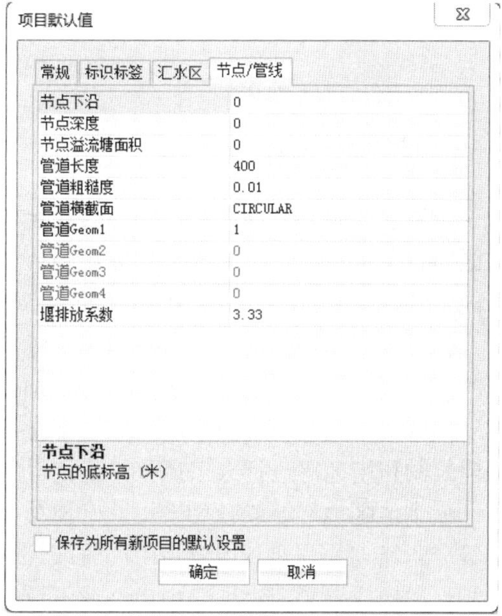

(c) 汇水区设置　　　　(d) 节点/管线设置

图 2-33　PCSWMM 模型对象默认设置

2. 导入管网数据

PCSWMM 模型支持多种数据格式，从 CAD 等资料中提取的检查井位置和深度、管线长度和管道上下游管底标高等基础数据可以整理为 Excel、Shapfile 等格式导入 PCSWMM 模型。新建项目后，点击导入，选择所对应的数据文件格式，导入数据（图 2-34）。PCSWMM 模型只能导入汇水区检查井、排水口、分流设施、蓄水设施、管道、水泵、孔口、堰、出口等构筑物数据，其他数据需要点击打开命令完成。

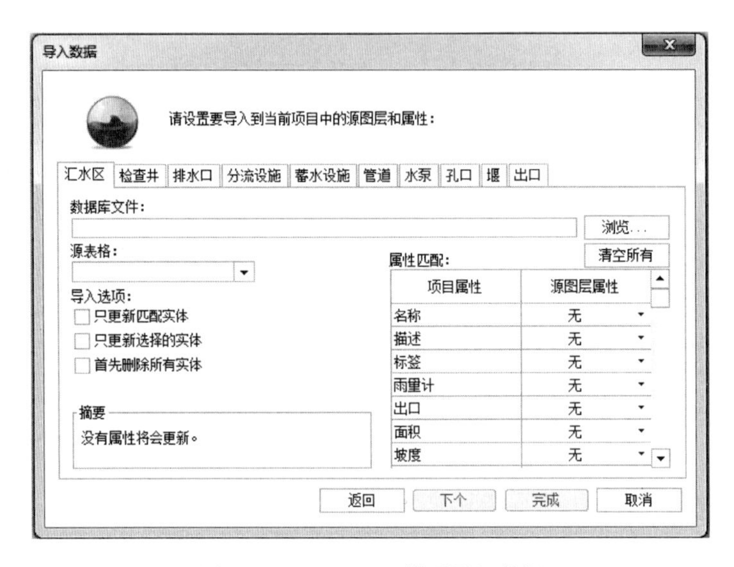

图 2-34　PCSWMM 模型导入数据

3. 子汇水区划分

子汇水区划分尤为关键，因为其决定了进入每个检查井的汇水区范围，进而决定汇水区面积和水量等。若汇水区划分得不合理，则划分较大的汇水区所指定的检查井出口可能一开始降雨就会溢流，使其与事实不符，从而影响模拟结果精度。

张灵敏（2015）提出针对地形起伏较大、坡度较陡地区应结合 DEM 数据和研究区域的遥感影像图划分子汇水区，即将 DEM 数据导入 ArcGIS 进行水文分析，提取分水岭，然后由分水岭结合检查井图层，利用泰森多边形法进行子汇水区的再次划分，最后再根据建筑物和街道等进行人工调整，确定最终的子汇水区。

城市地区地形一般较为平坦，则根据就近排放原则，将汇水面积按周围管道布置，用等分角线划分，即利用道路中心线或管道线，绘制其相交部分的角平分线，各角平分线相交即构成该子汇水区。由道路或管道等所围成的区域一般为四边形，其角平分线划分出来的接近于梯形，又称为梯形法。但由于划分出来的子汇水区往往较大，其中有些汇水区还有可能存在多个检查井，故需要再利用泰森多边形法对其进行细分。

2.5　InfoWorks ICM 模型

2.5.1　概述

Wallingford 模型是英国 Wallingford 公司自主研发的城市雨洪模型，InfoWorks ICM 正是该公司基于 Wallingford 模型开发的城市综合流域排水模型模拟软件。InfoWorks ICM 模型已广泛用于排水系统现状评估、城市洪涝灾害预测评估、城市降雨径流控制和调蓄设计评估，其主要模块包括降雨径流模块、管流模块、河道模块、水质模块、实时控制模块和可持续构筑物模块等。

InfoWorks ICM 模型模拟能力十分强大，不但可以进行一维管网水力模拟，还能够耦合一维管网和二维地表及河道的水力模拟，同时，InfoWorks ICM 模型软件拥有非常强大的前、后处理能力。InfoWorks ICM 模型为市政排水提供了系统的模拟工具，不仅可以实现城市水文循环模拟，还能用于管网设计和改造的合理性分析和方案优化，能够高效、准确、快速地进行模拟分析。

2.5.2　InfoWorks ICM 模型结构

InfoWorks ICM 模型主要包括降雨径流模块、管道水流模块、河道水力模块、二维城市/流域洪涝淹没模块、水质模块、实时控制模块和可持续构筑物模块等（Schmitt et al., 2004；华霖富水利环境技术咨询（上海）有限公司，2014）。

InfoWorks ICM 模型模拟结构流程如图 2-35 所示。

（1）水文模块（降雨径流模块）

雨水降落在城市地表，转化成截留、地面填洼、渗透、直接地面径流，扣损后得到进入雨水口（检查井）的地面径流，径流进入雨水管道同基流会合，通过地下管网系统、辅助设施、溢流口等，最终进入受纳水体（河道、湖泊、海洋等）。水文计算模型如图 2-36 所示。

InfoWorks ICM 模型采用分布式模型模拟降雨径流过程，基于子汇水区和不同产流特性的表面类型进行径流计算，主要计算单元包括以下内容。

1）初期损失。降雨初期阶段的植被截留、初期湿润和填洼等不参与形成径流的降雨部分称为初期损失。对于城市高强度降雨，初期损失对产流的影响较小；但对于较小的降雨或者不透水表面比例低的集水区，其影响较大。

2）径流体积模型——产流计算。城市集水区的产流过程实质上是暴雨扣损得到净雨的过程，当降水量大于截留和填洼量等损失水量，或雨强超过下渗速度时，地面开始积水并形成地表径流，这一过程利用产流模型描述，产流计算可以确定有多少降雨经集水区进入排水系统。InfoWorks ICM 软件集成了世界广泛应用的多种径流模型选项，以满足不同地区的不同需求。

3）汇流模型。汇流模型用来获得净雨以什么样的规律从集水区进入排水系统，InfoWorks ICM 模型可以为每种表面类型选用不同的汇流模型。InfoWorks ICM 软件内置

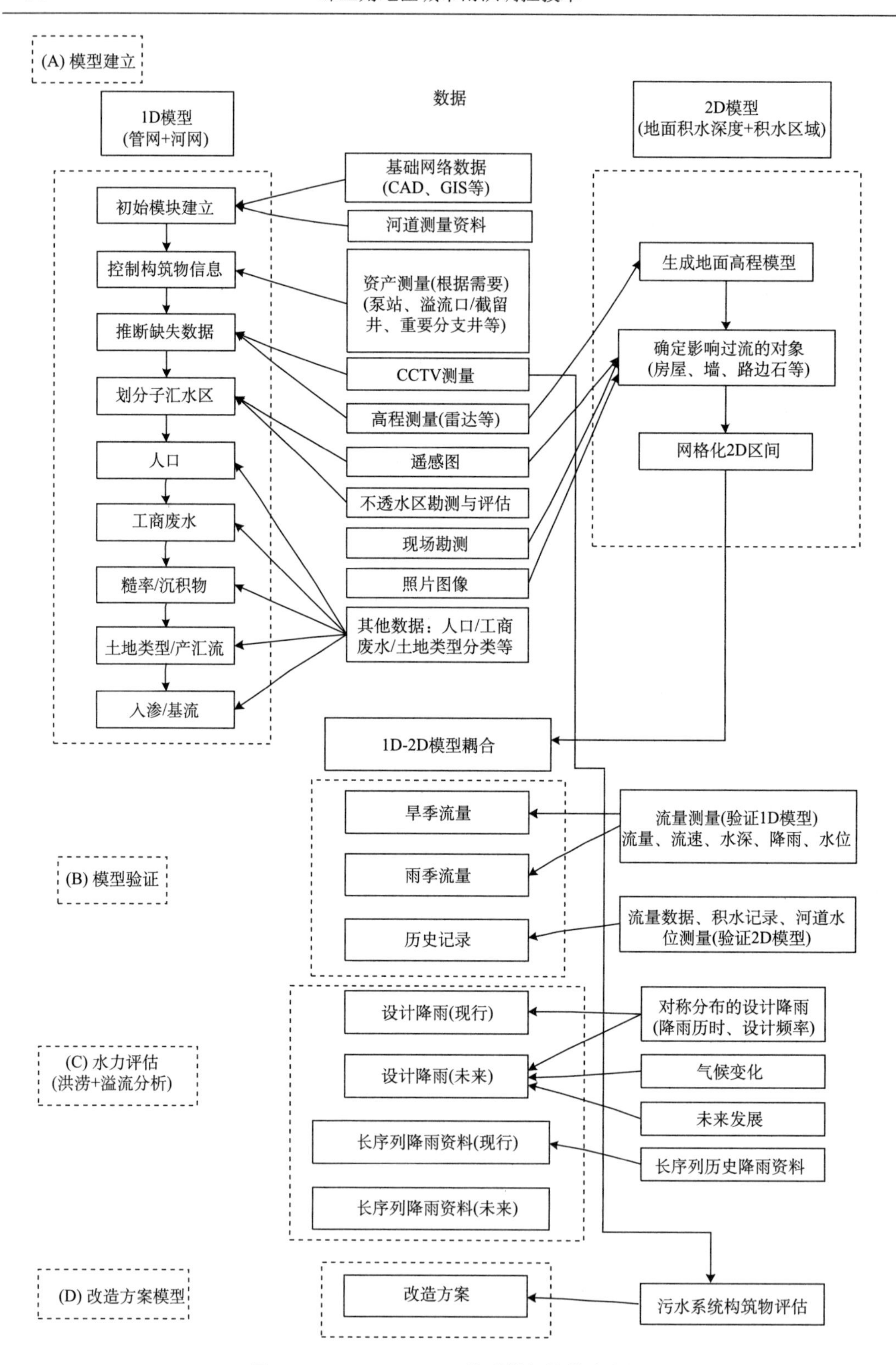

图 2-35　InfoWorks ICM 模型模拟结构流程图

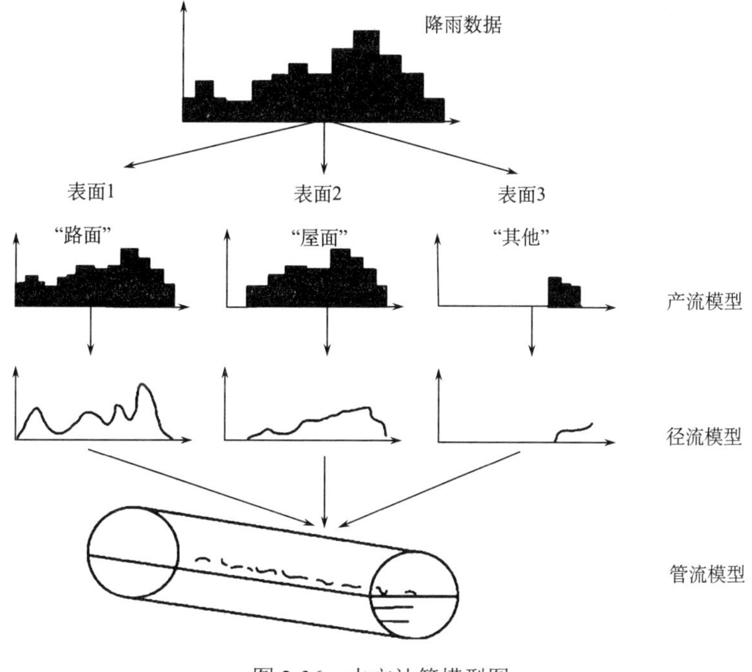

图 2-36　水文计算模型图

可供选择的汇流模型包括双线性水库（Wallingford）模型、大型贡献面积径流模型、SPRINT 径流模型、Desbordes 径流模型和 SWMM 径流模型等。

（2）管流模块

InfoWorks ICM 模型的管网水力计算理论基于求解完全圣维南方程模拟管流和明渠流，对于超负荷管道采用 Preissmann Slot 方法模拟，对各种复杂的水力情况具有较强的模拟仿真能力。此外，InfoWorks ICM 模型还能利用储存容量合理补偿反映管网储量，避免对管道超负荷、洪灾的错误预计，也能很好地反映水泵、孔口、堰流、闸门、调蓄池等排水构筑物的水力特性。

（3）河道模块

InfoWorks ICM 模型可以模拟树枝状、分叉、回路河网等复杂的河网体系，以及受堤坝或防洪堤保护的滞洪区，还可模拟复杂的水工结构，如泵、闸、堰等，并且能够设置简单或复杂的逻辑运行调度控制。

（4）二维城市/流域洪涝淹没模块

二维模型是一个更快、更准、更详细的地面洪水演算模型。基于地面高程模型，可以反映道路、建筑物等对水流的引导和阻挡作用；可以反映地表不同类型地块的糙率对流速的影响，如道路、草地等；也可根据不同关注程度的需求设定不同精度的网格；还可设置湖泊、河道等水位边界条件，模拟洪水在地表的发展过程。

2.5.3　地表产流计算

在构建 InfoWorks ICM 模型过程中，考虑到研究区域的地形和水文环境的空间变异性，常需要依据地形、房屋、道路等要素把研究范围的汇水区划分为若干个子汇水区。根据每个子流域的各自特点分别进行产汇流计算，通过流量演算方法得到每个子流域的出流总量，汇入检查井或其他雨水排放入口。当管网系统排水能力不足时，水流会从检查井冒溢出来，依地势在地面扩展流动或形成积水。

产流模型是用以计算降水在扣除植被截留损失、地面填洼损失、流域蒸发损失和土壤下渗损失等后所形成净雨过程的模型。在进行地表产流计算时，常把地面概化成如图2-37所示的概念模型。

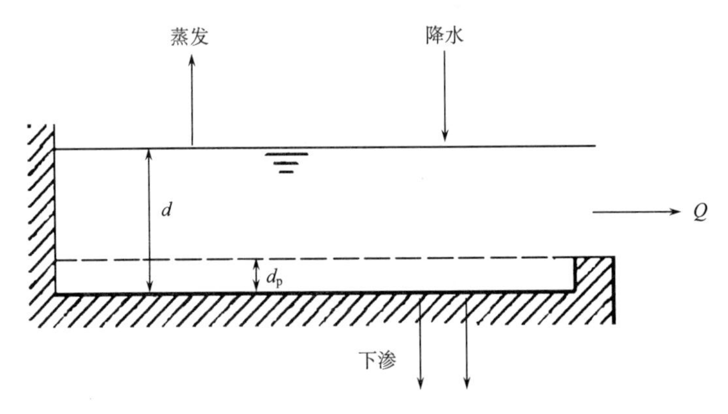

图 2-37　地表产流模型概念图

d—蓄水池水深，d_p—蓄水池最大洼蓄深，Q—地表产流

进行城市雨洪模拟计算时，通常选用的暴雨过程历时较短，而且城市洪涝灾害主要也是由短历时强降雨造成的，所以在模型中通常忽略流域蒸散发造成的损失，仅考虑植被截流、洼蓄、下渗等损失。

另外，除了对降雨损失分别进行描述外，为提高模拟效率，在进行城市雨洪模拟时，常采用简化的整体损失法进行产流计算，即在降雨中直接扣除一个固定值或用降雨乘以一个系数，从而得到模型需要的净雨总量。

在 InfoWorks ICM 软件中内置了多种产流模型可供选择，具体见表 2-9。

表 2-9　InfoWorks ICM 软件内集成的产流模型

产流模型	简介
固定比例径流模型	直接定义实际进入系统的雨量比例
Wallingford 固定径流模型	英国于 1983 年首次提出的径流体积计算方法，基于 17 个不同汇水区的 510 场降雨统计回归分析结果，依据地区开发密度、土地类型和汇水区前期湿度，采用回归方程预测径流系数
新英国（可变）径流模型	英国 Wallingford 公司于 1993 年提出的专门针对透水表面长历时暴雨中径流增加现象的新模型，应用于反映降雨产生径流流量过程线的缓慢下降趋势
美国 SCS 模型	美国最早提出的广泛应用于预测农村汇水区降雨径流体积的方法，该模型允许径流系数随着汇水区湿度的变化而变化，在降雨过程中，随着湿度的增加，径流系数增加
Green-Ampt 模型	常用于美国 SWMM 模型的径流体积计算方法，采用 Mein&Larson 修订的 Green-Ampt 渗透公式计算透水面的产流量。分别对存在和不存在地面积水两种状况计算渗透量。所有降雨在地面没有积水时全部下渗，当渗透率小于等于降雨强度地面开始积水时采用 Green-Ampt 公式计算下渗量

续表

产流模型	简介
Horton 渗透模型	该模型为经验模型，是 Horton 提出的被广泛应用的著名下渗公式，假定渗透率随着时间呈指数衰减
固定渗透模型	模拟具有稳定渗透损失渗入地下的渗透性铺面。渗透损失由“渗透损失系数”确定。其他和固定比例径流模型类似

2.5.4　地表汇流计算

产流计算得到了降雨转化为净雨的总水量，而汇流计算模型则确定这部分净雨以多快的速度和怎样的规律从汇水区进入排水系统。地表汇流计算的目的是把子汇水区的净雨转化为子汇水区的出流过程线，进而与排水系统相关联。InfoWorks ICM 模型提供的汇流模型包括以下几种。

（1）Wallingford 模型

Wallingford 模型采用双线性水库汇流进行坡地漫流模拟。坡地漫流在每个节点将相关子集水区产生的净雨转换为一个入流过程线，采用一系列的两个概念线性水库来概化地面和小沟道的存储能力，以及径流峰值和降雨峰值之间的延迟，从而产生一个滞后于降雨峰值且相对较缓的径流洪峰。汇流参数主要受降雨强度、贡献面积和坡度 3 个因素的影响。Wallingford 模型如图 2-38 所示。

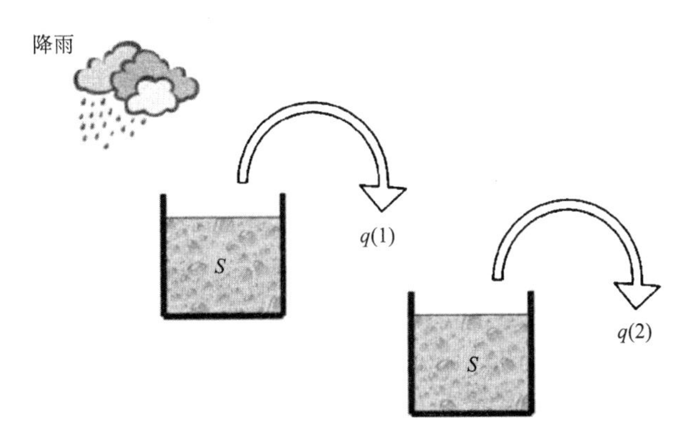

图 2-38　Wallingford 模型图

对于双线性水库模型而言，每个产流表面采用两个串联的水库来概化，对于两个概念性水库，每个水库都有一个与之相对应的存储–输出关系，定义为

$$V = kq \tag{2-37}$$

$$\frac{\mathrm{d}V}{\mathrm{d}t} = I - q \tag{2-38}$$

式中，V 为储蓄量，m^3；k 为蓄泄系数；q 为出流量，m^3/s；I 为净雨输入流量，m^3/s。

其中，

$$k = Ci^{*} - 0.39 \tag{2-39}$$

$$i^{*} = 0.5(1 + i_{10}) \tag{2-40}$$

式中，i_{10} 为每连续 10min 降雨强度的平均值，mm/min。

对于每个子汇水区，C 值需要优化得到，然后将其与子汇水区特征相关联，得

$$C = 0.117S^{-0.13}A^{0.24} \tag{2-41}$$

式中，S 为坡度；A 为子汇水区面积，m^2。

InfoWorks ICM 模型中限定了 S 和 A 两个参数的极限值，若 $S<0.002$，取 $S=0.002$；若 $A<1000m^2$，取 $A=1000m^2$；若 $A>10000m^2$，取 $A=10000m^2$。

将式（2-37）与式（2-38）联立求解得到出流量。

（2）大型贡献面积径流模型

标准 Wallingford 模型对于小型的子汇水区（$1hm^2$ 以下）较为适用，而大型贡献面积径流模型则比较适用于（$100hm^2$ 以下）较大型子汇水区的汇流计算。

为了反映汇水区的流动特性，该模型采用一根假设的管道，使这根管道的出流过程线与实际相对应。为了真实反映流动特征，使用汇流系数乘数 K、径流时间滞后因数 T 两个参数来修正汇流模型以延缓峰现时间。

汇流系数乘数 K 由以下公式得到：

$$K = C_k \times Ak_1 \times sk_2 \times Lk_3 \tag{2-42}$$

式中，A 为子汇水区面积，m^2；s 为坡度（在 InfoWorks ICM 模型中 $s > 0.002$）；L 为长度，m；C_k、k_1、k_2 和 k_3 为方程系数，系统默认 $C_k = 0.03$，$k_1 = -0.022$，$k_2 = -0.228$，$k_3 = 0.46$。

若 K 小于 1.0，汇流系数乘数不参与模型计算。径流时间滞后因数 T 由式（2-43）计算：

$$T = C_t \times At_1 \times st_2 \times Lt_3 \tag{2-43}$$

式中，L 为长度，m；C_t、t_1、t_2 和 t_3 为方程系数，系统默认 $C_t = 4.334$，$t_1 = 0.009$，$t_2 = -0.173$，$t_3 = 0.462$。

（3）SPRINT 汇流模型

该模型严格适用于集总式汇水区模型，是一种单线性水库模型，与降雨强度无关，是欧洲为完成 SPRINT 项目而开发的模型，主要用于大型集总式汇水区的汇流计算。SPRINT 汇流模型如图 2-39 所示。

该模型对于每个子汇水区使用一个单一的水库来模拟，每个水库对应一个蓄量–输出关系，公式为

$$S = kq \tag{2-44}$$

$$k = 5.3A^{0.3}(\mathrm{IMP}/100)^{-0.45}p^{-0.38} \tag{2-45}$$

$$\frac{\mathrm{d}S}{\mathrm{d}t} = i_{\mathrm{n}} - q \tag{2-46}$$

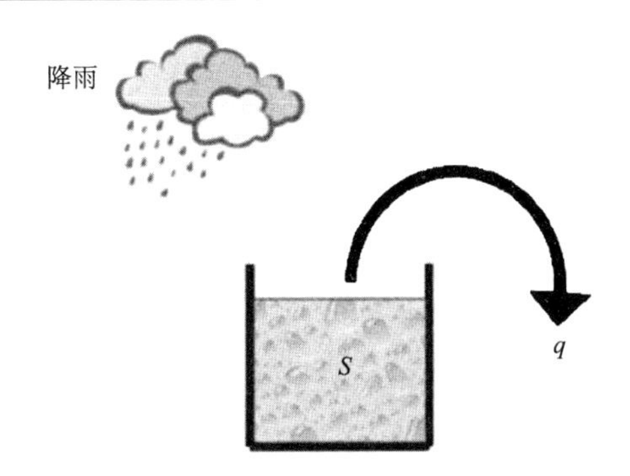

图 2-39　SPRINT 汇流模型图

式中，S 为水库蓄水量，m^3；k 为线性水库常数；q 为出流量，m^3/s；A 为汇水区面积，hm^2；IMP 为不透水百分比；p 为坡度；i_n 为净雨；m^3/s。

SPRINT 汇流模型的应用范围如下。

$0.4\text{hm}^2 < A < 5000\text{hm}^2$；$2\% < \text{IMP} < 100\%$；$110\text{m} < L < 17800\text{m}$；$0.4\% < p < 4.7\%$

为进一步考虑汇水区空间变化对 k 值带来的影响，在一定条件下需对 k 值进行修正：

$$k' = \alpha k \tag{2-47}$$

当 $A < 6\text{hm}^2$ 时，$\alpha = 0.8$；当 $6\text{hm}^2 < A < 250\text{hm}^2$ 时，$\alpha = 0.7A^{0.09}$。

（4）Desbordes 径流模型

该模型是法国标准汇流模型，也是一种单一线性水库模型。该模型假设集水区出口流量与集水区雨水量成正比，基于时间步长为每个子汇水区计算径流，公式为

$$S(t) = KQ(t) \tag{2-48}$$

式中，$S(t)$ 为一定时间内在汇水区上储存的雨水量，m^3；$Q(t)$ 为一定时间内汇水区出口流量，m^3/s；K 为线性水库系数。

（5）SWMM 径流模型

SWMM 径流模型为美国开发的非线性水库模型，InfoWorks ICM 模型集成了 SWMM 径流模型中的 Runoff 模块的特征，通常与 Horton 或者 Green-Ampt 透水表面体积模型连用。模型需定义子集水区宽度和地面曼宁粗糙系数，分别对子汇水区的各个表面进行汇流计算。采用非线性水库模型进行坡面汇流计算，即联立求解连续性方程和曼宁方程：

$$\frac{\mathrm{d}V}{\mathrm{d}t} = A\frac{\mathrm{d}d}{\mathrm{d}t} = Ai^* - Q \tag{2-49}$$

$$Q = \frac{1.49W}{n}(d - d_{\mathrm{p}})^{5/3} S^{1/2} \tag{2-50}$$

式中，V 为地表积水量，m^3；d 为水深，m；t 为时间，s；A 为地表面积，m^2；i^* 为净雨，mm/s；Q 为出流量，m^3/s；W 为子流域漫流宽度，m；n 为地表曼宁系数；d_{p} 为最大洼蓄深度，m；S 为子汇水区平均坡度。

联立式（2-49）和式（2-50），可得到一个非线性方程：

$$\frac{\mathrm{d}d}{\mathrm{d}t}=i^{*}-\frac{1.49W}{An}(d-d_{\mathrm{p}})^{5/3}S^{1/2}=i^{*}+\mathrm{WCON}(d-d_{\mathrm{p}})^{5/3} \tag{2-51}$$

式中，WCON 为流量演算参数，受面积、宽度、坡度和糙率的影响。

基于一定时间步长，采用有限差分法求解式（2-51），得到：

$$\frac{d_2-d_1}{\Delta t}=i^{*}+\mathrm{WCON}[d_1-\frac{1}{2}(d_2-d_1)-d_{\mathrm{p}}]^{5/3} \tag{2-52}$$

式中，Δt 为时间步长，s；d_1 为水深初始值，m；d_2 为水深末时值，m。

式（2-52）右边的入流、出流均为时段平均值，净雨 i^{*} 在计算时也是取时段平均值。

（6）Unit 单位线模型

Unit 单位线模型属于水文学的汇流计算方法，在 InfoWorks ICM 模型中，峰现时间和总径流时间可根据需求自定义或由模型内置的 6 种单位线获得，Unit 单位线模型如图 2-40 所示。

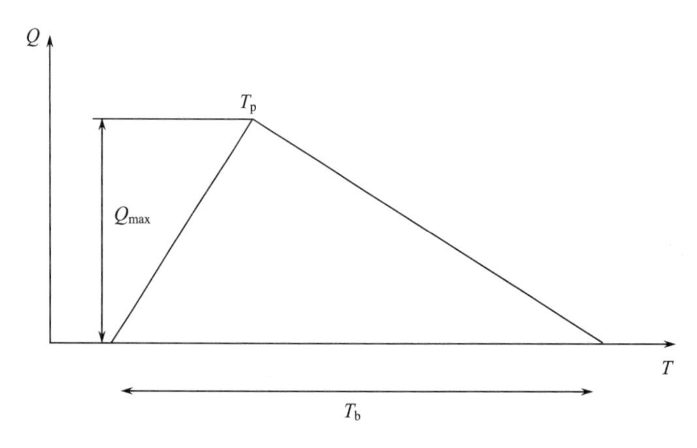

图 2-40　Unit 单位线汇流模型图

图中 T_{p} 为峰现时间，T_{b} 为汇流时间，$Q_{\max}$ 为洪峰流量。

（7）ReFH 模型

ReFH 标准瞬时单位过程线（IUH）是一种弯折的单位线水文模型，利用扭曲的三角形单位线计算子汇水区净雨的汇流过程。ReFH 模型主要通过 3 个参数来定义，即时间缩放系数 T_{p} 以及两个维度参数（峰值 U_{p} 和弯曲角度 U_{k}）。当 $U_{\mathrm{k}}=1$ 时，IUH 是一个普通三角形。一旦当 $U_{\mathrm{k}}=0$ 时，失去的面积通过延长整体时间转化为 IUH 曲线的尾部。在 InfoWorks ICM 模型中，洪峰时刻、单位过程线峰值和弯折值角度可以根据相关需求自定义。ReFH 模型如图 2-41 所示。

（8）SCS Unit 模型

SCS Unit 模型是一种利用单位过程线对子汇水区进行汇流计算的水文模型。在 InfoWorks ICM 模型中，洪峰时间和总汇流时间可根据需求自定义或由模型内置计算方案得到。SCS Unit 模型不适合山地或平坦的湿地地区。SCS Unit 模型如图 2-42 所示。

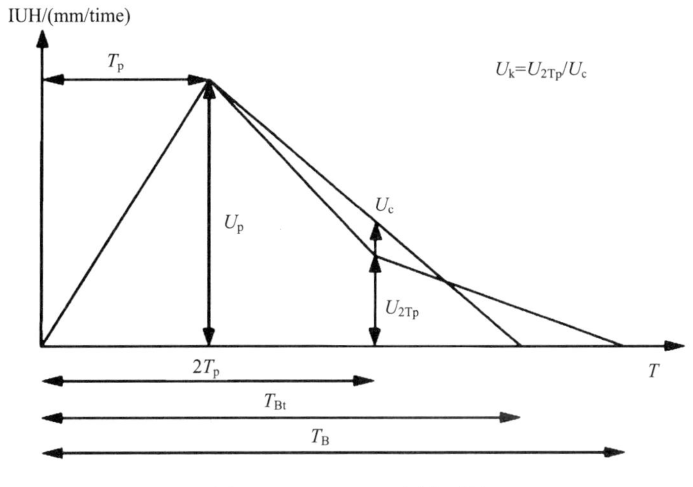

图 2-41　ReFH 汇流模型图

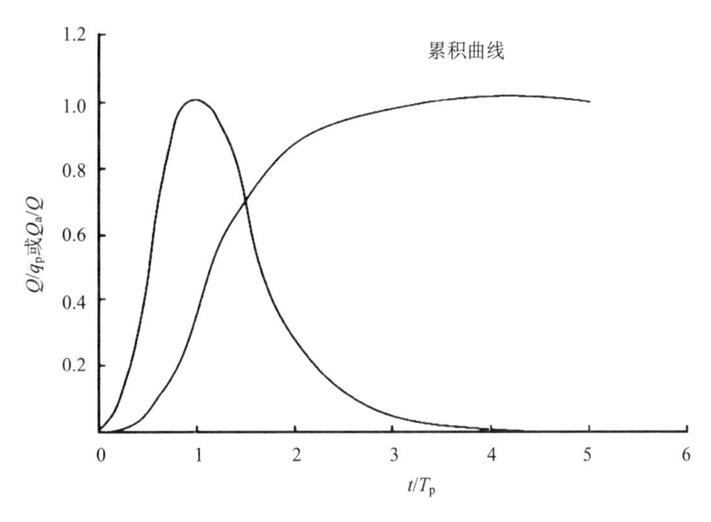

图 2-42　SCS 单位线汇流模型图

（9）Snyder Unit 模型

Snyder Unit 模型是对阿巴拉契亚高地区的汇水区数据进行研究而获得的一种单位线汇流计算模型。Snyder Unit 模型需要的参数包括延迟时间 TL、持续时间 TR、峰值流量 Q_p、峰值系数 C_p、流量等于 50%Q_p 时的曲线宽度，以及流量等于 75%Q_p 时的曲线宽度。在 InfoWorks ICM 模型中，需要根据情况自行设定延迟时间 TL 和峰值系数 C_p。

2.5.5　管网水力计算方法

降雨经过产汇流计算得到出流过程线，通过检查井等雨水入口进入排水管网系统，成为管网水力模拟计算的边界条件，最后通过管渠的对流传输后排入河道、湖泊、大海等受纳水体。

对于城市排水系统而言，重点在于对管道内水流的对流和传输过程进行模拟。管网流量传输模拟计算方法较多，比较简单的方法有水库调蓄法、时间漂移法等。较为精确的模拟方法主要包括 Muskingum-Cunge 法、扩散波法及基于求解完整圣维南方程组的动力波法等。目前，对于管网流量传输多采用以求解圣维南方程组为核心的水动力学方法进行计算，InfoWorks ICM 管流模型也不例外。

（1）InfoWorks ICM 管流模型

InfoWorks ICM 管流模型中用很多具有一定长度的管段和两个网络节点的拓扑结构形式来描述管网系统，管段和网络节点之间的边界类型既可以设置为出口，也可以设置为水头损失。管段的坡度根据上游节点与下游节点的井底高程确定，即使节点井底高程不连续或者出现逆坡的情况时，仍然使用此方法来确定坡度。

对于封闭管道或明渠等管道连接形式，InfoWorks ICM 管流模型内置了多种预先定义的管渠连接断面形式，InfoWorks ICM 管流模型内置的管道形状如图 2-43 所示，内置的明渠形状如图 2-44 所示。对于圆形管道只需定义一维尺寸——直径，而对于其他形状的管道则需要定义二维尺寸——高度和宽度。对于明渠，高度定义为渠道衬砌的高度。除此之外，对于非标准横截面形状的管道，模型中可以根据客观需求通过对高度和宽度的关系自定义。

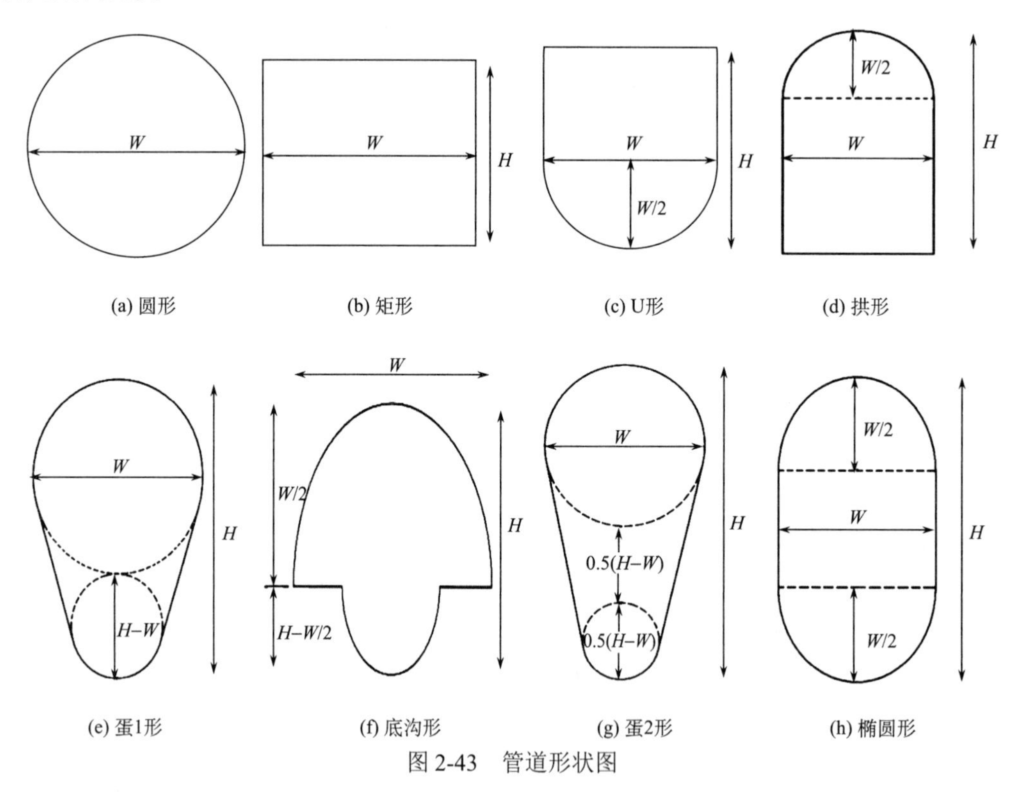

图 2-43　管道形状图

在 InfoWorks ICM 管流模型中，为反映管渠不同区域水力粗糙系数的差异，可以分别为管渠底部三分之一的区域分配一个粗糙系数，以及为管渠的余下部分分配另外一个粗糙系数。现实中的管渠可能存在沉积物淤积堵塞的情况，为此模型可以在管渠底部设置一个沉积物深度参数，使得该深度区域被描述为永久沉积物且不受冲刷和再沉淀的作用。

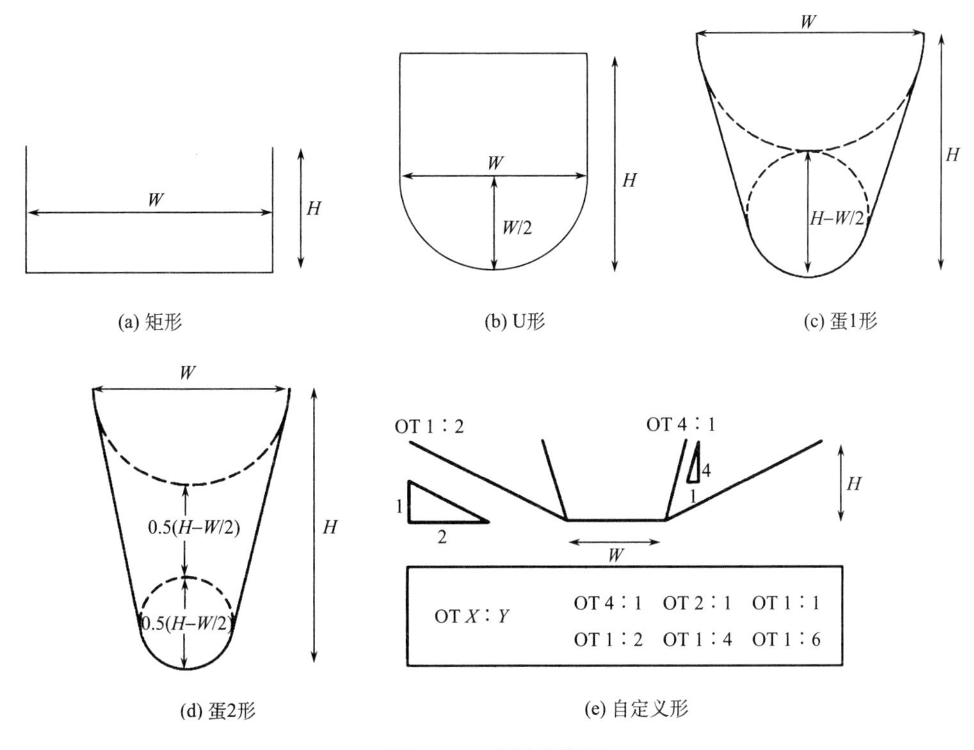

图 2-44　明渠形状图

InfoWorks ICM 管流模型的管网水力计算引擎采用求解完全圣维南方程组模拟管道明渠流和压力管流，控制方程如式（2-53）和式（2-54）所示。

连续性方程：

$$\frac{\partial A}{\partial t}+\frac{\partial Q}{\partial x}=0 \tag{2-53}$$

式中，Q 为流量，m^3/s；A 为断面面积，m^2；t 为时间，s；x 为沿水流方向的管道长度，m。

动量方程：

$$\frac{\partial Q}{\partial t}+\frac{\partial}{\partial x}\left(\frac{Q^2}{A}\right)+gA\left(\cos\theta\frac{\partial h}{\partial x}-S_0+\frac{Q|Q|}{K^2}\right)=0 \tag{2-54}$$

式中，h 为水深，m；g 为重力加速度，取 $9.81m/s^2$；θ为水平夹角，度；K 为输水率，由 Colebrook-White 或 Manning 公式确定；S_0 为管底坡度；其余变量意义同前。

在 InfoWorks ICM 管流模型中，若管渠由于处于负荷运行状态而出现压力流时，同样也可以使用圣维南方程组进行求解，但此时需要在管顶引入一个垂直的概念化窄缝为管道内水流提供自由表面条件，这个概念化的窄缝称为 Preissmann 缝，如图 2-45 所示。通过引入 Preissmann 缝可以实现管道中自由表面流与超负荷压力流间的平滑过渡，从而使得模型模拟精度得以提高。Preissmann 缝中的自由表面宽度 B 用一个较小的项进行概化，如式（2-55）和图 2-45 所示。

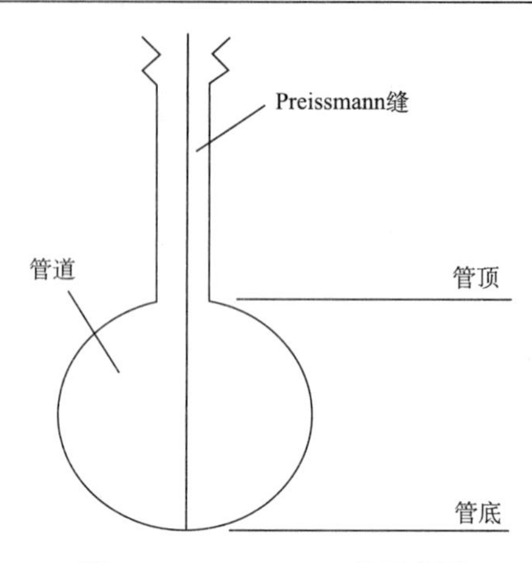

图 2-45　Preissmann 缝示意图

自由表面宽度计算公式：

$$B = \frac{gA}{C_{\mathrm{p}}^2} \tag{2-55}$$

式中，B 为自由表面宽度，m；C_{p} 为管道水压波速，m/s；其余变量意义同前。

虽然 Preissmann 缝的引入可以实现管内明渠流向压力流的平滑过渡，但是在管顶直接引入一个 Preissmann 缝可能会造成管内流态向压力流状态过渡时表面宽度和波速的急剧变化。因此，InfoWorks ICM 管流模型在管道真实几何形状和 Preissmann 缝的宽度之间定义了一个单调立方体作为过渡区域，以消除这种不利影响。

Preissmann 缝本身的宽度依据缝中的波速为半管高度波速的 10 倍这一原则进行定义，使得缝宽仅为管道宽度的 2%，从而保障对压力流的准确模拟。对于明渠，在水位超出衬砌高度时，需要对断面几何形状进行外插处理。在封闭管道中，最大传输水量往往在实际水位未达到管道顶部时就会出现，并且大于“管道满流”值。为避免模型计算出现转折点及多个数值解，模型通过加强单调性来近似处理传输水量的计算。

（2）InfoWorks ICM 压力管流模型

对于管网系统中某些一定会出现压力流的管段，如上升管或倒虹吸管时，InfoWorks ICM 压力管流模型中可以选择对这些管段使用压力管流模型进行计算而非完全求解圣维南方程组，以期更加准确地模拟压力流状态下的流速和水量变化。InfoWorks ICM 压力管流模型的控制方程如式（2-56）和式（2-57）所示：

$$\frac{\partial Q}{\partial x} = 0 \tag{2-56}$$

$$\frac{\partial Q}{\partial t} + gA\left(\frac{\partial h}{\partial x} - S_0 + \frac{Q|Q|}{K^2}\right) = 0 \tag{2-57}$$

式中，K 为满管输送量，m^6/s^2；S_0 为管底坡度；其余变量意义同前。

在 InfoWorks ICM 压力管流模型中，还可以选择在动力学方程中是否包含惯量项 $\mathrm{d}Q/\mathrm{d}t$。在模拟压力管流时，如果停止模拟压力管道的惯量项，且保持其他模拟参数不变，可以有效防止压力干管（上升管）出现深度负值。

（3）渗透求解模型

模型中对可渗透管道、透水性铺装等特殊管道的模拟，需要使用渗透求解模型，其控制方程为

$$\frac{\partial Q}{\partial x}=0 \tag{2-58}$$

$$\frac{\partial Q}{\partial t}+gAn\left(\frac{\partial h}{\partial x}-S_0+\frac{Q|Q|}{K^2}\right)=0 \tag{2-59}$$

式中，n 为孔隙度；其余变量意义同前。

渗透求解模型中的流量采用达西定律计算：

$$Q=-kA\cdot\Delta h/L \tag{2-60}$$

式中，A 为透水介质的横截面积，m^2；k 为水力传导系数；$\Delta h/L$ 为水力坡度。

（4）方程求解系统

InfoWorks ICM 模型将每段管道等距离（该距离默认为 20 倍管道直径）均分成 N 个离散的计算点，采用 Preissmann 四点隐式差分法求解圣维南方程组。模型中通过设置 Preissmann 缝的 CFL 条件来消除对时间步长的任何限制，因为这种方法在本质上具有隐式特性。同时，定义时间权重系数 $\theta\geqslant 1/2$，使得模型的稳定性在很大范围内得到保证。实际上，在进行时变模拟时，为减小模型的发散程度，通常取 $\theta=0.65$。

管道中的每一组相邻的离散点通过离散形式的圣维南方程组相关联，从而得到 $2N-2$ 个用于描述流量关系的等式。对于任一控制连接，两个计算节点的分配值通过预先定义的水头流量关系相关联。

为完成连接间方程组的关联，需要为两端分别指定一个一般形式的边界条件，如式（2-61）：

$$f(Q_{\mathrm{i}},y_{\mathrm{i}},Y_{\mathrm{I}})=0 \tag{2-61}$$

式（2-61）给出了流量 Q_{i} 和水位 y_{i} 的相关关系，对于管道，还将包含一个水头损失项，而对于自由出流的出水口，流态假设为临界流。然后在每个内部节点引入如式（2-62）的连续性方程来完善方程组，最终使用隐式欧拉法对方程组进行近似求解：

$$Q_{\mathrm{I}}+\sum\beta_{\mathrm{j}}Q_{\mathrm{j}}=A_{\mathrm{I}}\frac{\mathrm{d}Y_{\mathrm{I}}}{\mathrm{d}t} \tag{2-62}$$

模型中对管道、管道边界、控制性构筑物和节点等控制方程离散，将会导致在每个时间层级上都要同时求解大量代数非线性有限差分方程，为确保模型计算过程的稳定性，尤其是在明渠流与有压流的过渡阶段，模型采用 Newton-Raphson 迭代法进行求解。

应用 Newton-Raphson 迭代法，在每一时间层级上都需要对相关变量进行线性化，导致得到一个巨大的矩阵系统，模型通过对计算节点以及节点间的连接进行局部消除的方式，采用 double-sweep 追赶法来减小矩阵系统。

Newton-Raphson 迭代法的优势在于具有二次收敛的可能性，而对于陡波前锋或波的

相互作用等非线性效应，将会导致时间步长以累进减半的方式进行自动调整，直到 Newton-Raphson 迭代法的收敛性得到满足。相反，快速收敛则可能会导致时间步长加倍。为了确保模型计算的稳定性，InfoWorks ICM 模型使用相对收敛检查的方法来保证在新的时间层级上每一个相关变量的变化都小于 1%。

（5）模型特色

在 InfoWorks ICM 模型中，对于坡度大于临界坡度的管道，可能会出现超临界流情况。相反，对于坡度小于临界坡度的管道，弗劳德数将随深度减小，由于动量方程中的阻力项的优势超过了惯性项，而使得流态保持为亚临界流（缓流）。如式（2-63）所示：

$$\frac{\partial Q}{\partial t}+\frac{\partial}{\partial x}\left(\frac{Q^2}{A}\right)+gA\left(\cos\phi\frac{\partial y}{\partial x}-S_0+\frac{Q|Q|}{K^2}\right)=0 \tag{2-63}$$

但是，如果模型的时间步长取值过大，将会人为地导致局部超临界流状况的出现。理想情况下，对非恒定超临界流与亚临界流（缓流）相混合情况的模拟，需要确保算法结构在计算过程中保持不变；尤其需要确保在计算过程中某点的边界条件不变，这一点通过以下方法实现：当弗劳德数趋近一致时，逐步淘汰惯性项，以维持其他地方亚临界流的结构特征。

在模拟之前，为了有效避免可能出现的潜在困难，可以为每根管道计算一个特征弗劳德数 F_c。若 $0.8<F_c<1.0$，逐步淘汰惯性项；若 $F_c\geqslant 1.0$，则直接去掉惯性项。这一情况在相对较陡的管道中出现的可能性会增加。

当管道中的水深较低时，即使下游水深不同，管道中也可能会出现相同的流量，如图 2-46 所示，从而可能使得数值解在两种流态之间震荡。模型通过对动量方程中传输项有限差分形式进行修改，以避免出现不稳定性的情况。在模型中，用一个简单的上游加权值来替换上游和下游状况的平均值。

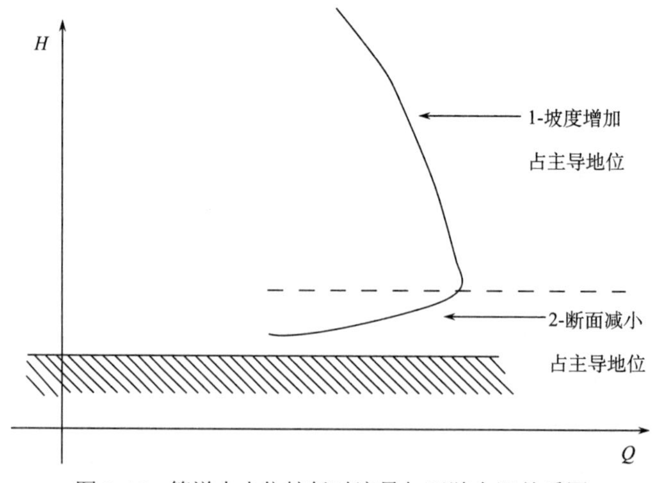

图 2-46　管道中水位较低时流量与下游水深关系图

为了保证模型的稳定性而去掉动量方程的惯性项，但其他保留项仍然可能对模型的稳定性构成威胁。为解决这一问题，模型为管道引入一个名义基流，定义为管道中指定基底高度的一个常态流量。基底高度通常定义为管道高度的 5%，对于圆管和矩形管道，基流分别定义为管道满流能力的 1.9%和 5%。基流引入并不会影响水量平衡，因为它是在网络求解时被人为引入而在边界条件处将被移除。

2.5.6　二维城市洪涝淹没计算

InfoWorks ICM 模型的 2D 计算引擎基于浅水方程求解，且使用 TVD 激震抓取模型技术。模型采用浅水方程，即平均深度形式的 Navier-Stokes 方程对二维流态进行数学描述，假设水流主要在水平方向扩展流动，而忽略流速在垂直方向的变化，方程如式（2-64）~式（2-66）所示：

$$\frac{\partial h}{\partial t}+\frac{\partial(hu)}{\partial x}+\frac{\partial(hv)}{\partial y}=q_{1\mathrm{D}} \tag{2-64}$$

$$\frac{\partial(hu)}{\partial t}+\frac{\partial}{\partial x}\left(hu^2+\frac{gh^2}{2}\right)+\frac{\partial(huv)}{\partial y}=S_{0,x}-S_{\mathrm{f},x}+q_{1\mathrm{D}}u_{1\mathrm{D}} \tag{2-65}$$

$$\frac{\partial(hv)}{\partial t}+\frac{\partial}{\partial y}\left(hv^2+\frac{gh^2}{2}\right)+\frac{\partial(huv)}{\partial x}=S_{0,y}-S_{\mathrm{f},y}+q_{1\mathrm{D}}v_{1\mathrm{D}} \tag{2-66}$$

式中，h 为水深，m；u 和 v 分别为 x 和 y 方向的流速分量，m/s；$S_{0,x}$ 和 $S_{0,y}$ 分别为 x 和 y 方向的底坡分量；$S_{\mathrm{f},x}$ 和 $S_{\mathrm{f},y}$ 分别为 x 和 y 方向的摩阻分量；$q_{1\mathrm{D}}$ 为单位面积上的出流量，m/s；$u_{1\mathrm{D}}$ 和 $v_{1\mathrm{D}}$ 分别为 $q_{1\mathrm{D}}$ 在 x 和 y 方向的速度分量，m/s。

紊流效应在 InfoWorks ICM 模型中不能直接模拟，而将其包含在底部摩擦的能量损失中，通过 Mannings n 值来模拟。浅水方程式（2-64）~式（2-66）的本质在于维持质量和动量守恒，这种形式的方程可以描述流动的不连续性，以及渐变流和急变流之间的变化。

利用有限体积法求解浅水方程，采用控制体来描述相关区域，将模拟区域分割为小的几何区域，在分割的几何区域之间依据通过控制体边界的流量来整合浅水方程得到相关等式。控制体边界的流量值使用 Riemann 求解器计算，整合后的浅水方程基于 Gudunov 数值模型求解。

有限体积法优势在于计算稳定性较好、几何灵活性较强及概念比较简单，另外，有限体积法是一种显示解法，不需要通过反复迭代实现稳定。对于每个网格，必要的时间步长使用 CFL 条件计算得到，公式如下：

$$C\frac{\Delta x}{\Delta t}\leqslant 1 \tag{2-67}$$

式中，C 是一个无量纲的柯朗（Courant）数，为控制时间步长的稳定性，在 2D 模型中 C 的默认值为 0.9。

InfoWorks ICM 模型使用非结构网格对模拟区域进行网格划分，为反映网格的干湿状态，模型中使用阈值深度作为标准来确定一个网格是否是湿的，并且当网格的水深小于阈值深度时，将流速设为 0。InfoWorks ICM 2D 模型中通常默认此阈值深度为 0.001m，这样可避免在干、湿区域人为地造成流速过高。

2.6　小　　结

本章主要介绍了 SWMM 模型的基本理论及计算方法，结合城市降雨径流和汇流过程，介绍了 SWMM 模型中的降雨模型、地表产汇流模型、管网汇流模型及地表汇流计算模型的计算原理及计算方法，介绍了 InfoWorks ICM 模型的结构、发展及应用，还介绍了 InfoWorks ICM 模型的相关计算理论，主要内容包括以下几个方面。

1）研究 SWMM 地表径流模拟方法，包括地表概化方法及产流计算、地表汇流计算方法，研究 SWMM 管网汇流过程，着重介绍管网汇流控制方程和节点的控制方程及其求解计算方法，并介绍该模型溢流后水流的地表计算方法，即通过双层排水通道设置及节点顶部蓄水池设置方式反映溢流积水水深。

2）介绍 ArcGIS 数据库的数据类型及地理空间数据库概念、数据模型特点和表达地理实体的各种数据类型，利用 ArcCatalog 数据库工具，实现排水管网数据从 CAD 图向地理空间数据库要素类的转换，并基于 ArcGIS 的拓扑检查和数据查询等功能，研究了管网数据错误检查、纠正的方法，构建合理的排水管网的空间数据库。

3）构建研究区域数字地形图 DEM 和 TIN，并基于 ArcGIS 的空间分析工具进行水文分析和地形分析，构建符合地形、社区单元和就近排水原则的子汇水区，基于 ArcGIS 影像分析功能，研究提取研究区土地利用类型的方法，并基于栅格数据管理和分区统计工具，获得较高精度的子汇水区不透水参数。

4）分析城市雨洪模型与 ArcGIS 集成在管网建模和模型计算结果查询显示等方面的优势，介绍基于 ArcGIS Engine 组件进行 SWMM 模型计算引擎与 ArcGIS 集成，论述 SWMM 模型接口程序和计算引擎调用方法。针对 SWMM 模型在地表水流计算方面有所欠缺，提出开发地表积水水深计算模块，研究地表积水水深和积水范围计算方法及其实现过程。

5）PCSWMM 模型是基于 EPA SWMM 模型开发的城市雨洪模型，在 SWMM 模型的基础上开发了前后处理工具，使 SWMM 模型的使用更直接、形象，并且增加了 1D-2D 耦合功能，可以应用于一维二维洪泛区耦合模拟、洪水风险分析等领域。

6）InfoWorks ICM 模型是基于 Wallingford 模型开发的城市综合流域排水模型模拟软件，已广泛应用于城市排水系统现状评估、城市洪涝灾害预测评估、城市降雨径流控制和调蓄设计评估等与城市水相关的模拟，详细阐述了 InfoWorks ICM 模型的产汇流计算模型和原理、一维管网系统和二维地表水流的水动力学计算理论及原理。

第 3 章　市政排水与水利排涝设计标准衔接关系

对于近年频发的城市内涝问题，人们主要侧重于加大城市管道设计标准和重新编制暴雨强度公式等，实际上一个更为突出的问题是城市中心排水和区域排涝的衔接关系。

由于市政排水与水利排涝的规划与建设分别由城建部门和水利部门负责，虽然两部门在进行规划和设计时，均是采用一定频率的设计暴雨推求设计流量，但由于两者的暴雨选样方法及区域产、汇流分析计算方法不同，加之所采用的暴雨重现期标准存在很大区别，导致市政排水与水利排涝之间存在标准衔接问题。城市水利排涝的相应设施必须要保证能够及时地排出市政排水系统收集转运的涝水。若水利排涝的标准太低，则排涝能力不足，城区受淹；若水利排涝标准过高，则会造成工程规模过大，经济上不合理（何秋红和赵平，2012）。

目前，市政排水与水利排涝两个标准的衔接仍无规范统一的方法，因而研究城市排水标准与排涝标准的对比衔接关系，找出一套合理的理论方法来处理因排水标准与排涝标准不同而导致的设计暴雨重现期衔接问题，保证设计重现期内的降雨能够顺利排出是非常必要的。目前，国内学者主要从暴雨选样、设计暴雨重现期和设计排涝流量计算等 3 个方面来研究市政排水与水利排涝间的标准衔接关系，且取得了一些成果，本章也针对这 3 个方面内容，以广州市为例对此开展较为系统深入的研究。

3.1　暴雨选样分析

3.1.1　概述

市政排水与水利排涝的规划与建设部门在进行排水和排涝设计时，均采用以一定重现期的设计暴雨推求设计流量，而暴雨选样是推求设计暴雨最为基础和重要的工作。市政排水设计暴雨选样自 20 世纪 60 年代起开始采用年多个样法，并将该法列入各版《室外排水设计规范》(GB 50014—2006)（2014 年版）中，由于年多个样法选样在理论和实际应用上存在的问题日益凸显，加之目前我国大多地区已具有 40 年以上的自记雨量资料，具备采用年最大值法条件，故《室外排水设计规范》(GB 50014—2006)（2014 年版）规定具有 20 年以上自记雨量记录的地区，应采用年最大值法推求排水系统设计暴雨强度公式（上海市政工程设计研究总院（集团）有限公司，2014)。水利排涝设计暴雨选样一直采用年最大值法。考虑到如今我国大部分地区仍采用以年多个样法选样推求所得的暴雨强度公式，有必要对两种选样方法的衔接关系进行深入探讨。

关于两种选样方法的衔接关系，国内已有学者做了相关研究，邓培德（2006）采用数理统计方法推导得出年多个样法与年最大值法选样之间的重现期衔接关系式，指出两种选样方法在理论上的衔接关系是概率关系，并且这种关系只有在资料年份较长且符合推理过程假设的条件下才为可靠。卢金锁等（2010）以西安市暴雨资料为基础，将经重现期前、后转换的年最大值法与年多个样法的暴雨强度值进行比较，结果表明，经重现期前、后转换的年最大值法的暴雨强度与年多个样法推求的暴雨强度接近，提出转换的年最大值法推求的暴雨强度公式可替代年多个样法推求的暴雨强度公式。周玉文等（2011）采用年多个样法与年最大值法对北京市连续68年雨量资料的研究表明，两种选样方法的重现期并没有确定的定量关系，目前主要根据实际样本资料和分布结果，给出两种选样方法重现期的初步对应关系。邵卫云（2010）基于降雨资料系列的水文特性，根据雨强相等的原则，推导出暴雨选样方法之间的频率转换关系，并探讨了降雨历时与年均选样个数对转换关系的影响。就国内的研究现状而言，目前仍缺乏被普遍认可的年最大值法与年多个样法的重现期对应转换关系。鉴于此，基于广州市连续30年短历时暴雨资料，对两种选样方法采用不同频率分布适线以推求其暴雨强度公式，探寻两者之间的衔接关系。

3.1.2 雨量资料整理

1. 年多个样法

对广州市连续30年（1984~2013年）的自记雨量计记录的雨量资料，按照《室外排水设计规范》（GB 50014—2006）（2014年版）要求，分9个历时（5分钟、10分钟、15分钟、20分钟、30分钟、45分钟、60分钟、90分钟、120分钟），每年分别选取各个历时的最大8个降水量，不论年次按从大到小统一排序，再取资料年数（30年）的4倍最大雨样（即每个历时120个雨样）作为统计的基础资料。将最终得到的9个历时的雨量资料进行统计计算，最终得各个历时的暴雨强度。

由统计的基础资料，用经验频率公式计算年多个样法的重现期，经验频率公式如下：

$$P_{\mathrm{E}}=\frac{kN+1}{km} \tag{3-1}$$

式中，P_{E}为年多个样法的重现期，年；N为降雨资料年数，此处为30；k为每年平均取样个数，此处为4；m为系列各降雨强度值由大到小排列的序位。

经年多个样法选样整理后的数据见表3-1。

表3-1 年多个样法选样数据表

降雨强度 i /（mm/min）序号	降雨历时 t/min									重现期/年
	5	10	15	20	30	45	60	90	120	P_{E}
1	4.04	3.52	3.18	2.94	2.56	1.91	1.72	1.47	1.39	30.25
2	3.92	3.18	2.67	2.43	2.28	1.90	1.52	1.08	0.93	15.13
3	3.66	2.84	2.58	2.34	2.08	1.82	1.51	1.03	0.86	10.08
4	3.16	2.75	2.51	2.24	2.02	1.78	1.42	1.02	0.86	7.56
5	3.12	2.74	2.45	2.24	2.00	1.69	1.36	1.00	0.81	6.05
6	3.04	2.68	2.39	2.19	1.93	1.49	1.33	0.99	0.77	5.04
7	3.02	2.64	2.37	2.18	1.81	1.45	1.20	0.98	0.75	4.32

续表

降雨强度 i /（mm/min）	降雨历时 t/min									重现期/年
序号	5	10	15	20	30	45	60	90	120	P_E
8	3.00	2.61	2.33	2.16	1.81	1.43	1.19	0.84	0.70	3.78
9	2.98	2.61	2.29	2.09	1.80	1.39	1.14	0.84	0.69	3.36
⋮	⋮	⋮	⋮	⋮	⋮	⋮	⋮	⋮	⋮	⋮
112	1.94	1.68	1.42	1.22	0.99	0.78	0.64	0.46	0.36	0.27
113	1.94	1.67	1.41	1.22	0.99	0.78	0.63	0.46	0.36	0.27
114	1.94	1.67	1.41	1.22	0.99	0.77	0.63	0.46	0.36	0.27
115	1.94	1.66	1.40	1.22	0.98	0.77	0.63	0.46	0.36	0.26
116	1.94	1.66	1.40	1.22	0.98	0.77	0.63	0.46	0.36	0.26
117	1.94	1.66	1.39	1.22	0.97	0.76	0.63	0.46	0.36	0.26
118	1.92	1.66	1.39	1.22	0.96	0.76	0.63	0.45	0.36	0.26
119	1.92	1.64	1.39	1.21	0.96	0.76	0.63	0.45	0.36	0.25
120	1.92	1.64	1.39	1.21	0.96	0.76	0.62	0.45	0.36	0.25

2. 年最大值法

依据广州市连续 30 年（1984~2013 年）的自计雨量资料，按照《室外排水设计规范》（GB 50014—2006）（2014 年版）要求，分 9 个历时（5 分钟、10 分钟、15 分钟、20 分钟、30 分钟、45 分钟、60 分钟、90 分钟、120 分钟），各个历时每年选取 1 个最大降水量，不论年次按由大到小统一排序，得到每个历时 30 个雨样的暴雨基础资料，计算统计各个历时的暴雨强度。

由统计的基础资料，用经验频率公式计算年最大值法的重现期，经验频率公式如下：

$$P_M = \frac{N+1}{m} \tag{3-2}$$

式中，P_M 为年最大值法的重现期，年；其他符号意义同前。

以年最大值法选样整理后的数据表见表 3-2。

表 3-2　年最大值法选样数据表

降雨强度 i /（mm/min）	降雨历时 t/min									重现期/年
序号	5	10	15	20	30	45	60	90	120	P_M
1	4.04	3.52	3.18	2.94	2.56	1.91	1.72	1.47	1.39	31.00
2	3.92	3.18	2.67	2.43	2.28	1.90	1.52	1.08	0.93	15.50
3	3.66	2.84	2.58	2.34	2.08	1.82	1.51	1.03	0.86	10.33
4	3.16	2.75	2.51	2.24	2.02	1.78	1.42	1.02	0.86	7.75
5	3.12	2.74	2.45	2.24	2.00	1.69	1.36	1.00	0.81	6.20
6	3.04	2.68	2.39	2.19	1.93	1.45	1.33	0.99	0.77	5.17

续表

降雨强度 i /（mm/min）序号	降雨历时 t/min									重现期/年
	5	10	15	20	30	45	60	90	120	P_M
7	3.00	2.64	2.37	2.18	1.80	1.39	1.19	0.98	0.75	4.43
8	2.92	2.61	2.29	2.16	1.71	1.34	1.14	0.84	0.70	3.88
9	2.90	2.61	2.28	2.09	1.65	1.32	1.12	0.84	0.69	3.44
⋮	⋮	⋮	⋮	⋮	⋮	⋮	⋮	⋮	⋮	⋮
20	2.62	2.24	1.91	1.62	1.30	1.04	0.80	0.61	0.51	1.55
21	2.52	2.06	1.84	1.61	1.29	0.99	0.79	0.59	0.48	1.48
22	2.50	2.01	1.77	1.60	1.28	0.96	0.78	0.58	0.47	1.41
23	2.48	1.97	1.76	1.58	1.24	0.96	0.75	0.57	0.46	1.35
24	2.46	1.96	1.71	1.56	1.22	0.94	0.75	0.53	0.43	1.29
25	2.44	1.94	1.70	1.42	1.17	0.91	0.73	0.53	0.43	1.24
26	2.38	1.93	1.65	1.40	1.15	0.87	0.71	0.48	0.39	1.19
27	2.22	1.85	1.63	1.36	1.04	0.83	0.70	0.47	0.36	1.15
28	2.20	1.80	1.60	1.33	0.96	0.82	0.66	0.45	0.35	1.11
29	2.10	1.77	1.41	1.21	0.95	0.66	0.50	0.34	0.31	1.07
30	1.82	1.73	1.39	1.07	0.79	0.54	0.41	0.33	0.25	1.03

3. 样本比较

依据排序后的年多个样法与年最大值法选样样本（表 3-1 和表 3-2），以重现期为横坐标，雨强为纵坐标，采用海森概率格纸对各个历时分别作出两组选样样本的雨强与重现期对比关系图，以 10 分钟、30 分钟、60 分钟和 90 分钟为例，结果见图 3-1。

由图 3-1 分析可知：

1）同一重现期下，年多个样法样本的雨强比年最大值法大，这主要是因为年最大值法选样忽略了丰雨年份中较大的雨样，而这些雨样在年多个样法中被选取了。对比图显示在小重现期 1～5 年内，年最大值法所选雨样的降雨强度明显小于年多个样法所选雨样的降雨强度。但重现期在 5 年以上时，两者差异较小。因而采用年最大值法选样不能客观反映低重现期范围内的雨样统计规律。

2）年多个样法选样的最小重现期可以低于 1 年，不会遗漏较大雨样，在小重现期部分能较真实地反映小重现期范围内的雨样统计规律，理论上更适合城市排水工程的设计。但采用年多个样法选样统计工作量大，不适合发展需要，故在 2014 年修订的《室外排水设计规范》（GB 50014—2006）（2014 年版）中，要求具有 20 年以上自动雨量记录的地区，排水系统设计暴雨强度公式应采用年最大值法。

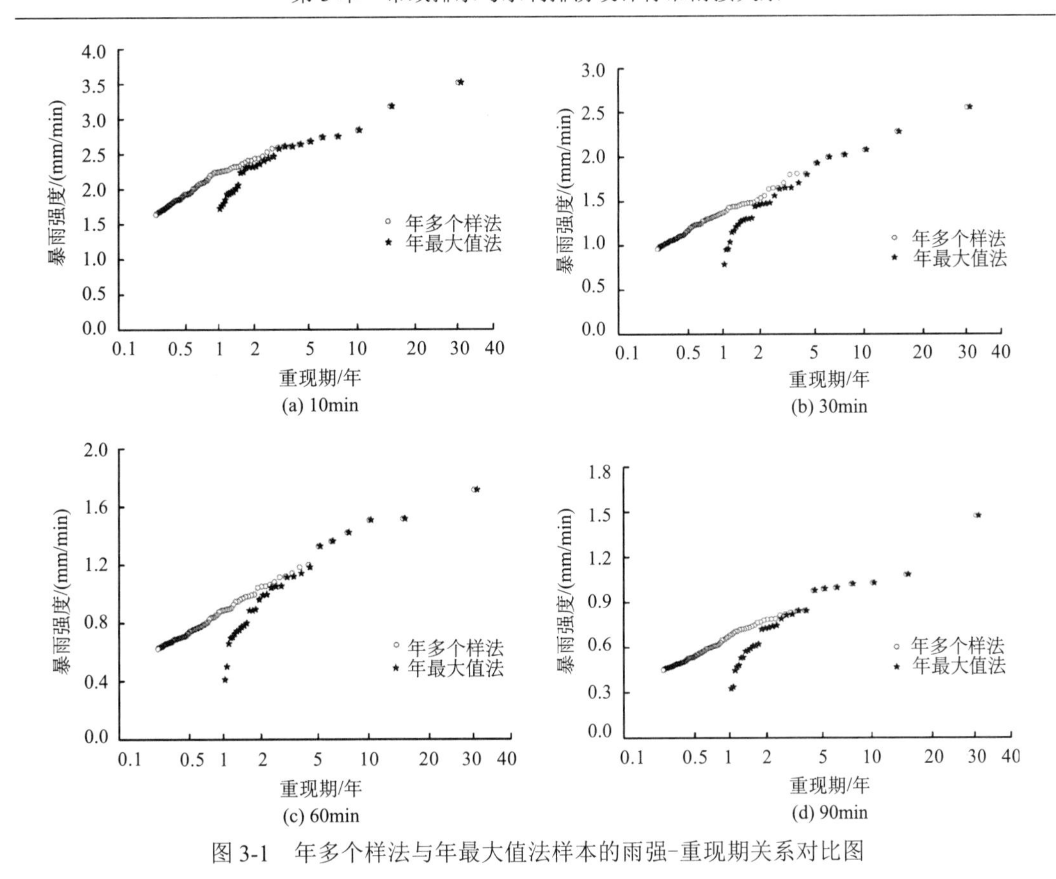

图 3-1　年多个样法与年最大值法样本的雨强-重现期关系对比图

3.1.3　暴雨资料频率适线分析

1. 暴雨资料适线原则

在暴雨公式制订中，根据自记雨量资料推求暴雨强度的频率分布规律，是预测暴雨的依据，它决定着所用频率-强度-历时关系的可靠性。因为单个观测值充满着偶然性，同一经验频率的不同历时的观测值并不是真正同频率的，即使是低重现期的观测值，其可能偏差也往往达 10%～20%，只有多年系列资料规律才具有必然性。可见，观测值如果不进行概率计算，统计公式的基础资料的可靠性就缺乏保证。因此，必须以系列实测资料推求样本规律，以样本规律作为总体规律，基于此规律所得的频率-强度-历时关系来统计暴雨公式。

选样结果的调整方法包括：①经验频率法，即直接用实测的经验频率和降雨强度来拟合暴雨强度计算公式；②用某种经验或理论频率分布曲线，对实测各历时雨样资料进行调整，得出调整后的 i-t-P 数据表，用调整后的 i-t-P 数据表拟合暴雨强度公式。目前，国内外都倾向于采用后一种方法，因为这种方法排除了经验数据的偶然性。但选择哪种经验或理论频率分布曲线能更好地拟合 i-t-P 三者之间的关系，目前国内外均无统一定论（邓培德等，1985；邓培德，1992，1998；夏宗尧，1997；朱颖元和米伟亚，2005；王俊萍，2007；杨智硕和陈明霞，2010）。根据前人的研究结果，对于年多个法选样，国内学者们早先主张用 P-III型频率分布对选样样本适线，近些年多数学者也主张采用指数分布对选样样本适线；对于年最大值法，国内学者也多主张采用P-III型或耿贝尔分布进行适线。

经综合分析，本次对于年多个样法分别采用指数分布和P-III型进行频率适线，对于年最大值法分别采用P-III型和耿贝尔分布进行频率适线。

2. 理论分布曲线及其参数优化方法

（1）指数分布曲线模型

指数分布曲线函数是由瑞典科学家威布尔提出的，又称为泊松分布密度函数，其频率分布形态为乙型分布，常用于非年最大值选样的水文统计（朱颖元和米伟亚，2005）。

假设随机变量 x 为水文变量，a 和 b 为统计参数，a 表示离散度，b 表示分布曲线的下限，其密度函数为

$$f(x)=a\times \mathrm{e}^{-a(x-b)} \qquad (x\geqslant b) \tag{3-3}$$

泊松分布的概率分布函数为

$$P(x\geqslant x_p)=\mathrm{e}^{-a(x-b)} \tag{3-4}$$

由累积频率与重现期的关系得

$$T=\frac{1}{P}=\frac{1}{\mathrm{e}^{-a(x-b)}}=\mathrm{e}^{a(x-b)} \tag{3-5}$$

参数 a、b 可由矩法求得

$$a=\sqrt{\overline{x_i^2}-(\overline{x_i})^2} \quad , \quad b=\overline{x_i}-\sqrt{\overline{x_i^2}-(\overline{x_i})^2} \tag{3-6}$$

由式（3-6）和式（3-7），可以求出不同重现期的水文特征值，即

$$x=a\ln P_{\mathrm{E}}+b \tag{3-7}$$

（2）耿贝尔分布曲线模型

耿贝尔于1941年将极值项分布第一形式应用于年最大值法选样的水文统计，从而导出的分布曲线称为耿贝尔分布曲线（王俊萍，2007），其模型的数学形式为

$$P(x<x_p)=\exp[-\mathrm{e}^{-(x-u)/v}] \tag{3-8}$$

式中，P（$x<x_p$）为耿贝尔分布的非超过概率；x 为水文变量；u、v 为统计参数。由累积频率特性可得超过概率为

$$P(x\geqslant x_p)=1-P(x<x_p)=1-\exp[-\mathrm{e}^{-(x-u)/v}] \tag{3-9}$$

从而得出：

$$T=\frac{1}{P}=\frac{1}{1-\exp[-\mathrm{e}^{-(x-u)/v}]} \tag{3-10}$$

两边取对数，整理得

$$x=u-v\ln[\ln T-\ln(T-1)] \tag{3-11}$$

令 $K=-\ln[\ln T-\ln(T-1)]$，则有

$$x=u+vK \tag{3-12}$$

由最小二乘法求得参数 u、v 的计算式为

$$v=\frac{\bar{x}\cdot\bar{K}-\overline{x\cdot K}}{(\bar{K})^2-\overline{K^2}}\ ,\ u=\bar{x}-v\bar{K} \tag{3-13}$$

由式（3-12）及式（3-13），即可求出不同重现期的水文特征值。

（3）P-Ⅲ型曲线模型

英国生物学家皮尔逊在统计分析了大量随机现象后，于 1895 年提出了一种概括性的曲线族，以与实际资料相拟合，后来的水文工作者将其中的第III型曲线引入水文频率计算中，成为当前水文频率计算被广泛应用的频率曲线（杨智硕和陈明霞，2010），其密度函数为

$$f(x)=\frac{\beta^{\alpha}}{\Gamma(\alpha)}(x-a_0)^{\alpha-1}\mathrm{e}^{-\beta(x-a_0)} \tag{3-14}$$

式中，α 为代换参数，$\alpha=\frac{4}{C_{\mathrm{s}}^2}$；$\beta$ 为代换参数，$\beta=\frac{2}{\bar{x}C_{\mathrm{v}}C_{\mathrm{s}}}$；$a_0$ 为系列起点到坐标原点的距离，$a_0=\bar{x}(1-\frac{2C_{\mathrm{v}}}{C_{\mathrm{s}}})$；$\Gamma(\alpha)$ 为伽玛函数，$\Gamma(\alpha)=\int_0^{\infty}x^{\alpha-1}\mathrm{e}^{-x}\mathrm{d}x$。

P-III型曲线的方程式中含有 3 个参数 α 、β 、a_0，这些参数经过适当换算可以用实测系列计算出的 3 个统计参数（$\bar{x}$—均值；C_{v}—离差系数；C_{s}—偏差系数）来表示，对式（3-14）积分，得累积频率（理论的累积频率）：

$$P(x\geqslant x_p)=\frac{\beta^{\alpha}}{\Gamma(\alpha)}\int_{x_p}^{\infty}(x-a_0)^{\alpha-1}\mathrm{e}^{-\beta(x-a_0)}\mathrm{d}x \tag{3-15}$$

为了避免应用时多次复杂计算，可将此积分式进行参数代换，制成数表，便于查用。

引入的随机变量标准化形式为

$$\Phi=\frac{x-\bar{x}}{\bar{x}C_{\mathrm{v}}} \tag{3-16}$$

式中，Φ 为离均系数，则 $x=\bar{x}(1+\Phi C_{\mathrm{v}})$，$\mathrm{d}x=\bar{x}C_{\mathrm{v}}\mathrm{d}\Phi$，将 x 和 $\mathrm{d}x$ 代入式（3-15），化简后得

$$P=\frac{2^{\alpha}C_{\mathrm{s}}^{1-2\alpha}}{\Gamma(\alpha)}\int_{\Phi}^{\infty}(C_{\mathrm{s}}\Phi+2)^{\alpha-1}\mathrm{e}^{\frac{2(C_{\mathrm{s}}\Phi+2)}{C_{\mathrm{s}}^2}}\mathrm{d}\Phi \tag{3-17}$$

式（3-17）中的被积函数只含有一个待定参数 $C_{\mathrm{s}}(\alpha=\frac{4}{C_{\mathrm{s}}^2})$，因为其他两个参数 $\bar{x}$ 和 C_{v} 都包含在 Φ 中，因而只要假定一个 C_{s} 值，便可由式（3-17）通过积分求出 P 和 Φ 之间的关系。

在频率计算时，先由已知 C_{s} 可通过查表（或应用计算机计算软件的 Γ 函数推求）得出不同频率 P 的离均系数 Φ_p 值（或由相应计算软件的统计函数推求），然后将 Φ_p 及已知的 $\bar{x}$ 、C_{v} 代入下式，即可求出对应于频率 P 的水文特征值 x_p

$$x_p=(\Phi_pC_{\mathrm{v}}+1)\bar{x} \tag{3-18}$$

由不同的 P 及相应的 x_p，便可绘制出一条与 $\bar{x}$ 、C_{v}、C_{s} 相应的理论频率曲线。

3. 暴雨资料调整结果及分析

（1）暴雨选样频率适线的拟合误差

对于适线结果，一般以绝对均方差 S_{11} 和相对均方差 S_{12} 来显示适线误差：

$$S_{11}=\sqrt{\frac{1}{n}\sum_{i=1}^{n}(x_i-x_j)^2} \tag{3-19}$$

$$S_{12}=\sqrt{\frac{1}{n}\sum_{i=1}^{n}[(x_i-x_j)/x_i]^2} \tag{3-20}$$

$$S_{Z11}=\sqrt{\frac{1}{n}\frac{1}{k}\sum_{r=1}^{k}\sum_{j=1}^{n}(x_{ri}-x_{rj})^2} \tag{3-21}$$

$$S_{Z12}=\sqrt{\frac{1}{n}\frac{1}{k}\sum_{r=1}^{k}\sum_{j=1}^{n}\left[(x_{ri}-x_{rj})/x_i\right]^2} \tag{3-22}$$

式中，n 为样本系列的项数；k 为统计降雨历时的项数；S_{11}、S_{12} 分别为经频率拟合后的每个历时的绝对均方差和相对均方差；S_{Z11}、S_{Z12} 分别为经频率拟合后的所有降雨历时的绝对均方差和相对均方差；x_i 为排位第 i 项的雨强值（实测降雨强度值）；x_{ri} 为第 r 个降雨历时排位第 i 项的雨强值；x_j 为频率拟合后与第 i 项雨强频率一致的计算降雨强度值（理论雨强值）；x_{rj} 为频率拟合后第 r 个降雨历时与第 i 项雨强频率一致的计算降雨强度值（理论雨强值）。

（2）年多个样法所选雨样拟合结果及分析

对年多个样法选样数据分别采用指数分布和P-Ⅲ型分布进行适线，相关参数和拟合精度结果见图 3-2、表 3-3 和表 3-4，得到的 i-t-P 数据表见表 3-5 和表 3-6。

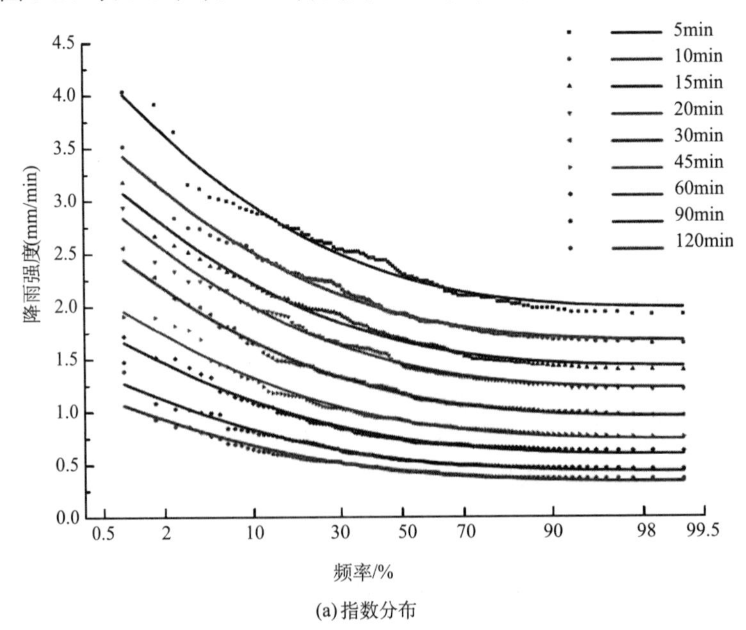

(a) 指数分布

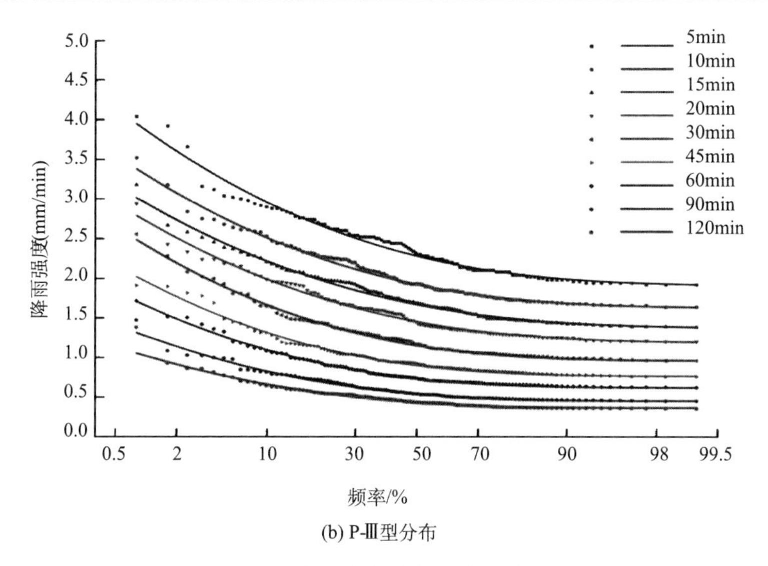

(b) P-Ⅲ型分布

图 3-2　年多个样法的频率分布适线

表 3-3　指数分布模型参数值及拟合误差

参数	5min	10min	15min	20min	30min	45min	60min	90min	120min	S_{Z11}	S_{Z12}
a	0.399	0.344	0.323	0.316	0.291	0.239	0.208	0.165	0.145		
b	2.000	1.685	1.443	1.236	0.967	0.749	0.602	0.436	0.338	0.043	0.025
S_{11}	0.073	0.046	0.046	0.042	0.031	0.037	0.027	0.027	0.034		

表 3-4　P-Ⅲ型分布模型参数值及拟合误差

参数	5min	10min	15min	20min	30min	45min	60min	90min	120min	S_{Z11}	S_{Z12}
$\overline{x}$	2.399	2.029	1.766	1.552	1.257	0.988	0.811	0.601	0.483		
C_v	0.177	0.180	0.193	0.214	0.252	0.263	0.278	0.296	0.322	0.033	0.030
C_s	1.534	1.690	1.567	1.709	2.214	2.436	2.466	2.402	2.705		
S_{11}	0.060	0.036	0.031	0.033	0.023	0.029	0.014	0.022	0.029		

表 3-5　*i-t-P* 数据表（指数分布适线）　　　（单位：mm/min）

P_E/年	5min	10min	15min	20min	30min	45min	60min	90min	120min
0.25	2.000	1.685	1.443	1.236	0.966	0.749	0.602	0.436	0.338
0.333	2.114	1.784	1.536	1.327	1.050	0.818	0.662	0.483	0.379
0.5	2.276	1.924	1.667	1.455	1.168	0.915	0.747	0.550	0.438
1	2.553	2.162	1.890	1.674	1.369	1.080	0.891	0.665	0.539
2	2.830	2.400	2.114	1.893	1.571	1.246	1.036	0.779	0.640
3	2.991	2.539	2.245	2.022	1.689	1.343	1.120	0.846	0.699
5	3.195	2.715	2.409	2.183	1.837	1.465	1.227	0.931	0.773
10	3.472	2.953	2.633	2.402	2.039	1.631	1.371	1.045	0.874
20	3.749	3.192	2.857	2.621	2.240	1.796	1.515	1.160	0.975
30	3.911	3.331	2.987	2.749	2.358	1.893	1.600	1.227	1.034

表 3-6　*i-t-P* 数据表（P-Ⅲ型适线）　　　　（单位：mm/min）

P_E/年	5min	10min	15min	20min	30min	45min	60min	90min	120min
0.25	1.862	1.610	1.333	1.173	0.974	0.778	0.638	0.451	0.374
0.333	2.104	1.776	1.521	1.317	1.041	0.815	0.668	0.479	0.388
0.5	2.309	1.943	1.686	1.469	1.157	0.899	0.738	0.538	0.431
1	2.607	2.201	1.928	1.706	1.370	1.069	0.886	0.656	0.529
2	2.880	2.444	2.152	1.930	1.590	1.254	1.050	0.783	0.643
3	3.034	2.583	2.279	2.059	1.721	1.366	1.149	0.859	0.714
5	3.224	2.756	2.435	2.219	1.887	1.510	1.277	0.957	0.805
10	3.477	2.987	2.643	2.434	2.113	1.709	1.455	1.092	0.934
20	3.725	3.215	2.847	2.647	2.341	1.910	1.635	1.229	1.065
30	3.868	3.348	2.966	2.770	2.475	2.029	1.742	1.309	1.142

（3）年最大值法所选雨样拟合结果及分析

对年最大值法样本进行频率分布适线得到相应参数及其拟合精度结果见图 3-3、表 3-7 和表 3-8，得到的 *i-t-P* 数据表见表 3-9 和表 3-10。

表 3-7　耿贝尔分布模型参数值及拟合误差

参数	5min	10min	15min	20min	30min	45min	60min	90min	120min	S_{Z11}	S_{Z12}
v	0.417	0.368	0.349	0.359	0.361	0.308	0.273	0.218	0.195		
u	2.558	2.157	1.869	1.640	1.314	1.025	0.845	0.619	0.498	0.062	0.044
S_{11}	0.108	0.065	0.051	0.075	0.038	0.061	0.039	0.043	0.049		

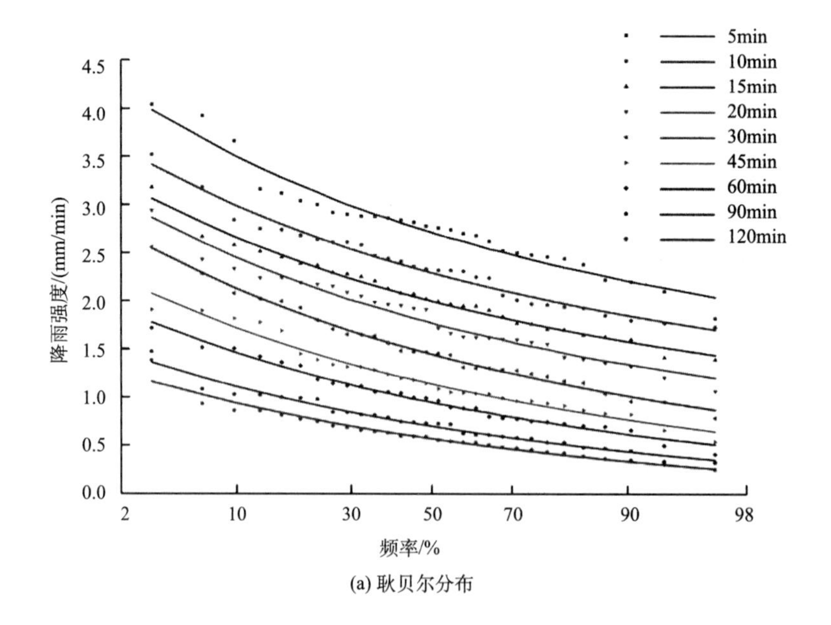

(a) 耿贝尔分布

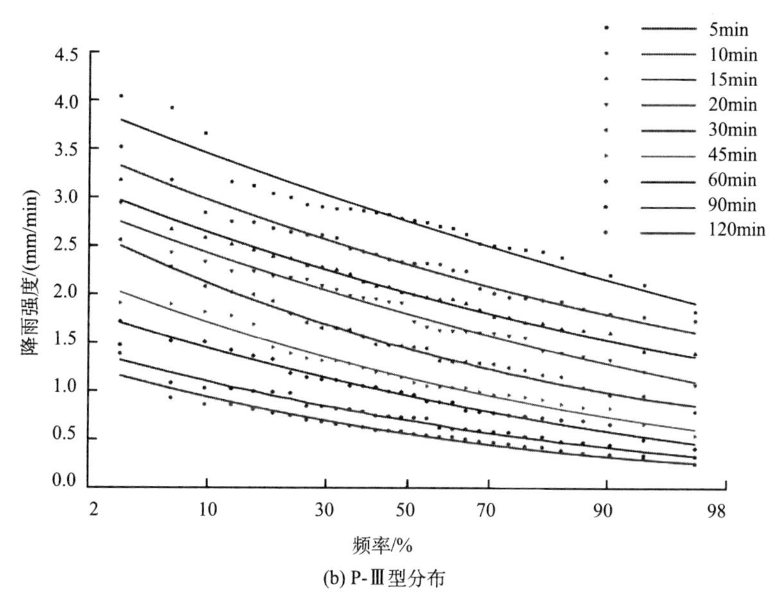

(b) P-Ⅲ型分布

图 3-3　年最大值法的频率分布适线

表 3-8　P-Ⅲ型分布模型参数值及拟合误差

参数	5min	10min	15min	20min	30min	45min	60min	90min	120min	S_{Z11}	S_{Z12}
$\bar{x}$	2.781	2.354	2.056	1.832	1.507	1.190	0.991	0.735	0.603	0.065	0.042
C_V	0.184	0.199	0.214	0.245	0.302	0.327	0.344	0.370	0.415		
C_S	0.348	0.599	0.590	0.488	0.908	0.796	0.671	0.860	1.063		
S_{11}	0.123	0.068	0.053	0.068	0.043	0.061	0.036	0.045	0.050		

表 3-9　*i-t-P* 数据表（耿贝尔分布适线）　　（单位：mm/min）

P_M/年	5min	10min	15min	20min	30min	45min	60min	90min	120min
2	2.711	2.292	1.997	1.771	1.446	1.137	0.945	0.699	0.570
3	2.934	2.489	2.184	1.964	1.639	1.303	1.091	0.815	0.674
5	3.183	2.709	2.393	2.178	1.855	1.486	1.255	0.945	0.791
10	3.496	2.985	2.655	2.447	2.125	1.717	1.459	1.108	0.937
20	3.796	3.250	2.906	2.705	2.385	1.939	1.656	1.265	1.077
30	3.968	3.402	3.050	2.853	2.535	2.066	1.769	1.355	1.158

表 3-10　*i-t-P* 数据表（P-Ⅲ型适线）　　（单位：mm/min）

P_M/年	5min	10min	15min	20min	30min	45min	60min	90min	120min
2	2.752	2.307	2.013	1.796	1.439	1.139	0.953	0.697	0.559
3	2.976	2.515	2.208	1.994	1.640	1.311	1.104	0.817	0.669
5	3.201	2.729	2.408	2.196	1.857	1.494	1.262	0.946	0.790
10	3.453	2.977	2.640	2.427	2.117	1.710	1.446	1.099	0.938
20	3.671	3.196	2.845	2.628	2.354	1.906	1.610	1.239	1.075
30	3.787	3.316	2.956	2.738	2.486	2.014	1.700	1.316	1.152

（4）各选样拟合结果分析

由年多个样法选样进行指数分布及P-Ⅲ型理论频率分布适线，对比两者的全历时绝对均方差（指数分布 0.043mm/min，P-Ⅲ型分布 0.033mm/min）的结果表明，两种理论频率曲线拟合成果均满足要求，P-Ⅲ型理论频率的拟合结果相对较好。由年最大值法选样进行耿贝尔分布及P-Ⅲ型理论频率分布的拟合情况和全历时绝对均方差（耿贝尔分布 0.062mm/min，P-Ⅲ型分布 0.065mm/min）的比较表明，耿贝尔分布适线拟合结果相对较好。

对比年多个样法及年最大值法不同理论频率分布适线结果所得的 *i-t-P* 关系表不难发现，采用不同的理论频率分布模型所得的 *i-t-P* 关系值存在一定差异，必会导致同一实测雨强样本系列拟合所得的暴雨强度公式及相关参数有一定差别。

3.1.4 暴雨公式参数求解及精度分析

选样结果拟合后所得的 *i-t-P* 数据表作为编制暴雨强度公式的直接数据，在 *i-t-P* 数据表的基础上如何得到准确度较高的暴雨强度公式也是一个值得研究的问题。这里简要讨论选用何种形式的计算模式，以何种方法确定计算公式的参数。

1. 暴雨强度计算公式分类及选择

暴雨强度计算公式包含两类：单一重现期计算公式（即分公式）和包含各重现期的统一计算公式（即总公式）。我国排水工程设计手册中推荐使用以下三种形式编制单一重现期公式：$i=\dfrac{A}{t+b}$，$i=\dfrac{A}{(t+b)^n}$，$i=\dfrac{A}{t^n}$。关于如何确定哪种计算形式适合暴雨资料拟合的 *i-t-P* 数据表，《室外排水设计规范》（GB 50014—2006）（2014 年版）中给出了根据（*i*，*t*）点矩在双对数坐标纸上的曲线形式来判断选择公式的 3 条准则：

1）曲线形状为略向下弯的，采用 $i=\dfrac{A}{(t+b)^n}$。

2）曲线形状为直线的，采用 $i=\dfrac{A}{t^n}$。

3）曲线形状为略向上弯的，采用 $i=\dfrac{A}{t+b}$。

在选择暴雨强度公式分公式的计算形式时，通常都会选择 $i=\dfrac{A}{(t+b)^n}$，因为另外两种形式只是它的特例，很少会遇到。公式中的 *A* 为雨力，$A=A_1(1+C\lg P)$，从而可得包含各重现期的暴雨强度总公式为

$$i=\frac{A_1(1+C\lg P)}{(t+b)^n} \tag{3-23}$$

式中，*P* 为设计暴雨的重现期，年；*t* 为降雨历时，min；其余为暴雨强度公式的参数。

2. 暴雨强度公式参数拟合方法

暴雨强度公式的参数求解十分重要，它关系到计算公式的准确性，也影响到排水系统的设计。暴雨强度公式为一超定非线性模型，其参数求解方法是近年来的研究热点，主要趋势为越来越多地使用较为复杂的优化算法，并同时结合计算机工具。针对这一趋势，本次采用麦夸特优化算法进行非线性回归求解暴雨强度公式参数。

3. 暴雨强度公式精度分析

暴雨强度公式的精度分析主要有两个方面：第一是公式的拟合精度，通常用绝对均方差和相对均方差来衡量，计算公式见式（3-24）和式（3-25）；R 是公式计算值与实测值的对比，用拟合值与实测值的绝对均方差 R 来衡量，计算公式见式（3-26）。

$$\sigma_1=\sqrt{\frac{\sum\left(\hat{i}-i\right)^2}{N}} \tag{3-24}$$

$$\sigma_2=\frac{\sqrt{\sum\left(\hat{i}-i\right)^2/N}}{\bar{i}}\times 100\% \tag{3-25}$$

$$R=\sqrt{\frac{\sum\left(\hat{i}-i_0\right)^2}{n}} \tag{3-26}$$

式中，σ_1 为绝对均方差；σ_2 为相对均方差；R 为拟合值与实测值的绝对均方差；$\hat{i}$ 为暴雨强度公式计算雨强，mm/min；i 和 $\bar{i}$ 分别为经频率拟合后计算得到的暴雨强度值及其均值，mm/min；i_0 为实测暴雨强度值，mm/min。

《室外排水设计规范》（GB 50014—2006）（2014 年版）规定，对于年多个样法，计算重现期在 0.25～10 年时，在一般强度的地方，平均绝对方差不宜大于 0.05mm/min；在较大强度的地方，平均相对方差不大于 5%。对于年最大值法，计算重现期在 2～20 年时，在一般强度的地方，平均绝对方差不宜大于 0.05mm/min；在较大强度的地方，平均相对方差不宜大于 5%。

评判最优公式的标准，前人的研究中都是以暴雨强度公式拟合绝对方差来衡量的，公式拟合的绝对方差最小，往往确定为最佳公式，然后检验其和实测值的大小关系，若公式计算值与实测值接近，则确定为最佳公式。

4. 暴雨强度公式参数推求结果

（1）年多个样法暴雨公式参数推求

根据年多个样法选样的指数分布及 P-III型分布适线所得的 i-t-P 关系表在双对数坐标纸上绘制，得到图 3-4。

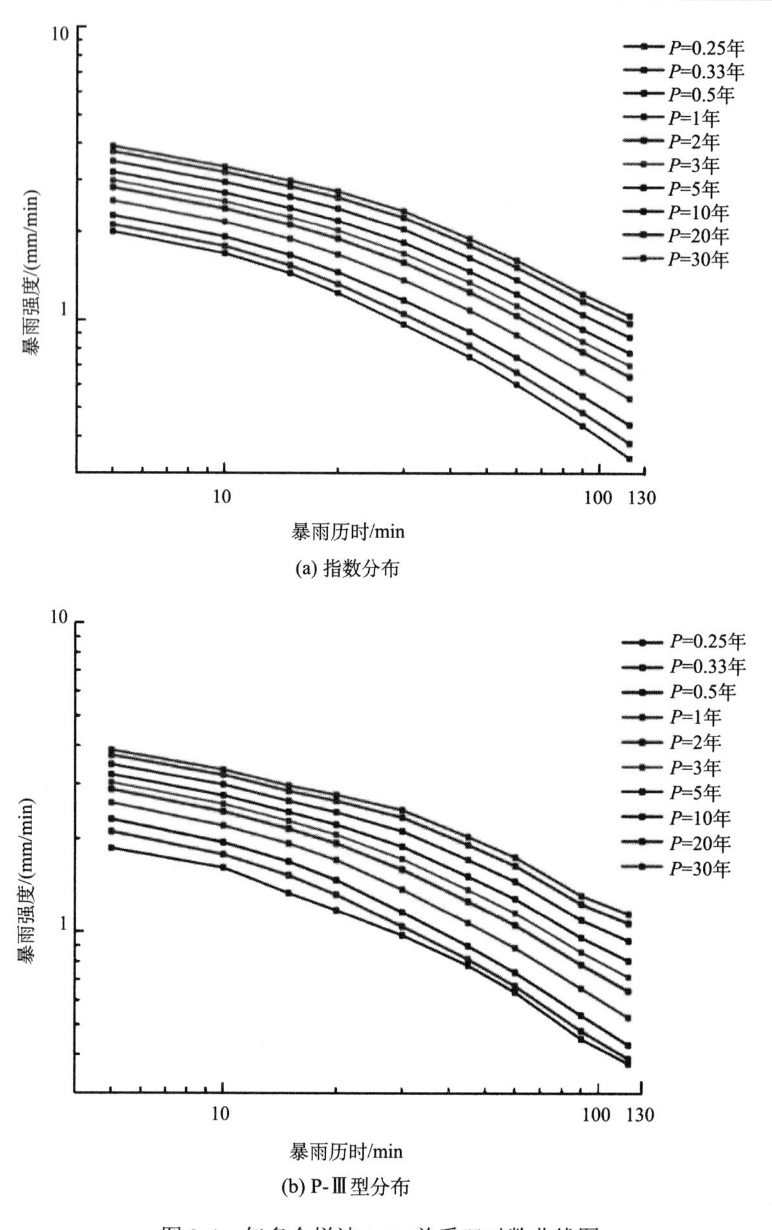

(a) 指数分布

(b) P-Ⅲ型分布

图 3-4　年多个样法 i-t-P 关系双对数曲线图

图 3-4 的曲线形状均为略向下弯，故单一重现期的公式计算形式采用 $i=\dfrac{A}{(t+b)^n}$，所有重现期统一的年多个样法暴雨强度公式计算形式采用 $i=\dfrac{A_1(1+C\lg P)}{(t+b)^n}$。

分别采用经验频率、指数分布适线、P-Ⅲ型适线 3 种样本拟合得到 i-t-P 数据关系表，采用麦夸特优化算法进行非线性回归拟合暴雨公式参数，得到各参数及误差值见表 3-11。

表 3-11　不同方法求得暴雨公式参数及误差值表

不同方法	A_1	C	b	n	拟合误差		
					σ_1	σ_2 /%	R
直接拟合	54.040	0.431	20.843	0.935	—	—	0.060
指数分布（0.25～30）	40.200	0.411	21.182	0.853	0.059	3.570	0.080
P-Ⅲ分布（0.25～30）	34.770	0.429	20.923	0.814	0.081	4.790	0.093

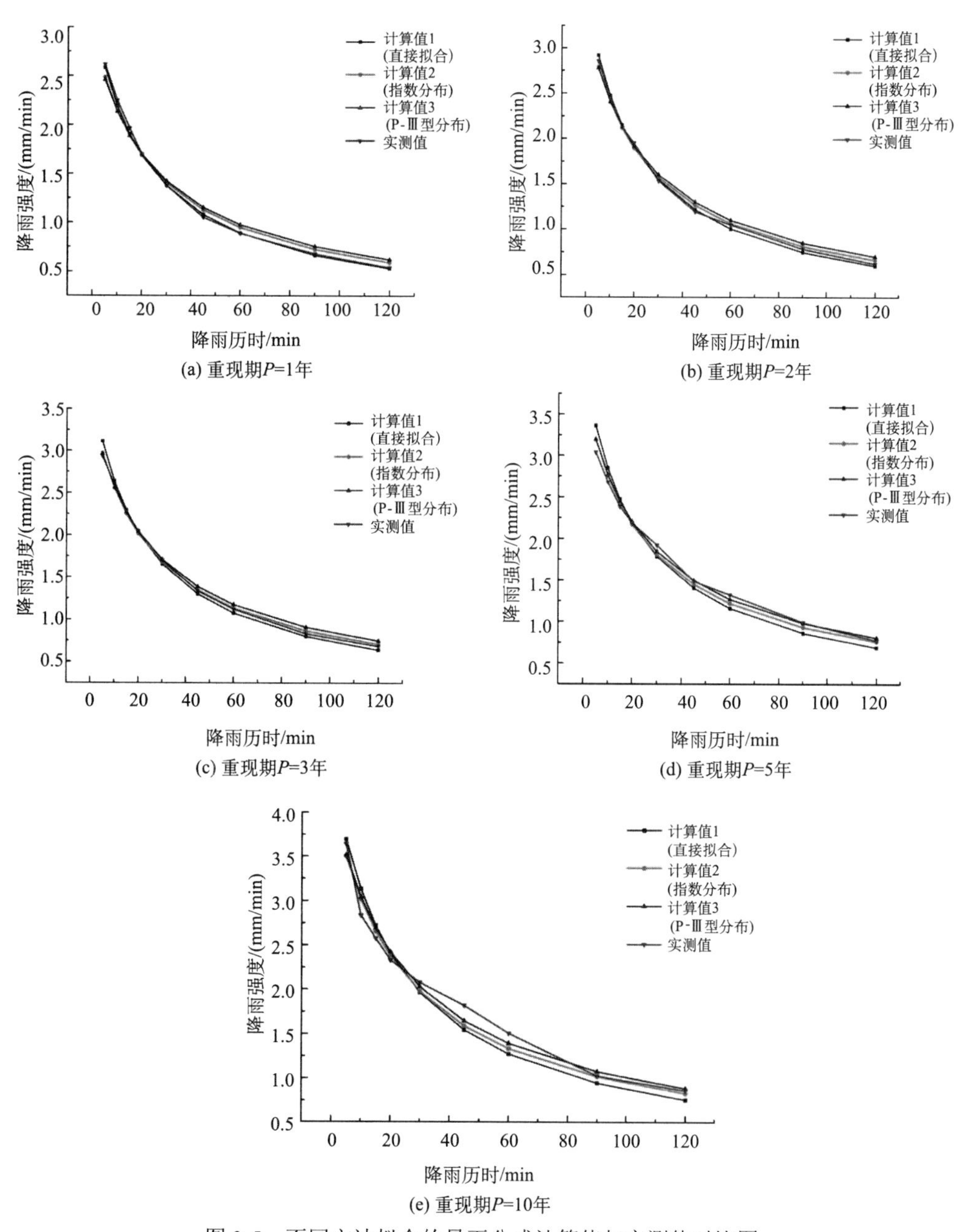

图 3-5　不同方法拟合的暴雨公式计算值与实测值对比图

根据不同方法求得的暴雨公式误差表可以看出，经过适线后拟合所得暴雨公式的拟合绝对方差均大于直接拟合暴雨参数的方法，采用直接拟合的拟合精度最好，绝对误差为 0.06。为了更直观地展示三种不同拟合方法的优劣，将 3 种方法所得暴雨公式计算值与实测值进行对比，分别以 1 年、2 年、3 年、5 年、10 年一遇重现期来展示，见图 3-5。

由图 3-5 可以看出，虽然直接拟合相对于实测值的精度最高，但是直接拟合所得的暴雨公式计算值在重现期大于 2 年一遇时，暴雨公式计算值普遍比实测值要小，设计值偏小，用做排水设计不安全。从各对比图可以看出，指数分布适线后拟合所得暴雨公式与实测值更为接近，且用做排水系统设计更为安全，故对于本暴雨资料的年多个样法选样样本，经指数分布适线后拟合所得的暴雨公式较合适。

（2）年最大值法暴雨公式参数推求

根据年最大值法选样的耿贝尔分布及 P-III型分布适线所得的 *i-t-P* 关系表在双对数坐标纸上绘制，得到图 3-6。

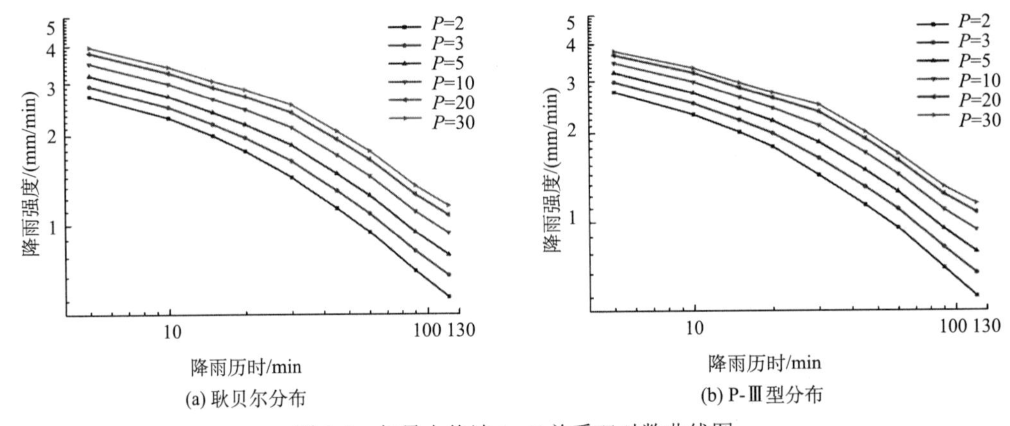

图 3-6　年最大值法 *i-t-P* 关系双对数曲线图

图 3-6 的曲线形状均为略向下弯，故单一重现期的公式计算形式采用 $i=\dfrac{A}{(t+b)^n}$，所有重现期统一的年最大值法暴雨强度公式计算形式采用 $i=\dfrac{A_1(1+C\lg P)}{(t+b)^n}$。

分别采用经验频率、耿贝尔分布适线、P-III型适线 3 种样本拟合所得 *i-t-P* 数据关系表，采用麦夸特优化算法进行非线性回归拟合暴雨公式参数，得到相关参数及误差值见表 3-12。

表 3-12　不同方法求得暴雨公式参数及误差值表

不同方法	A_1	C	b	n	拟合误差		
					σ_1	σ_2 /%	R
直接拟合	34.630	0.714	20.046	0.866	—	—	0.127
耿贝尔分布（0.25～30）	28.490	0.563	21.292	0.782	0.072	3.625	0.166
P-III 分布（0.25～30）	31.730	0.481	22.157	0.795	0.081	4.120	0.187

根据不同方法求得的暴雨公式误差表可以看出，经过适线后拟合所得暴雨公式的拟合绝对方差均大于直接拟合暴雨参数的方法，采用直接拟合的拟合精度最好，绝对方差为 0.127。为了更直观地展示 3 种不同拟合方法的优劣，将 3 种方法所得暴雨公式计算值与实测值进行对比，分别以 2 年、3 年、5 年、10 年一遇重现期来展现，见图 3-7。

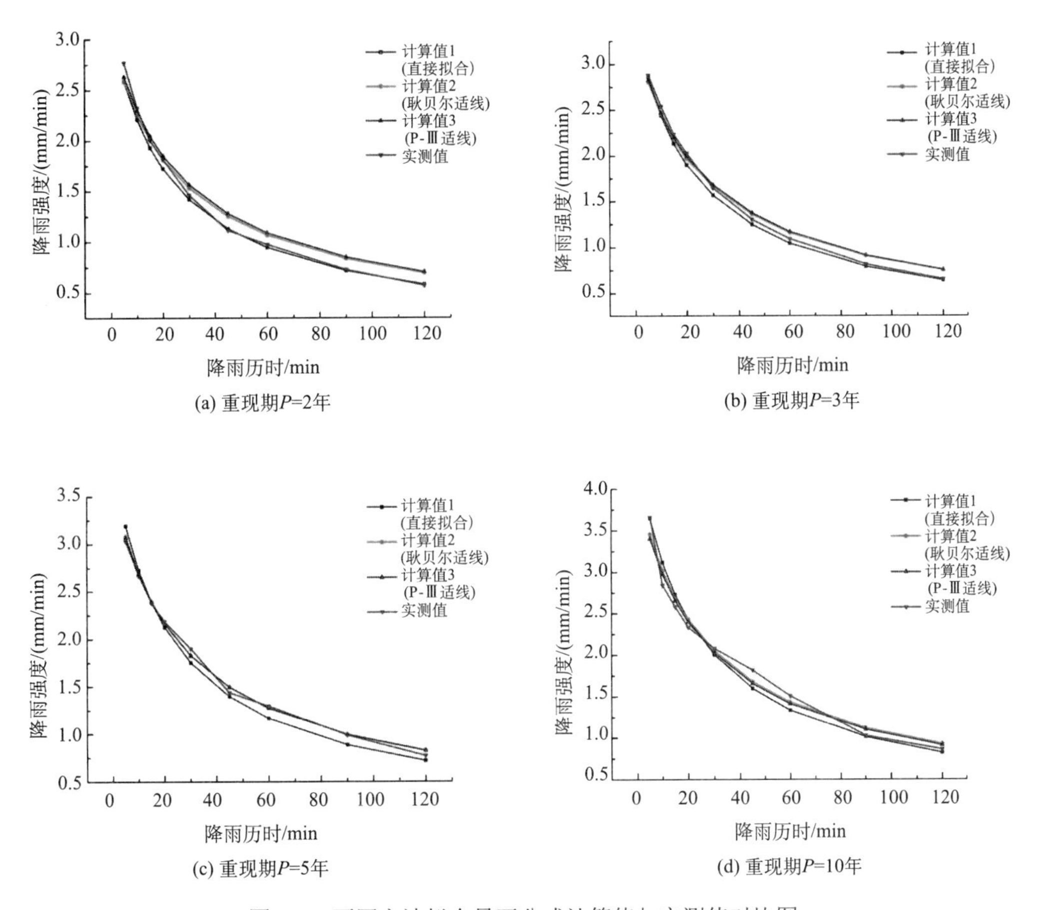

图 3-7　不同方法拟合暴雨公式计算值与实测值对比图

由上述对比图可以看出，年最大值法与年多个样法在采用不同方法拟合时呈现相同的规律。虽然直接拟合相对于实测值的精度最高，但是直接拟合所得的暴雨公式计算值在重现期大于 3 年一遇时，暴雨公式计算值普遍比实测值要小，设计值偏小，用做排水设计不安全。从各对比图可以看出，耿贝尔与 P-III型适线后拟合所得暴雨公式计算值非常接近，且用做排水系统设计更为安全，故对于本暴雨资料的年最大值法选样样本，采用耿贝尔分布及 P-III型适线后拟合所得暴雨公式均较为合适。

3.1.5　两种选样方法的衔接关系

为了寻求年多个样法与年最大值法两种不同选样方法之间重现期的数量关系，对两种选样方法经不同频率分布曲线适线后，在不同重现期范围内拟合求得暴雨强度公式，相关参数及误差见表 3-13。将年多个样法不同重现期范围拟合的暴雨公式与年最大值法分别进行重现期对应，试图寻找其重现期的对应关系，结果见表 3-14~表 3-17。

表 3-13　不同选样方法拟合所得暴雨公式参数值及误差表

选样方法	不同方法	A_1	C	b	n	拟合误差	
						σ_1	σ_2 /%
年多个样法	指数分布（2～30）	37.125	0.411	21.708	0.828	0.037	1.880
	指数分布（0.25～30）	40.200	0.411	21.182	0.853	0.059	3.570
	P-III分布（2～100）	32.824	0.415	21.688	0.791	0.066	3.270
	P-III分布（0.25～100）	38.379	0.434	22.821	0.829	0.088	4.910
年最大值法	耿贝尔分布（2～30）	28.487	0.563	21.292	0.782	0.072	3.625
	P-III分布（2～100）	24.685	0.471	20.282	0.737	0.093	4.700

表 3-14　年多个样法重现期与年最大值法重现期初步对应关系 1

年多个样法重现期/年（指数分布 2～30）		2	3	5	10	20	30
年最大值法重现期/年（耿贝尔分布 2～30）	5min	2.72	3.78	5.71	10.01	17.54	24.36
	10min	2.64	3.66	5.52	9.64	16.84	23.33
	15min	2.57	3.56	5.35	9.32	16.24	22.46
	20min	2.51	3.47	5.21	9.05	15.71	21.70
	30min	2.41	3.32	4.97	8.59	14.85	20.45
	45min	2.29	3.14	4.69	8.06	13.85	19.02
	60min	2.20	3.01	4.47	7.65	13.10	17.94
	90min	2.06	2.81	4.15	7.06	12.00	16.36
	120min	1.96	2.67	3.93	6.64	11.22	15.25
	平均值	2.37	3.27	4.89	8.45	14.59	20.10

表 3-15　年多个样法重现期与年最大值法重现期初步对应关系 2

年多个样法重现期/年（指数分布 0.25～30）		2	3	5	10	20	30
年最大值法重现期/年（耿贝尔分布 2～30）	5min	2.92	4.07	6.19	10.92	19.28	26.87
	10min	2.74	3.80	5.74	10.05	17.61	24.44
	15min	2.59	3.58	5.39	9.38	16.33	22.58
	20min	2.47	3.40	5.10	8.83	15.30	21.10
	30min	2.28	3.13	4.66	8.01	13.75	18.86
	45min	2.08	2.84	4.20	7.15	12.15	16.57
	60min	1.94	2.64	3.88	6.54	11.03	14.98
	90min	1.75	2.36	3.43	5.72	9.55	12.87
	120min	1.61	2.17	3.14	5.19	8.57	11.50
	平均值	2.26	3.11	4.64	7.98	13.73	18.86

表 3-16　年多个样法重现期与年最大值法重现期初步对应关系 3

年多个样法重现期/年（皮尔逊分布 2～100）		2	3	5	10	20	50	100
年最大值法重现期/年（皮尔逊分布 2～100）	5min	2.48	3.71	6.14	12.17	24.12	59.61	118.18
	10min	2.44	3.64	6.03	11.93	23.61	58.21	115.21
	15min	2.42	3.61	5.96	11.79	23.32	57.41	113.51
	20min	2.41	3.59	5.93	11.72	23.15	56.96	112.57
	30min	2.40	3.58	5.90	11.66	23.04	56.65	111.91
	45min	2.41	3.59	5.92	11.70	23.12	56.88	112.39
	60min	2.42	3.61	5.97	11.80	23.33	57.44	113.57
	90min	2.46	3.67	6.08	12.04	23.84	58.84	116.56
	120min	2.50	3.74	6.19	12.28	24.37	60.29	119.63
	平均值	2.44	3.64	6.01	11.90	23.54	58.03	114.84

表 3-17　年多个样法重现期与年最大值法重现期初步对应关系 4

年多个样法重现期/年（皮尔逊分布 0.25～100）		2	3	5	10	20	50	100
年最大值法重现期/年（皮尔逊分布 2～100）	5min	2.60	3.95	6.67	13.62	27.79	71.35	145.58
	10min	2.43	3.67	6.18	12.51	25.34	64.39	130.39
	15min	2.32	3.49	5.84	11.76	23.69	59.76	120.35
	20min	2.23	3.35	5.60	11.22	22.51	56.46	113.23
	30min	2.12	3.17	5.27	10.50	20.93	52.08	103.82
	45min	2.01	3.00	4.97	9.86	19.54	48.27	95.68
	60min	1.95	2.90	4.80	9.47	18.71	46.00	90.84
	90min	1.88	2.79	4.59	9.03	17.75	43.39	85.33
	120min	1.84	2.72	4.47	8.78	17.21	41.94	82.26
	平均值	2.15	3.23	5.38	10.75	21.50	53.74	107.50

由表 3-14～表 3-17 可以看出，年多个样法与年最大值法重现期的对应关系不仅随重现期拟合范围而改变，而且也与频率分布模型相关，故不能简单地通过寻找两种选样方法的重现期对应关系来概化两者的对应关系。

1. 选样方法的概率关系

同一暴雨资料使用不同选样方法获得的暴雨强度公式在同一重现期下暴雨雨强不等，其原因在于，大雨较集中年份中次大值大于小雨年的最大值，在年最大值法选样中未被选入，导致同一重现期下年多个样法暴雨强度大于年最大值法暴雨强度。从概率上讲，当暴雨强度值相同时，年最大值法的重现期 T_M 与年多个样法的重现期 T_E 具有如下关系：

$$T_{\mathrm{E}}=\left[\ln\left(\frac{T_{\mathrm{M}}}{T_{\mathrm{M}}-1}\right)\right]^{-1} \tag{3-27}$$

利用式（3-27）计算得到两者之间的重现期对应关系见表 3-18。

表 3-18　年多个样法与年最大值法重现期对应关系

选样方法	重现期/年						
T_{E}/年	1	2	3	5	10	20	30
T_{M}/年	1.58	2.54	3.53	5.52	10.51	20.50	30.50

为了解决年最大值选样拟合所得暴雨强度公式计算值偏小的问题，邓培德（1992）指出可以用年最大值法选样拟合得出的暴雨强度公式，设计时选用的重现期按式（3-27）做转换后，再代入公式计算雨强，此处简称后转换；岑国平（1999）指出也用年最大值法选样，按式（3-27）进行经验重现期的转换，再由转换后的重现期-历时-雨强关系推求暴雨公式，简称为前转换。前者在每次使用时要经过重现期的转换，如选择 1 年重现期，代入公式计算时应采用 1.58 年；后者在选样开始后即应用式（3-27）转换年最大值法经验重现期，在设计时无需再做重现期的转换，直接按选用的重现期计算。

2. 不同方法计算比较

以广州市 30 年降雨资料为基础资料，分别用年多个样法和年最大值法选样，依据前文的相关分析，选取指数分布适线成果拟合的暴雨强度公式作为年多个样法的暴雨强度公式，选取耿贝尔分布适线成果拟合的暴雨强度公式作为年最大值法暴雨强度公式，同时按前转换及后转换法对年最大值法选样进行重现期转换，最终得到年最大值法暴雨公式、前转换年最大值法暴雨公式及年多个样法暴雨公式的参数，见表 3-19。

表 3-19　不同计算方法暴雨公式参数及拟合精度

不同方法	A_1	C	b	n	拟合均方差	
					σ_1	σ_2/%
年最大值法	28.49	0.56	21.29	0.78	0.07	3.62
前转换年最大值法	30.57	0.48	21.29	0.78	0.07	3.56
年多个样法	40.20	0.41	21.18	0.85	0.06	3.57

利用上述推导的 3 个暴雨强度公式，在 2 年、3 年、5 年、10 年和 20 年重现期下，分别计算 5 分钟、10 分钟、15 分钟、20 分钟、30 分钟、45 分钟、60 分钟、90 分钟、120 分钟这 9 个降雨历时的暴雨强度值，同时按照后转换年最大值法计算暴雨强度的过程，将四种方法计算得出的各重现期的 9 个历时暴雨强度值进行对比，见图 3-8。

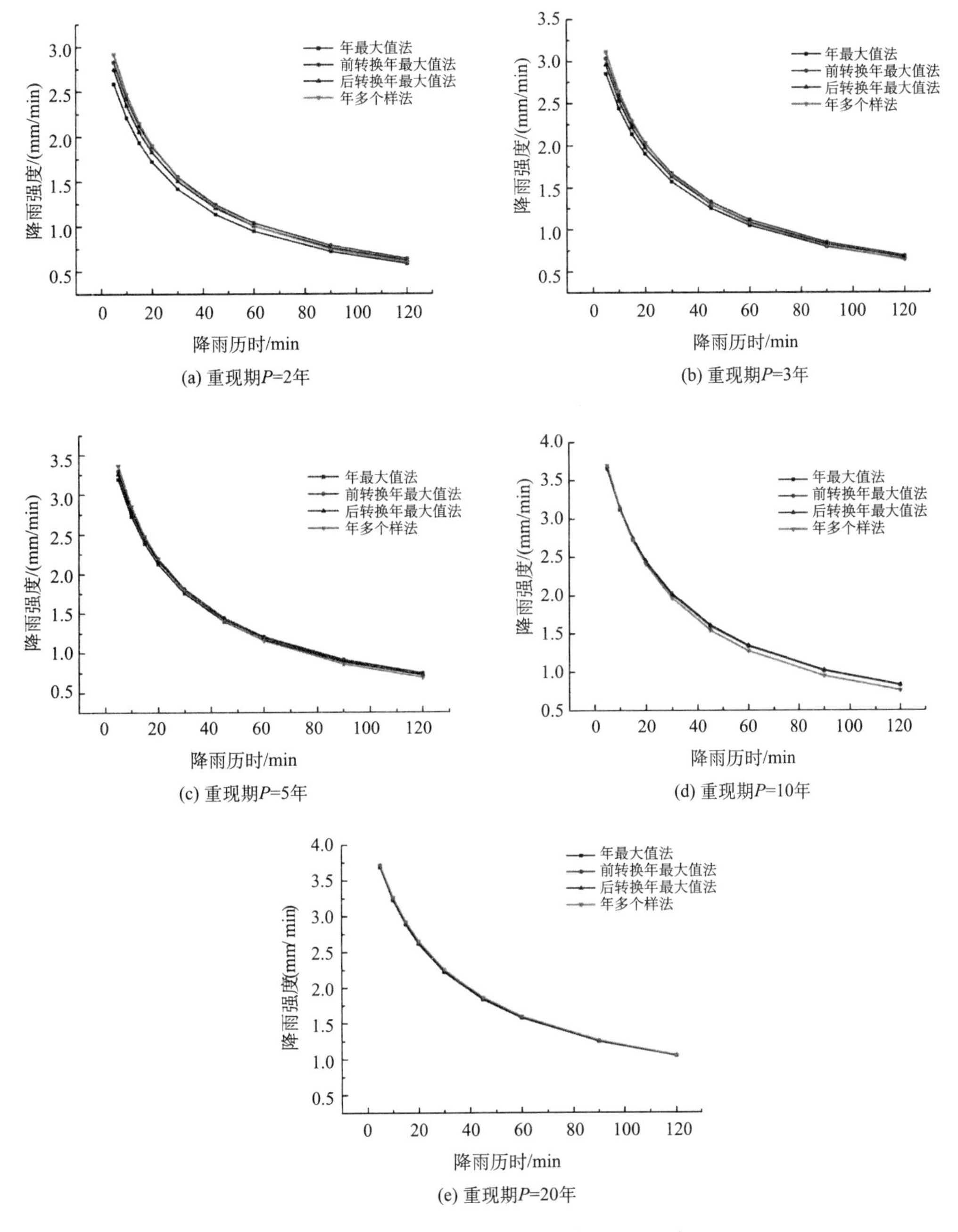

图 3-8　不同方法暴雨强度计算值对比图

由图 3-8 可以看出，在 2 年和 3 年的小重现期下，年多个样法与前、后转换年最大值法计算的暴雨强度值接近，但是与年最大值法直接计算的暴雨强度相差较大；在 5 年和 10 年的重现期下，年最大值法与前、后转换的年最大值法获得的暴雨强度数值接近，而年多个样法强度计算值相对最小；在 20 年重现期下，四种方法获得的暴雨强度数值接近一致。可见，前、后转换的年最大值法可在一定程度上改进由年最大值法选样引起的小重现期暴雨强度较小的问题，同时保留了大重现期下暴雨强度较大的特点。

3.2　设计暴雨重现期衔接分析

3.2.1　市政排水与水利排涝设计暴雨雨量相关结构

市政排水与水利排涝在规范标准上的不同会带来两种方法所确定的排涝、排水设施是否相适应的问题，即能否满足排除同一场暴雨的问题。因此，探讨市政与水利部门所采用的设计重现期衔接关系非常有必要。在市政排水规划设计中，因市政排水管网的汇水面积小，没有滞蓄库容，调蓄能力弱，涝灾多由短历时暴雨形成，其设计暴雨历时一般小于 2h；水利排涝一般针对较大汇水面积，考虑河、湖、沟塘的调蓄能力，其汇流时间和设计暴雨历时均远大于管道，工程上一般取 24 小时的长历时暴雨作为其设计暴雨历时。为此，在不同设计暴雨历时的条件下，对管道和河道设计重现期的衔接关系进行研究。

市政排水设计和水利排涝设计均是以设计暴雨推求设计最大流量，为了保证水利排涝设施能够可靠地排除管道系统汇入河网的涝水，满足管道系统的排水要求，用于河道排涝规划的设计降雨过程线中，时段最大降雨强度应该大于或等于管道设计降雨强度。基于此分析，可以构建一个市政排水设计暴雨与水利排涝设计暴雨的相关结构，为两种排涝标准的整合提供理论基础。近年来有些学者在不同选样方法和设计暴雨历时条件下构建了市政排水与水利排涝设计暴雨的相关结构，且将其应用于南京、厦门、南昌和郑州等城市，得知随降雨历时增加其对应的水利排涝设计暴雨重现期有增大的趋势，但增大幅度随降雨历时的增加而减少（刘俊等，2007；陈鑫等，2009；黄建文，2012；陈庆沙等，2014）。

1. 设计暴雨雨量衔接对比分析

假定市政部门设计的管道重现期标准为 p 年一遇，市政规划管道汇流设计历时假定为 1h，则可依据相关标准计算得出 p 年一遇 1 小时的设计雨量为 X_1，按管道排水设计要求，只要一场雨的最大 1 小时雨量不超过设计雨量 X_1，则该次降雨可以顺利通过管道排入河道，统计满足上述条件的场雨各时段内最大雨量（如 X_2、X_3、X_6、X_{12}、X_{24}）的重现期，可以作为河道排涝设计标准的重要参考依据。具体过程如下（刘俊等，2007）。

1）假定管道设计历时为 t 小时，计算指定重现期（p 年一遇）的设计雨量 X_{1p}。

2）收集所有实测场雨过程，并统计各次降雨在 2 小时、3 小时、6 小时、12 小时、24 小时内的雨量 X_2、X_3、X_6、X_{12}、X_{24}。

3）选出所有实测场雨中 t 小时内雨量小于 X_{1p} 的 n_x 次降雨过程，在 n_x 次降雨中统计 2 小时、3 小时、6 小时、12 小时、24 小时的最大雨量 $X_{2\mathrm{m}}$、$X_{3\mathrm{m}}$、$X_{6\mathrm{m}}$、$X_{12\mathrm{m}}$、$X_{24\mathrm{m}}$。

4）根据统计所得的 $X_{2\mathrm{m}}$、$X_{3\mathrm{m}}$、$X_{6\mathrm{m}}$、$X_{12\mathrm{m}}$、$X_{24\mathrm{m}}$ 值，在 2 小时、3 小时、6 小时、12 小时、24 小时的雨量频率分布曲线上查其对应的重现期 T_{2p}、T_{3p}、T_{6p}、T_{12p}、T_{24p}。

由以上方法可以得出管道不同历时设计暴雨重现期（p 年一遇）情况下，根据各雨量站实测资料统计分析得到的相应的河道排涝重现期，该重现期对比关系可作为下一步分析两种标准衔接的一个重要参考依据。

根据以上市政排水与水利排涝设计暴雨相关结构，按上节推求的年最大值法暴雨强度公式计算各设计历时不同重现期的设计雨量，计算结果见表 3-20。

表 3-20　各历时不同重现期暴雨量计算表

重现期/年	暴雨量/mm				
	20min	30min	45min	60min	90min
1	32.41	41.05	50.36	57.21	67.00
2	37.10	46.99	57.65	65.49	76.70
3	39.85	50.47	61.92	70.33	82.37
5	43.31	54.85	67.29	76.44	89.52
10	48.00	60.79	74.59	84.72	99.22

采用上述雨量统计分析过程对广州市五山站 1984～2013 年各实测雨量数据进行统计分析，成果见表 3-21~表 3-23。由表 3-21~表 3-23 可以看出，随着水利排涝设计中河道汇流历时越大，对于同一排水设计重现期的暴雨，所需的水利排涝暴雨设计重现期越大，可见管道排水标准与河道排涝标准中设计暴雨的历时长短不同是导致两者重现期标准间出现较大差异的主要原因。

表 3-21　管道设计历时为 30 分钟时不同河道汇流历时相关表

排水设计重现期		2h	3h	6h	12h	24h
1 年一遇	日期	1991/6/19	2010/9/4	1996/5/25	2010/5/14	2010/9/4
	最大雨量/mm	84.3	101.5	128.6	162.9	266.1
	重现期/年	**3.7**	**4.6**	**4.95**	**8.44**	**33.6**
2 年一遇	日期	1989/5/17	1989/5/17	1989/5/17	1989/5/17	2010/9/4
	最大雨量/mm	111.7	131.7	198.6	206.4	266.1
	重现期/年	**9.75**	**12.7**	**27.5**	**25.9**	**33.6**
3 年一遇	日期	1989/5/17	1989/5/17	1989/5/17	1989/5/17	2010/9/4
	最大雨量/mm	111.7	131.7	198.6	206.4	266.1
	重现期/年	**9.75**	**12.7**	**27.5**	**25.9**	**33.6**
5 年一遇	日期	1989/5/17	1989/5/17	1989/5/17	1989/5/17	2010/9/4
	最大雨量/mm	111.7	131.7	198.6	206.4	266.1
	重现期/年	**9.75**	**12.7**	**27.5**	**25.9**	**33.6**

表 3-22　管道设计历时为 45 分钟时不同河道汇流历时相关表

排水设计重现期		2h	3h	6h	12h	24h
1 年一遇	日期	1991/6/19	2010/9/4	1996/5/25	2010/5/14	2010/9/4
	最大雨量/mm	84.3	101.5	128.6	162.9	266.1
	重现期/年	**3.7**	**4.6**	**4.95**	**8.44**	**33.6**

续表

排水设计重现期		2h	3h	6h	12h	24h
2 年一遇	日期	1991/6/19	2010/9/4	1996/5/25	2010/5/14	2010/9/4
	最大雨量/mm	84.3	101.5	128.6	162.9	266.1
	重现期/年	**3.7**	**4.6**	**4.95**	**8.44**	**33.6**
3 年一遇	日期	1989/5/17	1989/5/17	1989/5/17	1989/5/17	2010/9/4
	最大雨量/mm	111.7	131.7	198.6	206.4	266.1
	重现期/年	**9.75**	**12.7**	**27.5**	**25.9**	**33.6**
5 年一遇	日期	1989/5/17	1989/5/17	1989/5/17	1989/5/17	2010/9/4
	最大雨量/mm	111.7	131.7	198.6	206.4	266.1
	重现期/年	**9.75**	**12.7**	**27.5**	**25.9**	**33.6**

表 3-23　管道设计历时为 60 分钟时不同河道汇流历时相关表

排水设计重现期		2h	3h	6h	12h	24h
1 年一遇	日期	1991/6/19	2010/9/4	1996/5/25	2010/5/14	2010/9/4
	最大雨量/mm	84.3	101.5	128.6	162.9	266.1
	重现期/年	**3.7**	**4.6**	**4.95**	**8.44**	**33.6**
2 年一遇	日期	1991/6/19	2010/9/4	1996/5/25	2010/5/14	2010/9/4
	最大雨量/mm	84.3	101.5	128.6	162.9	266.1
	重现期/年	**3.7**	**4.6**	**4.95**	**8.44**	**33.6**
3 年一遇	日期	1989/5/17	1989/5/17	1989/5/17	1989/5/17	2010/9/4
	最大雨量/mm	111.7	131.7	198.6	206.4	266.1
	重现期/年	**9.75**	**12.7**	**27.5**	**25.9**	**33.6**
5 年一遇	日期	1989/5/17	1989/5/17	1989/5/17	1989/5/17	2010/9/4
	最大雨量/mm	111.7	131.7	198.6	206.4	266.1
	重现期/年	**9.75**	**12.7**	**27.5**	**25.9**	**33.6**

另外，由研究结果还发现，随着管道设计暴雨重现期的变化，各长历时雨量的重现期并未相应变化，这与我们在实际工作中所得到的经验不完全一致。进一步分析表明所构建的市政排水与水利排涝设计暴雨相关结构主要存在以下两个方面问题。

1）该相关结构主要基于长短历时的暴雨量间的衔接对比关系，但在城市中，涝区暴雨的排除不仅应注重雨量的排除，更应注重雨峰的排除，故仅考虑市政排水与水利排涝设计暴雨雨量间的衔接关系欠妥。

2）依据暴雨特性，暴雨量大小不仅与暴雨强度相关，还与暴雨持续历时相关。这也就表明，上述所构建的市政排水与水利排涝间设计暴雨雨量相关关系并不是基于单个因子的衔接关系，这也就可能导致长短历时设计雨量衔接关系间的重现期衔接对比关系并不呈敏感变化。为了进一步考证暴雨强度与暴雨持续历时对长短历时暴雨量大小的影响，需对各场次暴雨过程进行进一步分析。

2. 实测场雨过程线分析

分别选取不同历时内暴雨量较大的三场暴雨进行分析，成果见图 3-9 和表 3-24。

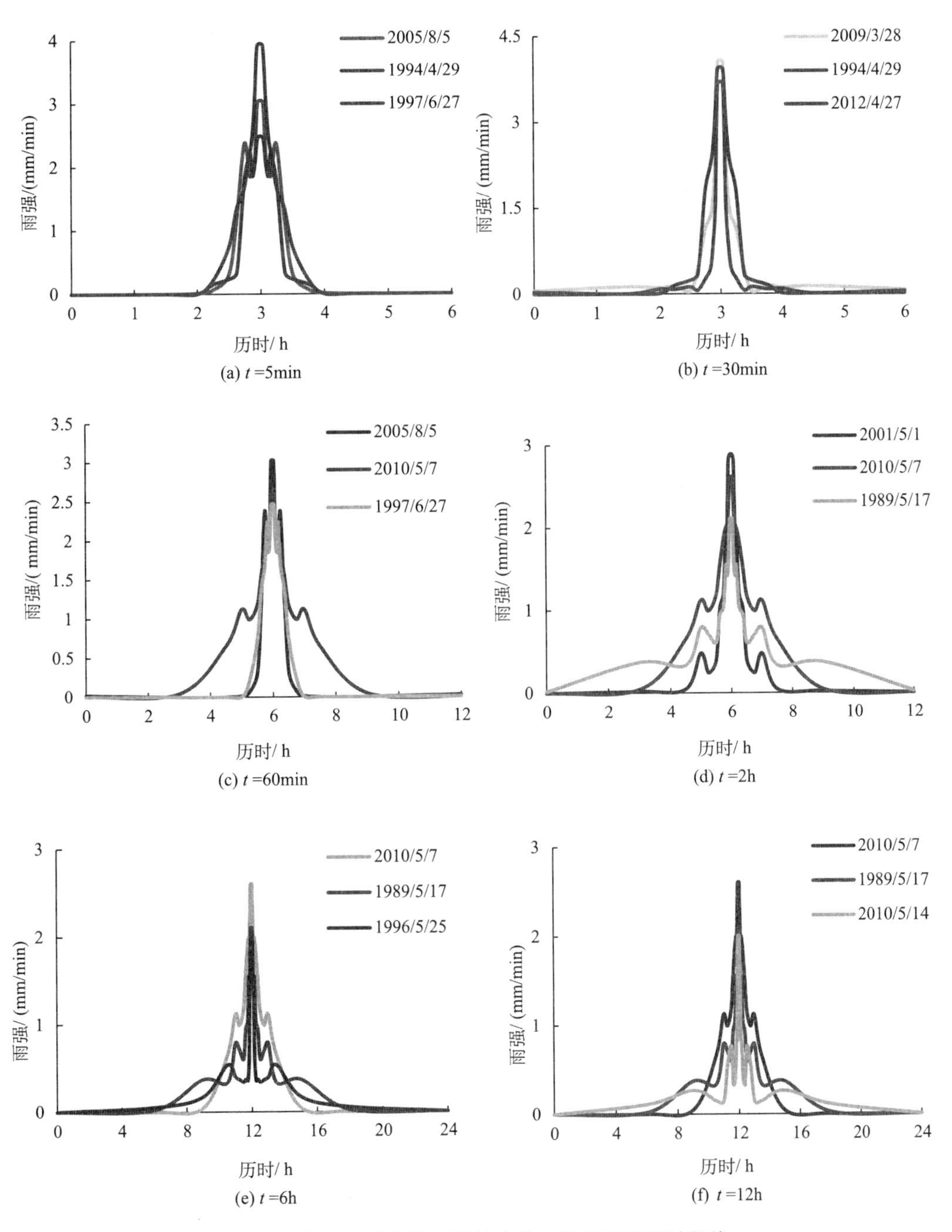

图 3-9　统计历时内降水量较大的 3 场暴雨降雨过程线

表 3-24 各个历时内暴雨量较大的场次暴雨特性表

历时	5 min	30 min	60 min	2h	6h	12h
最大雨强区间/（mm/min）	3.5～4.5	2.5~4.0	2.5~3.5	2.0～3	2~2.5	2~2.5
强降雨持续时间/h	2	3	4	6	12	16

由以上各历时内雨量较大的场雨分析可知，在短历时内降水量较大的场雨，其短历时暴雨强度很大，但持续降雨的时间较短；在较长历时内降水量较大的场雨，其短历时暴雨强度较小，但持续降雨的时间较长。根据广州市短历时暴雨分析成果，可以得出统计历时在 2h 以内的暴雨，暴雨量大小主要与暴雨强度相关，暴雨强度越大，暴雨量也越大；但是统计历时大于 2h 以上的暴雨，降水量的大小不仅与暴雨强度有关，也与场次暴雨的实际降雨持续时间相关。即管道排水设计暴雨的雨量重现期完全由暴雨强度值大小决定，而水利排涝设计暴雨的雨量重现期则不仅取决于暴雨强度大小，还与降雨持续时间相关，故在表 3-21～表 3-23 中，由于市政排水与水利排涝标准的设计暴雨选取的降雨历时不同，水利排涝设计的长历时暴雨量重现期并不随排水管道设计暴雨的短历时重现期的变化呈敏感变化。

由此可见，市政排水与水利排涝所针对的汇水面积大小不同，导致两者汇流历时长短不同，这是导致两者标准中重现期相差较大的主要原因。而表 3-21～表 3-23 所示的两级排涝雨量重现期相关关系并不能作为两种排涝标准的最终衔接关系，仅能作为进一步分析两种排涝标准衔接关系的一个重要参考依据。

3.2.2 市政排水与水利排涝设计暴雨雨峰衔接关系

市政排水设计和水利排涝设计均以设计暴雨推求设计最大流量，市政排水的设计暴雨主要由暴雨强度公式进行计算，水利排涝设计暴雨则一般以 24h 设计暴雨过程线作为暴雨输入推求得到。在城市中，真正决定市政排水与水利排涝工程设计规模的最大流量主要由市政排水与水利排涝设计暴雨的雨峰决定，故对两者设计暴雨雨峰进行对比，可探寻两者设计暴雨间的直观衔接关系。

1. 市政排水设计暴雨过程线计算

广州市暴雨强度公式如下：

$$q = \frac{3618.427(1+0.438\lg P)}{(t+11.259)^{0.75}} \tag{3-28}$$

式中，P 为暴雨重现期，年；t 为汇流历时，min。

我国城市排水设计中应用最为广泛的雨型是均匀雨型，虽然这种雨型最简单，但它的计算结果经常偏小，且与多数实际雨型不符。1957 年 Keifer 和 Chu 根据强度-历时-频率关系得到一种不均匀的设计雨型，也称芝加哥雨型。该雨型中任一历时内的雨量等于设计雨量，故其一次确定的降雨过程对各段管道的计算都适用（岑国平等，1998）。采用芝加哥雨型作为市政排水设计暴雨雨型，计算得到的各种重现期下的广州市设计暴雨过程线见图 3-10。

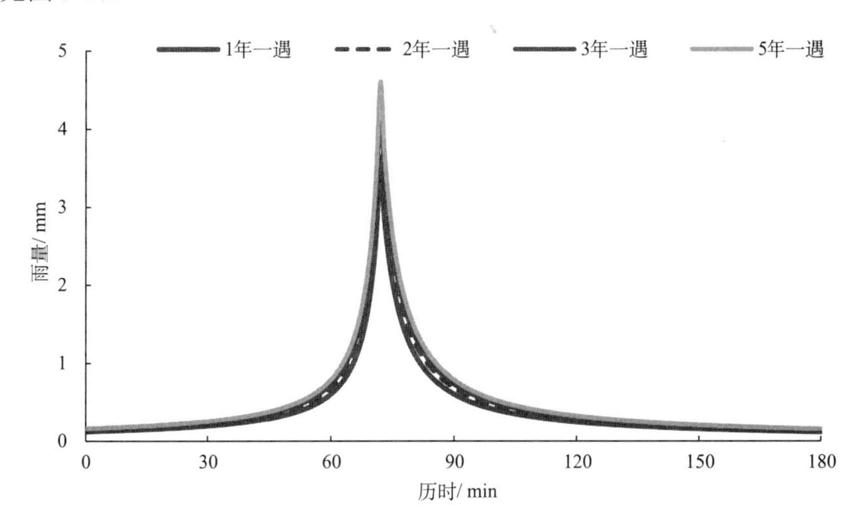

图 3-10　广州市历时 180 分钟的设计暴雨降雨过程线

2. 水利排涝设计暴雨过程线计算

水利排涝设计暴雨过程线计算是在求得各历时设计面雨量的情况下，按照设计雨型进行分配得出设计毛雨过程，以供产流、汇流计算推求设计洪水。广东省综合单位线是将各Δt时段内降雨形成的径流过程通过叠加得出设计洪水过程线，且一并求得设计洪峰流量；降雨过程的变化对成果影响较大，设计毛雨过程的计算相对比较复杂。

设计毛雨过程计算时，首先要按流域所在的《暴雨径流查算图表》分区图上查找亚区规定采用的设计雨型，然后采用分段同频率暴雨长包短控制。其分段不宜过多，最小控制时段不宜过短，且以采用滞时 m_1 为宜。

由于水利排涝设计暴雨过程需依据相应流域参数确定，此处选取广州市典型城市小流域东濠涌流域为例进行计算。东濠涌位于广州市越秀区中心地带，发源于白云山长腰岭之西，自北向南流经鹿鸣岗、下塘村、小北花园、越秀南路等地，沿途汇入六脉渠、孖鱼岗涌、玉带濠、新河浦涌来水，于江湾大酒店东边的竺横沙汇入珠江前航道，全流域面积为 12.36km^2，东濠涌上游为麓湖，麓湖控制集雨面积为 1.92km^2，东濠涌流域在麓湖以下的河长为 4.08km，河道天然平均坡降为 3.22‰。

流域内无满足《水利水电工程设计洪水计算规范》的长系列暴雨观测资料，因此，设计点暴雨量均值、变差系数参数、点面折算关系均采用广东省水文局 2003 年编制的《广东省暴雨参数等值线图》和《广东省暴雨径流查算图表》进行计算。根据流域下垫面情况初定 m_1=1.8 小时，按流域面积确定适宜计算时段Δt=0.5h，东濠涌流域属于分区中的珠江三角洲设计雨型，东濠涌流域暴雨统计参数及设计暴雨如表 3-25。

东濠涌流域 1 小时$<m_1<$2 小时，Δt=0.5 小时，最大 24 小时设计毛雨过程用 24 小时、6 小时、m_1整、1 小时、10 分钟共五段控制，按四舍五入取整小时数：m_1整=2 小时。根据设计雨型得到计算时段Δt=0.5h 的不同重现期设计暴雨过程，见表 3-26。

表 3-25　东濠涌流域暴雨统计参数及设计暴雨成果表

项目	设计重现期/年	10 min	1 h	6 h	24 h	72 h
点暴雨量 H/mm		22.0	57.0	98.9	130.9	166.5
变差系数 C_v		0.30	0.31	0.45	0.43	0.40
C_s/C_v		3.50	3.50	3.50	3.50	3.50
模比系数 K_p	3	1.08	1.08	1.08	1.08	1.08
	5	1.23	1.23	1.31	1.30	1.28
	10	1.40	1.42	1.60	1.57	1.53
	20	1.57	1.59	1.90	1.84	1.78
	30	1.66	1.68	2.05	1.99	1.91
设计暴雨量 H_p/mm	3	23.76	61.62	106.71	141.50	180.32
	5	26.97	70.22	129.16	169.78	213.45
	10	30.84	80.71	158.14	205.91	255.58
	20	34.45	90.46	186.13	240.72	295.54
	30	36.45	95.87	202.74	260.88	318.35

表 3-26　东濠涌流域不同重现期设计暴雨过程成果表　（单位：mm）

时间	3 年	5 年	10 年	20 年	30 年	时间	3 年	5 年	10 年	20 年	30 年
1:00	0.26	0.30	0.36	0.41	0.44	13:00	1.69	1.97	2.32	2.65	2.82
1:30	0.26	0.30	0.36	0.41	0.44	13:30	1.69	1.97	2.32	2.65	2.82
2:00	0.50	0.59	0.69	0.79	0.84	14:00	1.36	1.58	1.86	2.13	2.27
2:30	0.50	0.59	0.69	0.79	0.84	14:30	1.36	1.58	1.86	2.13	2.27
3:00	0.63	0.73	0.86	0.98	1.05	15:00	1.53	1.79	2.10	2.40	2.56
3:30	0.63	0.73	0.86	0.98	1.05	15:30	1.53	1.79	2.10	2.40	2.56
4:00	1.53	1.79	2.10	2.40	2.56	16:00	0.96	1.12	1.31	1.50	1.60
4:30	1.53	1.79	2.10	2.40	2.56	16:30	0.96	1.12	1.31	1.50	1.60
5:00	1.86	2.17	2.56	2.92	3.11	17:00	0.94	1.10	1.29	1.47	1.57
5:30	1.86	2.17	2.56	2.92	3.11	17:30	0.94	1.10	1.29	1.47	1.57
6:00	1.97	2.29	2.70	3.08	3.28	18:00	0.83	0.97	1.15	1.31	1.40
6:30	1.97	2.29	2.70	3.08	3.28	18:30	0.83	0.97	1.15	1.31	1.40
7:00	2.78	3.67	4.87	6.06	6.80	19:00	0.56	0.65	0.76	0.87	0.93
7:30	2.78	3.67	4.87	6.06	6.80	19:30	0.56	0.65	0.76	0.87	0.93
8:00	4.23	5.59	7.42	9.24	10.36	20:00	0.56	0.65	0.76	0.87	0.93
8:30	4.23	5.59	7.42	9.24	10.36	20:30	0.56	0.65	0.76	0.87	0.93
9:00	7.29	9.33	11.99	14.56	16.11	21:00	0.43	0.51	0.60	0.68	0.73
9:30	7.29	9.33	11.99	14.56	16.11	21:30	0.43	0.51	0.60	0.68	0.73
10:00	32.77	37.50	43.33	48.74	51.74	22:00	0.70	0.81	0.96	1.09	1.16
10:30	28.85	32.72	37.38	41.72	44.13	22:30	0.70	0.81	0.96	1.09	1.16
11:00	4.44	5.86	7.78	9.68	10.86	23:00	0.63	0.73	0.86	0.98	1.05
11:30	4.44	5.86	7.78	9.68	10.86	23:30	0.63	0.73	0.86	0.98	1.05
12:00	3.80	5.02	6.66	8.29	9.30	0:00	0.47	0.55	0.64	0.74	0.78
12:30	3.80	5.02	6.66	8.29	9.30	0:30	0.47	0.55	0.64	0.74	0.78

3. 不同标准设计暴雨雨峰衔接

由于水利排涝设计暴雨过程不能计算得出逐分的暴雨时程分配，故对市政排水设计暴雨过程线进行处理，对历时为 180 分钟的暴雨过程线，以每 30 分钟历时累加其雨量，与水利设计暴雨过程线进行雨峰对比，结果见图 3-11。

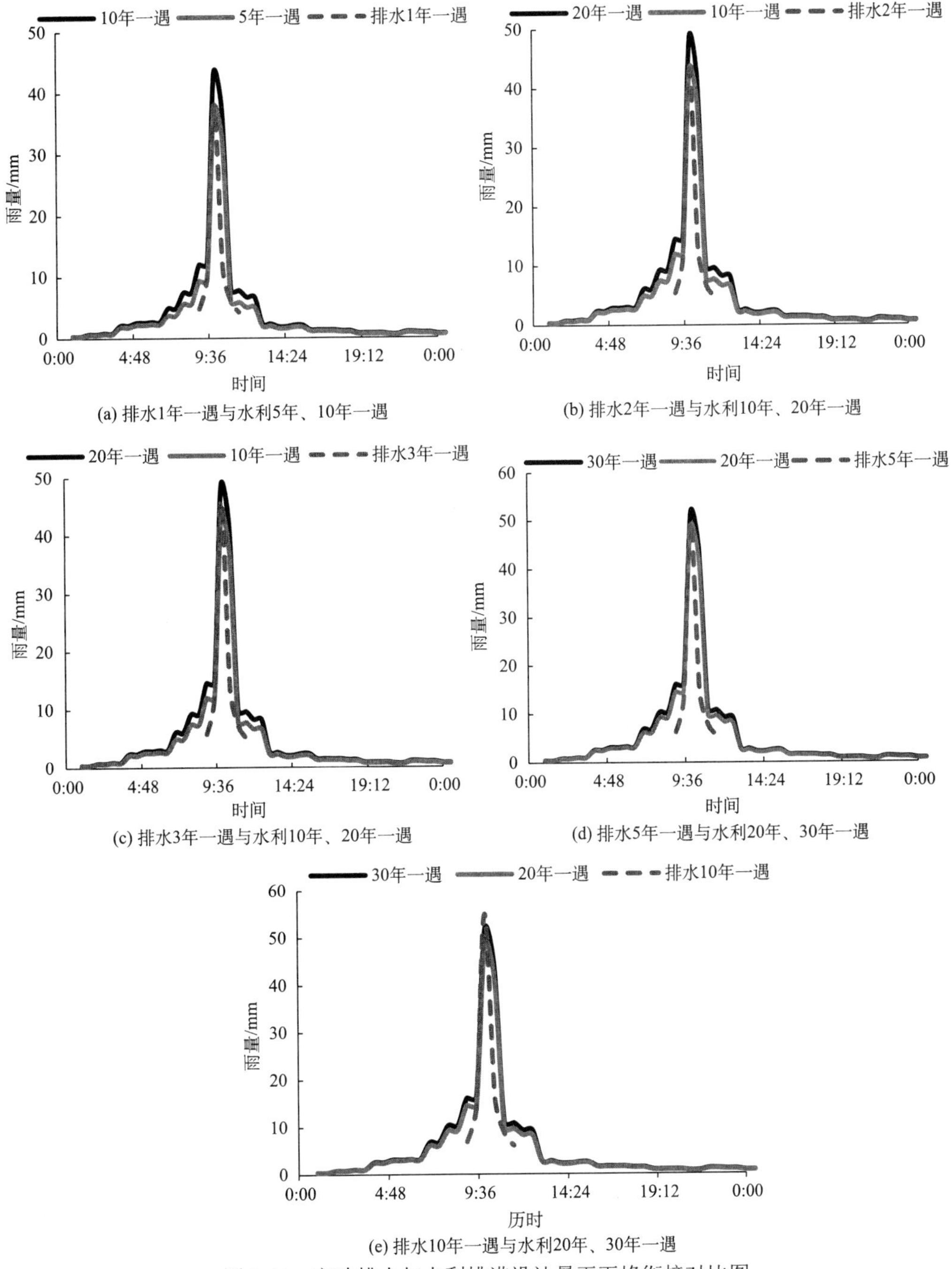

图 3-11　市政排水与水利排涝设计暴雨雨峰衔接对比图

由图 3-11 可知，市政排水与水利排涝设计暴雨雨峰衔接对比关系见表 3-27。

表 3-27　市政排水与水利排涝设计暴雨雨峰衔接对比关系

市政排水设计重现期 / 年	1	2	3	5	10
水利排涝设计重现期 / 年	5	10	15	20	50

由两种排涝标准的设计暴雨雨峰衔接对比成果可知，水利排涝设计与市政排水设计重现期约有一个 5 倍的倍比关系。导致这样一个倍比关系的主要原因是市政排水管道设计降雨历时为短历时，水利排涝设计降雨历时为长历时，无论是长历时还是短历时的设计暴雨，能真正影响排水排涝相关设施规模的均为其设计暴雨雨峰。这主要是因为排水排涝均是由设计暴雨推求设计最大流量，而设计最大流量与设计暴雨雨峰呈正相关关系。

3.3　设计排涝流量计算衔接关系

3.3.1　概述

设计排涝流量是计算排水管网、河湖沟渠和排涝泵站大小规模的重要依据。城市暴雨径流受下垫面影响很大，难以依据实测的径流资料进行统计分析，通常采用由设计暴雨推求设计排涝流量的办法。由于依据的规范标准不同，水利部门推求区域排涝流量与市政部门推求管网设计流量所采用的产、汇流方法各有不同。市政排水通常采用暴雨强度公式计算最大设计流量，水利部门则多采用综合单位线法、推理公式法及地区经验公式法等多种方法经综合对比后选定得到设计流量过程。

邢端生（2011）分别采用市政排水及水利排涝流量计算方法对广州国际生物岛的流量结果进行比较分析，得出因为城市不透水面积大大增加以及雨水管渠的汇流速度远大于自然流域，传统水利学的综合单位线、推理公式法等设计流量的计算结果会明显偏低，即原流量计算方法不再适用。曹利军和徐曙光（2012）考虑水流在管道、河道内的流程、流速及汇流时间变化的情况下，在排涝干河选取一些控制节点，分别采用市政排水和水利排涝流量计算方法以模拟洪峰叠加的计算形式计算每个控制节点流量，分析对比两种计算结果，以河口处流量是否相近为准。

范立柱和刘晓鹏（2012）在广州市分别选取代表城市建筑密集区、城市建筑较密集区及城市建筑稀疏区的河涌，分别采用市政排水和水利排涝两种流量计算方法计算两种排涝标准的重现期衔接关系。得出对于建筑密集区而言，水利排涝 20 年一遇重现期设计标准与市政排水 2 年一遇重现期设计流量相当；对于建筑较密集区来说，水利排涝 20 年一遇重现期设计标准与市政排水 3 年一遇重现期的设计流量相当；对于建筑稀疏区来说，水利排涝 20 年一遇重现期设计标准与市政排水 10 年一遇重现期的设计流量相当。即水利排涝与市政排水的衔接关系与计算区域的综合径流系数有很大关系。

广州市各历时暴雨均呈不同程度的增长趋势，随着历时增长，增长趋势越明显。随着我国城镇化迅速发展，城市内不透水面积增加，滞蓄水能力减弱，城市产汇流规律发生变化，同量级暴雨的产流系数大增，城市径流加大。在这种情况下，我国水利排涝设计暴雨仍沿用 20 世纪 90 年代的统计分析成果，设计流量计算也仍采用自然流域汇流计算经验参数，这也就不可避免地导致在汇流特性已经改变的城市中用现行的水利排涝设计流量偏小。鉴于此，在市政排水与水利排涝设计暴雨雨峰衔接对比关系的基础上，对同一城市流域分别采用水利排涝设计流量和室外排水设计最大流量计算方法进行计算对比，探寻两者的最终衔接相关关系。

3.3.2　流域概况

东濠涌流域水系图见图 3-12，东濠涌流域在广州市越秀区境内，越秀区是广州最古老的中心城区，在 2005 年广州市行政区大调整后，越秀区成为广州市区域面积最小、人口密度最高的中心城区，可见东濠涌流域为城市化高度发达地区，因而计算流域的下垫面条件比较复杂，汇流速度大，洪涝灾害易造成非常严重的影响。

以东濠涌干流为控制河道，利用 GIS 进行水文分析，得到该流域的分水岭，结合现状排水管道走向，将整个流域以 7 个控制断面划分为 7 个小集雨分区（图 3-13），各控制断面的集水面积 F、流域河长 L、断面与河源的高差 H 及流域平均比降 J 等地理参数均在 1∶1000 电子版地形图上量算，参数成果见表 3-28。

图 3-12　东濠涌流域水系图

图 3-13　东濠涌流域控制断面分区图

表 3-28　东濠涌流域控制断面地理参数

断面	集雨面积 F/km^2	河长 L/km	断面与河源的高差 H/m	平均比降 J/‰
麓湖集雨分区	1.92	1.55	6.40	4.13
环市中路	3.67	2.38	9.11	3.84
越秀北路与小北路交界	5.12	3.02	12.04	3.99
孖鱼岗涌接入处	7.41	3.95	15.71	3.97
东越雅居	8.19	4.64	16.81	3.62
新河浦涌入口下游	11.73	5.40	18.01	3.34
河口	12.36	5.81	18.70	3.22

3.3.3　水利部门方法推求设计洪峰流量

东濠涌流域整个防洪排涝系统以东濠涌为主河道，加上四条支涌及沿线分散接入的支管（或渠）组成，流域内河长短，坡度相对较大，汇流时间短，洪峰流量模数大，洪水过程尖而瘦，洪水主要表现为暴涨暴落的特性。

流域内无实测洪水资料，故采用设计暴雨间接推求设计洪水的方法计算流域内各断面的设计洪水，方法采用《广东省暴雨径流查算图表》中的广东省综合单位线法和推理公式法进行洪水分析计算。

1. 设计暴雨

东濠涌流域设计暴雨计算成果见表 3-25，流域汇流历时为 1~6 小时，设计暴雨雨力 S_p 取 1 小时。广东省属于南方湿润地区，产流计算模型适合采用“初损后损法”进行计算，受前期降雨影响，暴雨过程的初损值 I_0 很小，为简化计算，不扣初损，只扣后损。

查《广东省暴雨径流查算图表》，东濠涌各控制断面不同频率 24 小时平均损失率 $\overline{f}_{24}$ 为 4.1～4.4，3 天平均损失率 $\overline{f}_{3d}$ 为 2.1～2.4。东濠涌流域属于分区中的珠江三角洲暴雨低区，其参数见表 3-29 雨型径流分区。

表 3-29　雨型径流分区

查算图表分区	设计雨型	αt-t-F 关系	产流	广东省综合单位线		推理公式
				滞时分区 m_1-θ	无因次单位线 U_i-X_i	m-θ
Ⅶ	珠江三角洲	暴雨低区	内陆	B	Ⅲ号	大陆、低丘

2. 广东省综合单位线法

广东省综合单位线是根据广东的地理环境条件，通过对广东省实测的雨洪资料综合分析，采用纳希瞬时单位线方法得出的具有广东本地特色的单位线，广东省综合单位线是一种线性单位线，遵循倍比叠加的汇流原理。产流分析采用初损后损法，汇流分析主要是应用线性系统识别的最小二乘法解算经验单位线，综合给出分区分类的无因次单位线 U_i-X_i 表达的经验线型；并从设计条件出发，建立分区的集水区域特征参数 $\theta = L / J^{1/3}$ 与稳定的单位线滞时 m_1 的关系。

应用广东省综合单位线方法进行汇流计算，首先要求出工程所在河流断面的 Δt 时段单位线。时段 Δt 要根据计算区域的集水面积和流域的下垫面条件等确定；时段单位线 q_i-x_i 则可利用无因次单位线 U_i-X_i 推求。单位线滞时 m_1 是流域汇流的平均传播时间，m_1 的大小取决于集水区域的汇流条件，汇流条件有利，洪水汇集快，滞时 m_1 短，反之，滞时 m_1 长。单位线滞时 m_1 要根据集水区域特征参数 $\theta = L / J^{1/3}$ 与 $m_1 = \theta$ 的关系线上查取。

最终得到东濠涌流域综合单位线法计算结果见表 3-30。

表 3-30　综合单位线法计算结果　（单位：m^3/s）

断面	5 年	10 年	20 年	30 年	50 年
麓湖集雨分区	15.90	19.10	22.22	24.01	27.68
环市中路	30.29	40.31	42.33	45.73	51.53
越秀北路与小北路	34.19	47.85	59.20	63.92	69.71
孖鱼岗涌接入处	53.46	73.64	85.64	92.47	100.85
东越雅居	64.92	80.28	93.40	100.87	110.04
新河浦涌入口下游	87.23	108.60	126.53	136.99	149.35
河口	91.29	111.61	130.22	141.02	153.83

3. 推理公式法

推理公式法认为出口断面的流量是由流域上的平均产流强度与一定面积相乘的结果，当乘积达到最大值时即出现洪峰流量。洪峰流量的计算公式为

$$Q_p = 0.278 \times (S_p / \tau^{n_p} - f) \times F \tag{3-29}$$

$$\tau = 0.278L / (m \times J^{1/3} \times Q^{1/4}) \tag{3-30}$$

式中，Q_p 为设计洪峰流量，m^3/s；F 为集雨面积，km^2；S_p 为相应频率 p 的设计暴雨雨力；n_p 为相应频率 p 的暴雨递减系数；τ 为汇流历时，h；f 为平均后损率，mm/h；m 为汇流参数，采用大陆 m-θ 汇流参数；L 为河段长度，km；J 为河段坡降。

应用上述公式计算东濠涌设计洪峰流量时，须先求出各种特征参数，流域特征参数 F、L、J 根据表 3-28 取值，汇流参数 m、平均后损率 f 及暴雨递减系数 n_p 根据《广东省暴雨径流查算图表》查算，而 Q_p 和 τ 互为隐藏函数，必须用试算法求解。

根据推理公式法计算东濠涌各断面设计流量结果，见表 3-31。

表 3-31　推理公式法计算结果　（单位：m^3/s）

断面	5 年	10 年	20 年	30 年	50 年
麓湖集雨分区	13.88	17.68	21.43	23.58	26.24
环市中路	27.52	38.81	40.43	44.03	49.55

续表

断面	5 年	10 年	20 年	30 年	50 年
越秀北路与小北路交界	32.89	44.91	54.62	60.20	67.09
孖鱼岗涌接入处	49.13	69.71	76.83	84.76	94.57
东越雅居	53.39	75.09	86.04	92.41	103.16
新河浦涌入口下游	77.63	99.42	120.99	131.69	143.79
河口	83.77	107.03	124.69	133.59	149.01

3.3.4　室外排水公式法推求设计洪峰流量

室外排水公式法是城市建设部门进行雨水管流量设计的常用方法。雨水管道的设计依据为极限强度理论，即承认降雨强度随降雨历时的增长而减小的规律性，同时认为汇水面积的增长与降雨历时成正比，而且汇水面积随降雨历时的增长比降雨强度随降雨历时的增长而减小的速度更快。其包括两部分内容：

1）当汇水面积上最远点的雨水流达集水点时，全面积产生汇流，雨水管道的设计流量最大。

2）当降雨历时等于汇水面积上最远点的雨水流达集流点的集流时间时，雨水管道需要排出的雨水量最大。

当前我国《室外排水设计规范》（GB 50014—2006）推荐城市雨水管渠设计流量计算公式如下：

$$Q = q \times \alpha \times F \tag{3-31}$$

式中，q 为设计暴雨强度，$m^3/(s \cdot hm^2)$；α 为径流系数；F 为汇流面积，km^2。

暴雨强度公式形式如下：

$$q = \frac{167 \times A_1 \times (1 + C \lg P)}{(t+b)^n} \tag{3-32}$$

式中，A_1、C、b、n 为参数；P 为暴雨重现期，年；t 为汇流历时，min。

$$t = t_1 + t_2 \tag{3-33}$$

式中，t_1 为地表汇流时间；t_2 为管道汇流时间。地表汇流时间视距离长短、地形坡度及地面覆盖情况而定，一般采用 t_1=5~15min，管渠内雨水流行时间采用以下公式计算得到：

$$t_2 = \sum L_i / (60 \cdot v_i) \tag{3-34}$$

式中，L_i 为各段管道长度，m；v_i 为雨水在管道内的流动速度，m/s。

1. 设计暴雨强度

广州市暴雨强度公式如式（3-28）所示，由式（3-28）可知，流域暴雨强度与汇流时间有关，结合流域地表坡度、汇流距离及暴雨强度频率，分析得到地表汇流时间，见表 3-32。根据式（3-33）和式（3-34）计算管道汇流时间，管线长度根据市政排水干管测量长度计算，管道流速设为 2.0m/s。各断面汇流时间计算结果见表 3-32。

表 3-32　各断面汇流时间

断面	管线长度/m	地面汇流时间/min	管道汇流时间/min	总汇流时间/min
麓湖集雨分区	2888	10	24.07	34.07
环市中路	3669	10	30.58	40.58
越秀北路与小北路交界	4298	10	35.82	45.82
孖鱼岗涌接入处	5179	10	43.16	53.16
东越雅居	5870	10	48.92	58.92
新河浦涌入口下游	6650	10	55.42	65.42
河口	7044	10	58.70	68.70

根据广州市暴雨强度公式，计算各断面不同设计频率下的暴雨强度，见表 3-33。

表 3-33　不同设计重现期设计暴雨强度　[单位：m^3/（s • hm^2）]

断面	1 年	2 年	3 年	5 年
麓湖集雨分区	207.14	234.45	250.43	270.55
环市中路	187.31	212.01	226.45	244.65
越秀北路与小北路交界	174.25	197.23	210.67	227.60
孖鱼岗涌接入处	159.14	180.12	192.39	207.85
东越雅居	149.24	168.92	180.43	194.93
新河浦涌入口下游	139.65	158.06	168.83	182.40
河口	135.32	153.16	163.60	176.75

由表 3-33 可知，随着流域面积增大，流域雨水汇集时间加长，流域暴雨强度呈减小趋势，与极限强度理论相符合。

2. 各控制断面集水区径流系数

径流系数与下垫面情况相关，对不同地表类型采用不同的径流系数，而流域的综合径流系数则根据各种类型的土地占用面积比例进行加权叠加。各种地表类型径流系数取值参考表 3-34。

表 3-34　各种地表类型径流系数

地表类型	径流系数
沥青铺砌	0.70~0.90
屋顶	0.70~0.90
黏土草坪	0.13~0.35
砂土草坪	0.05~0.15

东濠涌流域属于人口密度较大的高度发达城区，片区内土地利用类型主要为住宅用地、道路、商业用地和绿地，因此，将下垫面地表类型概化为透水区和不透水区，其中，居民住宅、道路和商业用地为不透水区。选用遥感软件 ENVI 研究各控制断面集水区的下垫面组成比例，东濠涌流域卫星遥感图见图 3-14，遥感影像分类结果见图 3-15。

图 3-14　东濠涌流域遥感图

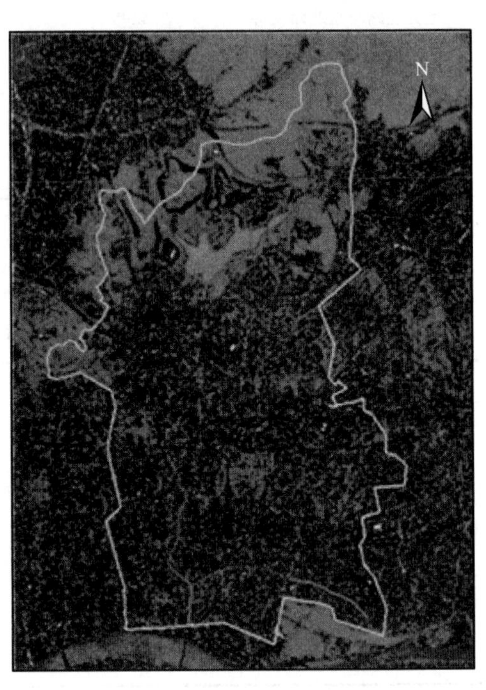

图 3-15　东濠涌流域遥感影像分类结果

根据东濠涌流域的影像分类成果，利用 ArcGIS 软件中分区统计功能统计各断面上游流域绿地面积，计算透水区和不透水区面积组合，并参考表 3-34 的径流系数，采用加权叠加方法计算各断面流域的综合径流系数，计算结果见表 3-35。

表 3-35　各断面流域径流系数

断面	流域面积/km^2	绿地面积/km^2	绿地比例	不透水率	综合径流系数
麓湖集雨分区	1.92	1.12	0.58	0.42	0.49
环市中路	3.67	1.72	0.47	0.53	0.57
越秀北路与小北路交界	5.12	2.17	0.42	0.58	0.60
孖鱼岗涌接入处	7.41	2.62	0.35	0.65	0.65
东越雅居	8.19	2.76	0.34	0.66	0.66
新河浦涌入口下游	11.73	3.27	0.28	0.72	0.71
河口	12.36	3.38	0.27	0.73	0.71

由表 3-35 可见，流域内综合径流系数较大，东濠涌流域为高度发达的城市地区，建筑密集，但北部麓湖有大面积的山体绿地，从而降低了该区域的综合径流系数。

3. 东濠涌控制断面设计流量

根据影像分类求得的东濠涌流域各断面上游集雨区内的暴雨径流系数，由式（3-31）计算得到东濠涌流域沿程各断面的设计流量，计算成果见表 3-36。

表 3-36　各断面不同设计频率下的断面设计流量　（单位：m^3/s）

断面	1 年	2 年	3 年	5 年
麓湖集雨分区	19.69	22.28	23.80	25.71
环市中路	39.21	44.37	47.40	51.21
越秀北路与小北路交界	53.80	60.90	65.05	70.27
孖鱼岗涌接入处	76.85	86.99	92.92	100.38
东越雅居	81.16	91.86	98.12	106.01
新河浦涌入口下游	115.43	130.64	139.55	150.76
河口	119.04	134.73	143.92	155.48

3.3.5　不同方法计算结果对比分析

将水利设计流量方法与室外排水设计流量的计算结果进行对比，结果见表 3-37。

表 3-37　水利与排水设计流量成果对比

麓湖集雨分区	水利重现期	**5**	**10**	**20**	**30**	**50**
	综合单位线法	15.90	19.10	22.22	24.01	27.68
	推理公式法	13.88	17.68	21.43	23.58	26.24
	排水重现期		**1**	**2**	**3**	**5**
	排水公式法		19.69	22.28	23.80	25.71
环市中路	水利重现期	**5**	**10**	**20**	**30**	**50**
	综合单位线法	30.29	40.31	42.33	45.73	51.53
	推理公式法	27.52	38.81	40.43	44.03	49.55
	排水重现期		**1**	**2**	**3**	**5**
	排水公式法		39.21	44.37	47.40	51.21
越秀北路与小北路交界	水利重现期	**5**	**10**	**20**	**30**	**50**
	综合单位线法	34.19	47.85	59.20	63.92	69.71
	推理公式法	32.89	44.91	54.62	60.20	67.09
	排水重现期		**1**	**2**	**3**	**5**
	排水公式法		53.80	60.90	65.05	70.27
孖鱼岗涌接入处	水利重现期	**5**	**10**	**20**	**30**	**50**
	综合单位线法	53.46	73.64	85.64	92.47	100.85
	推理公式法	49.13	69.71	76.83	84.76	94.57
	排水重现期		**1**	**2**	**3**	**5**
	排水公式法		76.85	86.99	92.92	100.38

续表

东越雅居	水利重现期	**5**	**10**	**20**	**30**	**50**
	综合单位线法	64.92	80.28	93.40	100.87	110.04
	推理公式法	53.39	75.09	86.04	92.41	103.16
	排水重现期		**1**	**2**	**3**	**5**
	排水公式法		81.16	91.86	98.12	106.01
新河浦涌入口下游	水利重现期	**5**	**10**	**20**	**30**	**50**
	综合单位线法	87.23	108.60	126.53	136.99	149.35
	推理公式法	77.63	99.42	120.99	131.69	143.79
	排水重现期		**1**	**2**	**3**	**5**
	排水公式法		115.43	130.64	139.55	150.76
河口	水利重现期	**5**	**10**	**20**	**30**	**50**
	综合单位线法	91.29	111.61	130.22	141.02	153.83
	推理公式法	83.77	107.03	124.69	133.59	149.01
	排水重现期		**1**	**2**	**3**	**5**
	排水公式法		119.04	134.73	143.92	155.48

由表 3-37 的对比成果可知，环市中路以上片区，绿地所占比例较大，综合径流系数小于 0.60，计算得出管道排水与河道排涝间重现期大致存在如表 3-38 所示的重现期衔接关系。

表 3-38　绿化率较高片区市政排水与水利排涝重现期衔接关系

市政排水重现期/年	1	2	3	5
水利排涝重现期/年	10	20	30	50

下游其他控制断面以上片区的绿地所占比例相对较少，综合径流系数均大于 0.60，计算得出管道排水与河道排涝间重现期大致存在如表 3-39 所示的重现期衔接关系，且随着城市化程度越高，同一排水重现期对应的排涝重现期越大。

表 3-39　城市化较高片区市政排水与水利排涝重现期衔接关系

市政排水重现期/年	1	2	3	5
水利排涝重现期/年	10～15	20～25	30～35	50

3.4　基于城市雨洪模型的流量衔接关系分析

现有的对于市政排水与水利排涝间的衔接对比研究均是针对设计暴雨和设计流量采用传统方法进行概化分析计算，基于管网与河网耦合模型的两级排涝标准间的衔接分析甚少。实际上，河道与排水管网是紧密相连、相互作用的，排水管网系统收集雨水，排放到河道中，引起河道水位上涨；同时上涨的河水会阻碍排水管网中的水量排放，相互作用，相互影响；当水量超过排水管网和河道的输送能力时，水就会从排水管网的检查井和雨水口（或者沿着河岸）溢流到地面，随后沿着地面行进，从别的地方又流回到系统来。因此，为了较为真实地模拟地下排水管网系统与地表收纳水体之间的相互作用，采用城市综合流域排水模型 InfoWorks ICM 模型构建东濠涌流域一维管网、一维河道及二维地表的耦合模型，进而分析市政排水与水利排涝两者标准的衔接关系。

3.4.1　东濠涌流域洪涝模型构建

1. 研究区域管道网络构建

采用 InfoWorks ICM 模型建模所需的基础数据主要包括管网数据、集水区数据、河道数据、水文数据和地面数据等，分述如下。

管网数据包括：

1）节点的坐标位置、井底高程、地面高程、容积等。

2）管道的坐标位置、上下游连接节点、上下游管底高程、管径、摩阻系数等。

3）管网中的各附属构筑物的尺寸参数和过流计算参数等。

集水区数据包括：

1）集水区划分和集水区的土地分类，以及针对不同土地分类的相关参数。

2）集水区面积、不透水表面比例、初期损失和径流系数等。

河道数据包括：

1）网络的完整拓扑结构和河道中心线。

2）河道断面数据。

3）河道中的各种附属构筑物的相应尺寸参数和过流计算参数。

水文数据包括相关降水量资料，如设计雨型或实测降雨数据等。

地面数据包括数字地面高程。

为了得到精确完整的模型构建数据，对获取的原始资料进行处理，具体步骤如下。

1）对 CAD 数据分别进行节点图层数据提取、管线图层数据提取、文字属性数据提取及高程点数据提取。

2）将提取所得的节点、管线及文字分层导入 GIS。

3）采用 GIS 强大的空间分析功能匹配节点及管线的相关属性。

4）建立基于一定规则的节点、管线的拓扑关系，用 SQL 语句对节点管线的连接错误进行检查纠错。

5）为了提高计算效率，仅对区域的排水干管进行计算分析，故需概化管道网络，主要包括删除雨水篦及其连接管线、删除较小的支管。

6）整理河道走向及断面数据。

7）对高程点数据进行插值处理，查找高程突变，并进行纠错。

8）将处理好的管道网络数据导入 InfoWorks ICM 模型，并进行项目网络检查，最终得到如图 3-16 所示的东濠涌流域管网概化图。

经概化后的管网主要包括 2977 个节点、3009 个管道、38 个出水口（图 3-16）。

图 3-16　东濠涌流域管网概化图

2. 子汇水区划分及参数设置

InfoWorks ICM 模型采用分布式方法计算汇水区水量，即每个汇水区根据实际管网布置范围划分为一系列子汇水区，每个子汇水区再分为路面、屋面及其他等产流表面。计算引擎在产流表面的基础上根据所采用的降雨径流模型计算水量，然后每个子集水区加和其所有产流表面产生的径流，得到子集水区总径流量，因此，每个汇水区及其内部各产流表面的面积和相应参数设置对径流量计算具有重要影响。

（1）子汇水区划分

InfoWorks ICM 模型自动划分子汇水区完全是根据泰森多边形法则按照就近原则分配汇水区域，故先采用 InfoWorks ICM 模型自动创建子汇水区，然后再辅以手动调整，最终将整个区域划分为 2897 个子汇水区，如图 3-17 所示。其中，最小子汇水区面积为 0.001hm^2，最大子汇水区面积为 7.019hm^2。

（2）子汇水区产流表面提取及参数设置

城市由不同类型的下垫面组成（可渗透/不可渗透），每种表面对应的产汇流规律都不尽相同。房屋和路面作为不透水表面，其径流比例可较准确地估计，适宜采用固定径流比例模型，参数为固定径流系数。参考 InfoWorks ICM 模型的使用手册及相关文献（王俊萍，2007；杨智硕和陈明霞，2010），设定 3 种特定表面的产汇流参数，见表 3-40。

根据东濠涌流域地形图及遥感影像图划分 3 种特定表面（屋面、路面、其他）的区域，采用 InfoWorks ICM 模型的面积提取工具自动为每个子汇水区计算各特定表面的面积，见图 3-18。

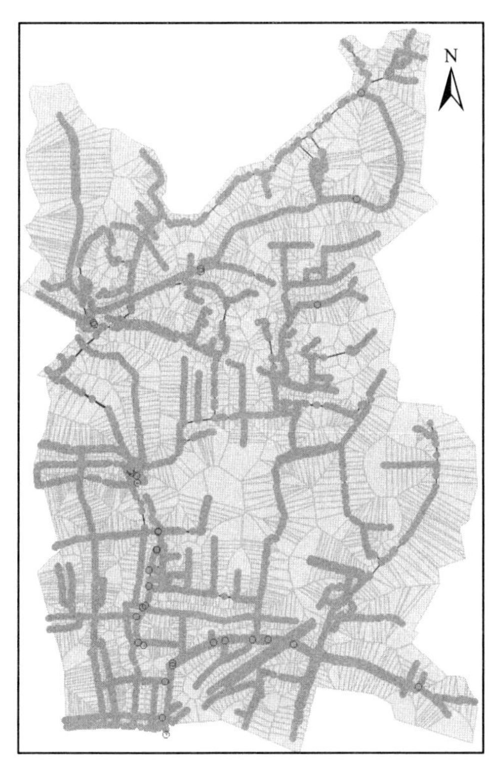

图 3-17　子汇水区划分示意图

图 3-18　产流表面自动提取示意图

表 3-40　地表产汇流参数

下垫面种类	下垫面类型	汇流模型	产流参数	产流模型	固定径流系数	初损值/mm
屋面	不透水	Wallingford	5	Fixed	0.9	5
道路	不透水	Wallingford	7	Fixed	0.8	5
其他	透水	Wallingford	10	NewUK	0.6	2

3. 管道、河道与地面耦合模型

（1）管道与河道耦合

在 InfoWorks ICM 模型中，管网模型与河网模型主要通过管网出水口进行耦合，主要操作是将管道出水口拖拽至河道中心线，打断生成新的河道断面，并设定出水口节点类型为 break（图 3-19）。东濠涌管网中共有 38 个出水口，其中，29 个出水口直接排入河道，9 个出水口排入流域内较小的蓄水湖。

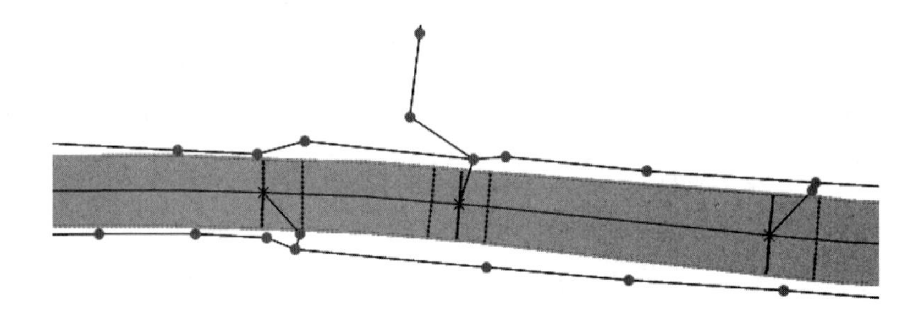

图 3-19　InfoWorks ICM 模型管道与河道耦合示意图

（2）管道与二维地面耦合

InfoWoks ICM 模型中，管道与二维地面的耦合只需将 2D 区间内所有节点的洪水类型设定为 2D 即可。

（3）河道与二维地面耦合

InfoWorks ICM 模型中，一维河道建立后，需先创建河道边界，河道边界在 2D 网格化时起到了空白区的功能，使河道内部不生成网格，网格沿着河道边界生成。之后只需将 2D 区间和一维河道进行关联，建立溢流连接，即可使得一维河道与二维地面网格之间能够产生水量交互计算。河道与二维地面的耦合示意见图 3-20。

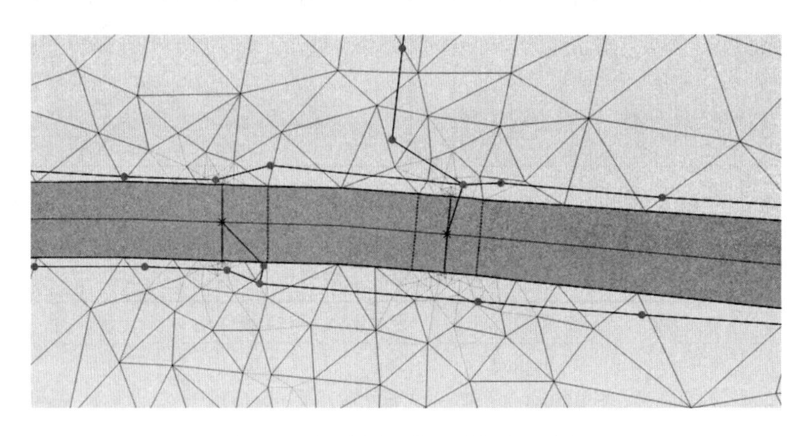

图 3-20　河道与二维地面耦合示意图

二维地面网格化模拟是模拟城市地表漫流和淹没风险强大而有力的工具，为了进一步提高模型的精确程度及运算速度，采用网格化区间区别设置网格精度。城市水浸多由管道及河道漫溢导致，故对管网、河网及道路所在区域设置较小的网格，对其他区域采用较大的网格。经网格化后的二维地面、河道及管道耦合模型如图 3-21 所示。

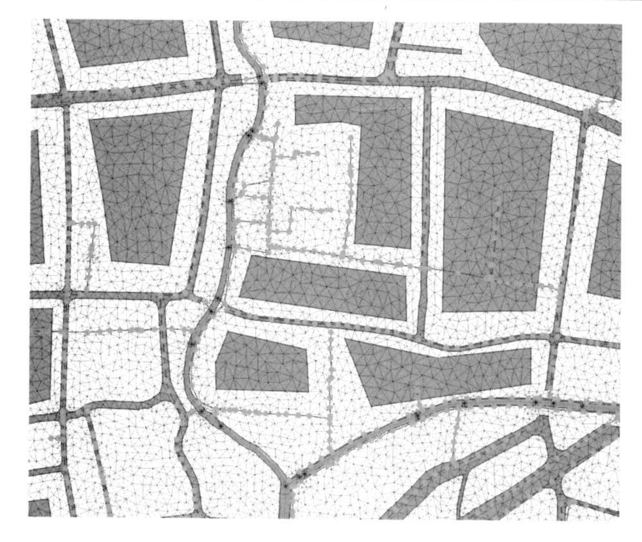

图 3-21　管道、河道及二维地面耦合示意图

3.4.2　东濠涌流域洪涝模拟结果

1. 降雨事件

降雨是模型的输入条件，暴雨输入采用不同重现期设计暴雨过程，模拟不同重现期的管道排水情况及与河道水位的相互作用。设计暴雨采用广州市暴雨强度公式生成，广州市暴雨强度公式如式（3-28）所示。考虑到河道有一定的滞蓄作用，降雨历时选 180 分钟，雨峰系数依据相关文献，取为 r=0.4，即暴雨强度峰值出现在降雨开始后 72 分钟。采用芝加哥雨型，以 3 分钟为一记录间隔，推导出降雨历时为 3h 的广州市暴雨强度过程线，如图 3-22 所示。

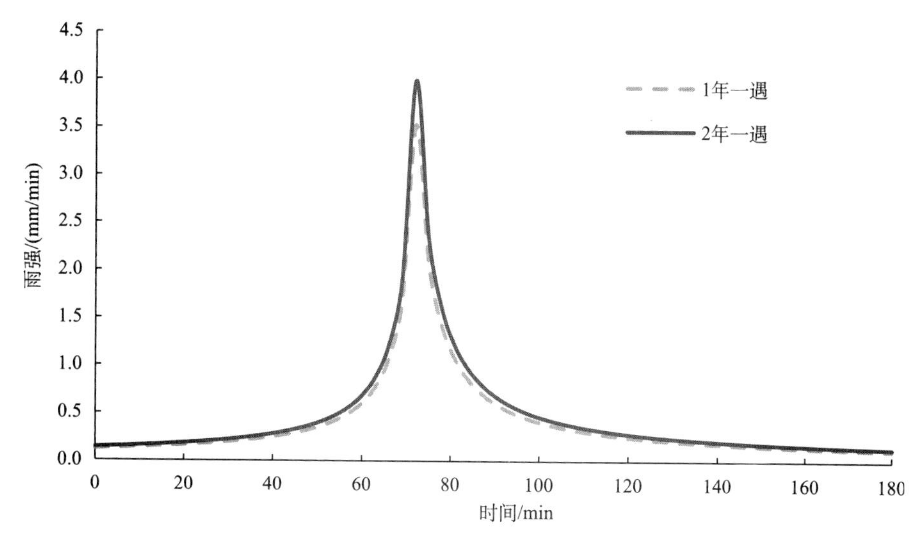

图 3-22　历时为 180 分钟的设计暴雨过程线

2. 管道模型模拟

(1) 流域现状管道模拟

对东濠涌流域现状管道，设定出水口为自由出流，利用 InfoWorks ICM 模型进行 1 年一遇和 2 年一遇设计降雨过程的管道过水能力模拟，模拟结果主要通过查看检查井淹没状况分布（图 3-23）及管道超负荷状况分布（图 3-24）来实现。

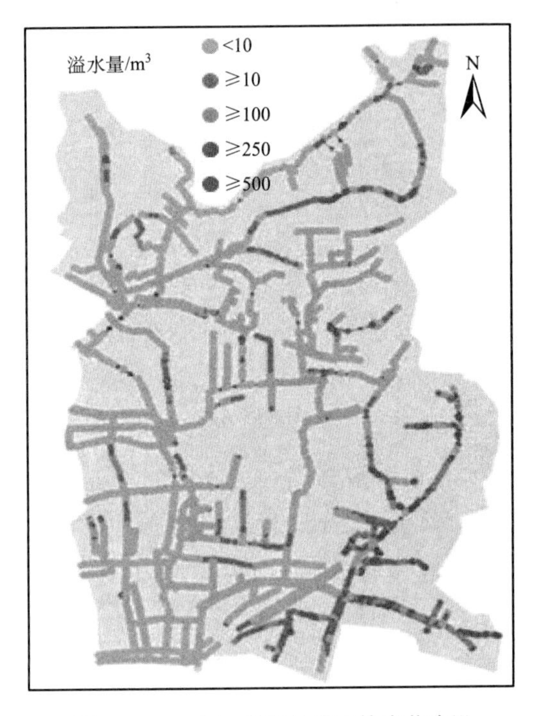

图 3-23　1 年一遇设计降雨检查井淹没状况分布示意图

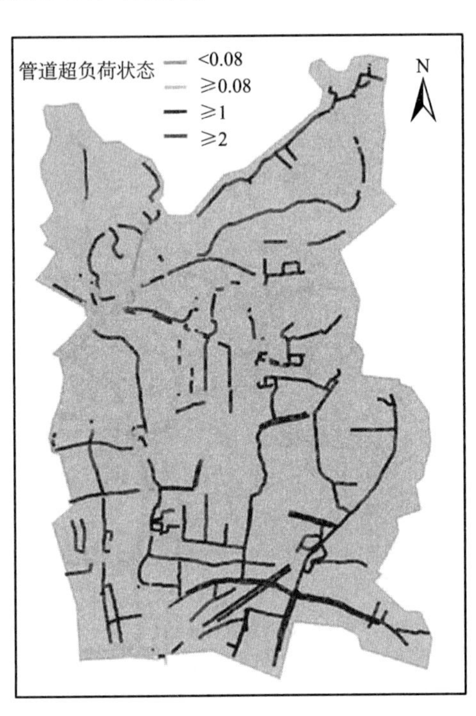

图 3-24　1 年一遇设计降雨管道超负荷状态分布示意图

图 3-24 中的管道负荷状态是指管道内水流的充满程度，InfoWorks ICM 模型用“超负荷状态”来反映管道的负荷状态，其表示的含义见表 3-41。

表 3-41　超负荷状态取值含义表

超负荷状态值	是否处于超负荷状态	含义	超负荷原因
0.5	否	管道内水深为管道深度的 50%	—
0.8	否	管道内水深为管道深度的 80%	—
1	是	水力坡度小于管道坡度	由于下游管道顶托而超负荷
2	是	水力坡度大于管道坡度	由于管道本身过流能力限制而超负荷

统计研究区排水节点溢流情况及管道的超负荷情况，结果见表 3-42，分析得到在 1 年一遇和 2 年一遇低重现期暴雨条件下，东濠涌流域的排水管网存在较为严重的节点溢流和管道超负荷情况，可见该片区排水管网设计标准普遍较低。

表 3-42　不同重现期暴雨条件下节点溢流和通道满流情况统计表

降雨重现期	暴雨强度峰值/（mm/h）	降水总量/mm	最大节点溢流量/m^3	最长溢流时间/h	涝点数量/个	超负荷状态值为 1 时的管道数/条	超负荷状态值为 2 时的管道数/条	满流管道数/条	满流率/%
1 年一遇	211.51	76.12	2547.6	2.10	650	1169	715	1884	62.6
2 年一遇	234.39	86.15	2889.5	2.43	773	1181	781	1962	65.2

注：满流率=满流管道数量/排水管道总量×100%。

（2）管道整改

东濠涌流域现状管道模拟结果显示，东濠涌流域东部大片管网过流能力不足 1 年一遇设计暴雨标准。为了满足关于市政排水与水利排涝标准衔接研究需要，对东濠涌流域不足 1 年一遇过流能力的部分管道进行整改，使之满足 1 年一遇的过流能力需求。对整改后的管网重新进行 1 年一遇和 2 年一遇过流能力模拟分析，得到管网整改后的检查井淹没状况分布（图 3-25）及管网超负荷状况分布（图 3-26）。统计管网整改后研究区内的排水节点溢流情况及管道的超负荷情况见表 3-43。

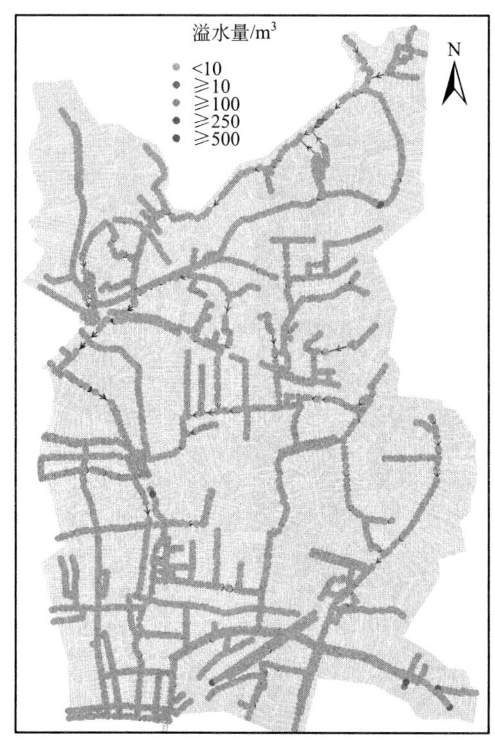

图 3-25　管网整改后 1 年一遇检查井淹没状况分布示意图

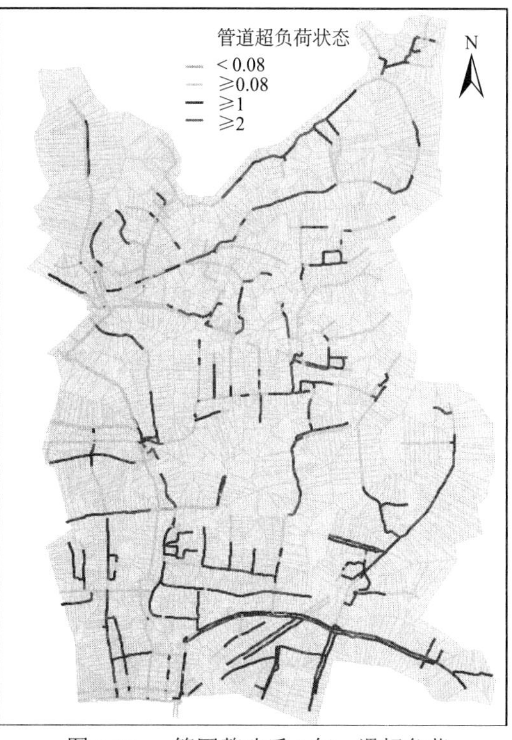

图 3-26　管网整改后 1 年一遇超负荷状态分布示意图

由表 3-43 可知，东濠涌流域现状管网经整改后，1 年一遇和 2 年一遇最大节点溢流量分别为 186.8m^3 和 390.8m^3，溢流时长为 0.43h 和 0.6h，涝点个数为 14 个和 160 个，满流率减少至 50.4%和 59.4%，基本满足 1 年一遇设计降雨不淹，即认定为经整改后的管网满足 1 年一遇过流要求。

表 3-43 不同重现期暴雨条件下节点溢流和通道满流情况统计表

降雨重现期	暴雨强度峰值/（mm/h）	降水总量/mm	最大节点溢流量/m^3	最长溢流时间/h	涝点数量/个	超负荷状态值为 1 时的管道数/条	超负荷状态值为 2 时的管道数/条	满流管道数/条	满流率/%
1 年一遇	211.51	76.12	186.8	0.43	14	1099	418	1517	50.4
2 年一遇	234.39	86.15	390.8	0.60	160	1246	542	1788	59.4

注：满流率=满流管道数量/排水管道总量×100%。

3. 河道模型模拟

东濠涌是一条集截污、雨水排放和防洪排涝功能于一体的城市河涌，近年来由于东濠涌附近某些市政和房屋建筑的实施，使得该涌的过水断面有一定程度缩小，排水能力减弱。现场勘测数据显示，东濠涌主涌河长 4080m，河宽 11～31m。新河浦涌在东濠涌下游 3550m 里程处接入，新河浦涌全长约 2100m，河宽 12～24m。东濠涌流域主排涝河涌示意图如图 3-27 所示。

图 3-27 东濠涌主排涝河道示意图

东濠涌流域以东濠涌作为主排涝渠，涝水通过闸泵联排的方式排入珠江。由于珠江为感潮河段，水位受潮汐影响，加之闸泵联排的运行方式未知，导致建模验证市政排水与水利排涝衔接关系的影响因素过多。因而假定东濠涌河道出口仅采用泵排方式，利用河道水动力模型分别计算东濠涌流域现状河道在水利排涝 5 年一遇、10 年一遇设计暴雨下河道出口的泵排流量。

分别采用综合单位线法及推理公式法推求东濠涌流域5年一遇及10年一遇设计洪水过程线，经分析对比后，采用综合单位线法所得流量过程线（图 3-28）作为东濠涌河道水动力模型的上游边界条件，以河道出口的泵站抽排流量过程作为下游边界条件，设定预排水深至 0.5m，当计算河道最高水面线低于沿程河堤高程时，即认为设定的泵排流量满足设计重现期要求。

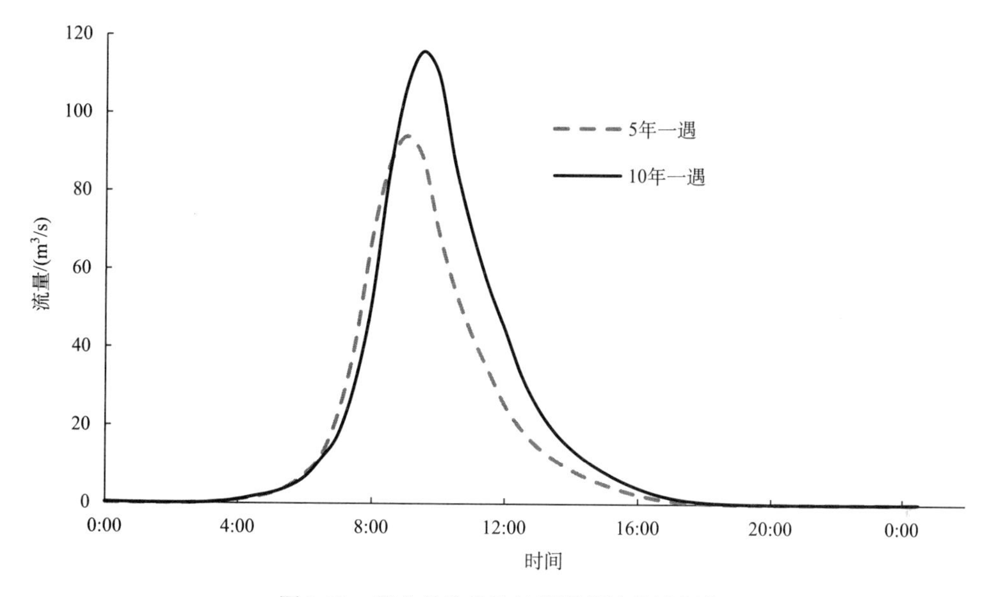

图 3-28　综合单位线法计算所得流量过程线

经河道水动力学模型分析计算，当东濠涌河道出口泵排流量为 $55m^3/s$ 时，计算所得东濠涌河道最高水面线满足 5 年一遇水利排涝设计要求；当东濠涌河道出口泵排流量为 $72m^3/s$ 时，计算所得东濠涌河道最高水面线满足 10 年一遇水利排涝设计要求。

4. 管道、河道与地面耦合模型模拟

为了分析市政排水与水利排涝间的相关关系，构建管道、河道与地面的耦合模型。在整改后满足 1 年一遇过流能力的管道模型中加入河道模型及地面高程模型，河道出口仅设泵排，通过调节河道出口泵排流量探寻 1 年一遇市政排水与多少年一遇水利排涝标准能协同排除流域内的涝水。

（1）市政排水 1 年一遇与水利排涝 5 年一遇

对构建完成的管道、河道及二维地面模型，以市政排水 1 年一遇设计降雨过程作为降雨输入，河道出口设置满足水利 5 年一遇排涝要求的 $55m^3/s$ 的泵站抽排流量，设定当

河道出口处水位高于 5.5m 时，泵站开启。模型运行成功后，得到地面最大积水深度图，见图 3-29 和表 3-44。

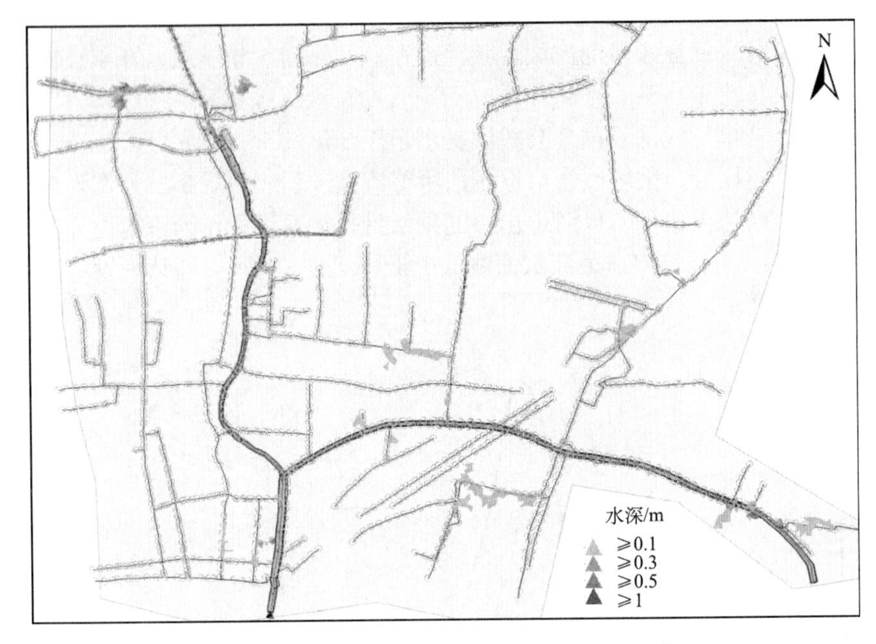

图 3-29 地面最大积水深度示意图（流量=55m^3/s）

表 3-44 地面积水情况统计表

淹没水深/m	淹没面积/hm^2	淹没点数/个
0.1~0.3	4.50	294
0.3~0.5	0.74	58
0.5~1.0	0.45	36
＞1.0	0.08	8

由图 3-29 和表 3-44 可见，虽然排水管道已满足 1 年一遇过流能力，但由于河道水位顶托，管道下游不少节点仍会出现一定程度溢流，其中，淹没水深达到 0.1~0.3m 的淹没点数最多，有 294 个，淹没面积为 4.50hm^2；大于 1m 的淹没点数最少，有 8 个，淹没面积为 0.08hm^2。

分析管道超负荷状态可得（图 3-30 和表 3-45），管网系统半载以下运行的管道比例约为 11.5%，半载至八成满运行的管道比例为 14.4%，八成满至满载运行的管道比例约为 7.6%，满载运行的管道比例约为 66.5%，其中，由于下游管道顶托造成满载运行的管道比例约为 52.7%，由于管道自身过流能力不足造成满载运行的管道比例约 13.8%，造成管道满流的主要原因是河道水位顶托导致管道雨水无法顺利排出。经模拟计算可以得出，5 年一遇水利排涝标准无法满足市政管网 1 年一遇排水要求。

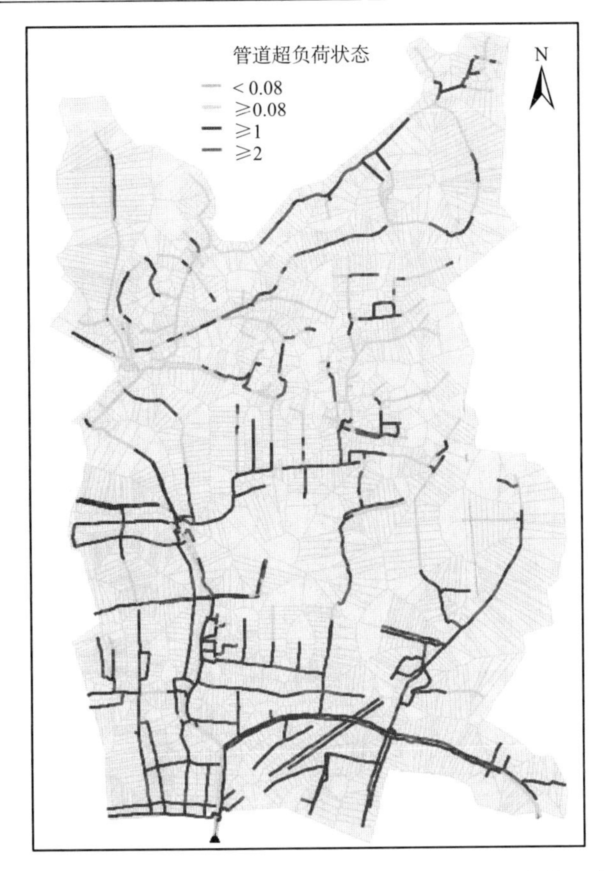

图 3-30　1 年一遇管道与 5 年一遇河道连接的管网超负荷示意图

表 3-45　管道超负荷状态统计表

$S<0.5$		$0.5\leq S<0.8$		$0.8\leq S<1$		$1\leq S<2$		$2\leq S$	
长度/km	比例/%	长度/km	比例/%	长度/km	比例/%	长度/km	比例/%	长度/km	比例/%
8.2	11.5	10.3	14.4	5.4	7.6	37.5	52.7	9.9	13.8

（2）市政排水 1 年一遇与水利排涝 10 年一遇

对构建完成的管道、河道和二维地面模型，以市政排水 1 年一遇设计降雨过程作为降雨输入，河道出口设置满足水利排涝 10 年一遇排涝要求的 72m^3/s 的泵站抽排流量，设定当河道出口处水位高于 5.5m 时，泵站开启。模型运行成功后，得到地面最大积水深度图，见图 3-31，地面积水情况见表 3-46。

由图 3-31 和表 3-46 可知，在管网满足 1 年一遇过流能力的情况下，与满足 10 年一遇过流能力的河道连接，虽然仍有部分区域出现积水状况，但整个流域的涝水基本能够正常排放。即认定 10 年一遇水利排涝标准满足市政排水 1 年一遇要求。

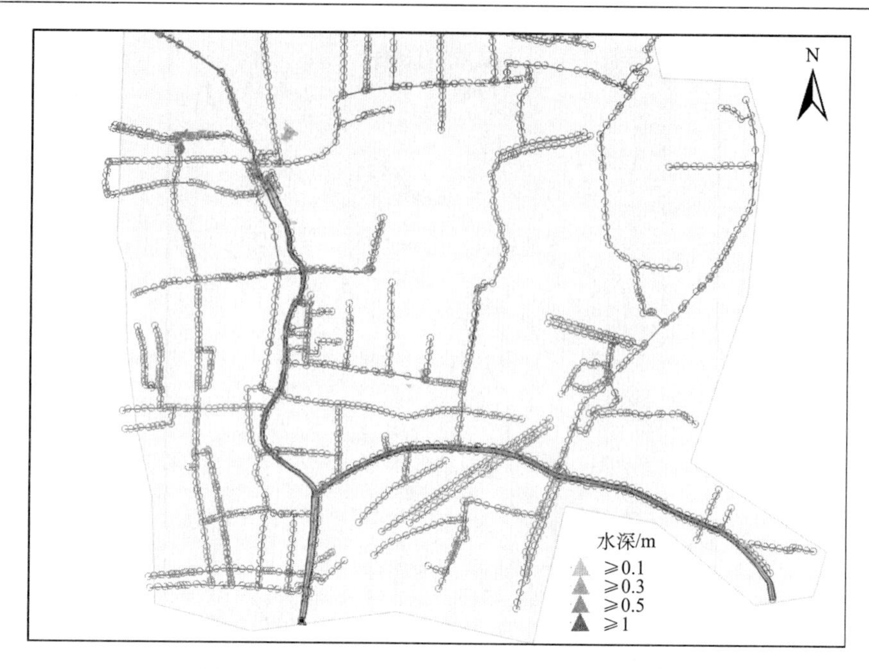

图 3-31 地面最大积水深度图（流量=72m³/s）

表 3-46 地面积水情况统计表

淹没水深/m	淹没面积/hm²	淹没点数/个
0.1~0.3	0.85	63
0.3~0.5	0.29	20
0.5~1.0	0.29	25
＞1.0	0.03	3

（3）管道出水口高程对管道与河道的衔接关系影响

统计分析各管道出水口底高程距河底高程的距离，发现两种标准组合情况中发生溢流的管道出水口底高程距河底高程的距离都低于 0.3m，其中，在 1 年一遇市政排水与 10 年一遇水利排涝的标准组合情况下仍出现溢流的管道，其管道出水口底高程等于河底高程。可见，除两种标准间的不适应会带来流域的排水不畅以外，管道出水口底高程距河底高程的距离也会导致管网排水不畅。这主要是因为，在整个排涝过程中，河道内水深多高于 0.5m，若管道出水口高程设置在距河底高程较近处，会导致该管道长时间处于河道水位顶托状态而导致排水不畅，因而，建议新规划的管网应保证管道出水口底高程高于河道底高程至少 0.5m，以保证管道涝水能顺利排至河道。

3.5 小　　结

本章以广州市为研究对象，从暴雨选样、设计暴雨及设计流量等方面对市政排水与水利排涝重现期标准进行了相关衔接分析，并基于 InfoWorks ICM 模型构建了东濠涌流域一维管道、一维河道及二维地面耦合模型，分析计算了管道与河道不同标准组合的衔接情况。得到的主要结论如下：

1）对广州市五山站 30 年（1984～2013 年）的短历时降雨资料分别采用年多个样法及年最大值法选样，分别采用不同频率分布适线后拟合得到两种不同选样方法的暴雨强度公式，对比两者的重现期相关关系，发现虽然不同选样方法会导致同一暴雨强度值所对应的重现期不一致，但选样方法并不是导致市政排水与水利排涝标准间较大差异的主要原因。

2）对市政排水与水利排涝的设计暴雨进行分析研究可知，水利排涝与市政排水设计暴雨重现期存在大约 5 倍的倍比关系，即 1 年一遇的市政排水设计暴雨对应 5 年一遇的水利排涝设计暴雨，2 年一遇的市政排水设计暴雨对应 10 年一遇的水利排涝设计暴雨。

3）综合考虑市政排水与水利排涝标准中设计暴雨与设计流量计算方法的不同，对同一典型流域分别采用两套标准进行设计流量计算。计算成果表明，依据流域综合径流系数大小不同，排水与排涝重现期的衔接匹配关系不同；随着城市不透水面积的比率增加，同一排水重现期对应的水利排涝重现期也相应增大；但水利排涝与市政排水重现期大致存在一个 10 倍的倍比关系，即 1 年一遇市政排水大致对应 10 年一遇水利排涝。

4）通过 InfoWorks ICM 模型建立东濠涌流域管道、河道及地面二维耦合模型，分析计算了市政排水 1 年一遇与水利排涝 5 年一遇，以及市政排水 1 年一遇与水利排涝 10 年一遇两种标准组合情况下的衔接关系。结果显示水利排涝 10 年一遇的排涝标准与市政排水 1 年一遇的排水标准组合能够完成流域涝水的顺利排除，但管道排水口高程距河底高程的距离也会对管道的水位顶托产生一定影响，故建议城市排水管网的规划建设应至少保证排水口底高程高于河道底高程 0.5m 以上。

第4章 低影响开发雨水利用系统雨洪调控效应评估

4.1 低影响开发雨水利用技术

4.1.1 低影响开发内涵

低影响开发雨水利用技术是针对城市开发建设区域内的屋顶、道路、庭院、绿地、广场等不同下垫面所产生的降雨径流，采取相应的措施，或收集利用，或渗入地下，以达到充分利用雨水资源、提高环境自净能力、改善生态环境、降低建设项目所在区域径流系数、减少外排流量、减轻区域防洪压力的目的，将资源利用于灾害防范之中，实现水资源的可持续开发与利用、人与自然的和谐相处。低影响开发技术是开放的、包容的，其主要内涵如下。

（1）原位截留而非转嫁异地（俞孔坚，2015）

城市雨水资源化利用包括异地集中与原位截留两种收集方式。异地集中即我国传统排水工程，主要通过采用点式雨水口、管网、泵站和蓄水池相结合收集雨水，并快速排入下游异地收集。原位截留是指采取就地利用措施将雨水资源尽可能“就地消化”，一方面，可以起到节约成本以利用雨水资源的目的；另一方面，可以减少雨水径流在传输过程中受到的污染，减轻城市雨洪灾害威胁。

（2）慢下来而非快起来

将洪水、雨水快速排掉，是当代防洪排涝工程主要采用的处理方式。这种以“快”为标准的排水方式忽略了水循环过程的系统性和水在生态系统中作为主导因子的价值，以至于使洪水的破坏力加强，将上游的灾害转嫁给下游，使地下水得不到补充，土地得不到滋润，生物的栖息地消失。雨水下渗是需要一定时间的，需要能够提供尽可能长的原地停留时间，以促进下渗，涵养地下水。低影响开发是将水流慢下来，让它变得心平气和而不再狂野恐怖，让它有机会下渗和滋育生命万物，让它有时间净化自身，更让它有机会服务于人类。

（3）分散而非集中（仇保兴，2015）

低影响开发强调将有化为无，将大化为小，将排他化为包容，将集中化为分散，将快化为慢，将刚硬化为柔和。如图 4-1 所示，每个低影响开发措施所能接纳的雨水范围有限，离之太远的雨水低影响开发措施不能有效截留，故集中设置的 LID 措施并未充分发挥其效果。相反，分散设置的 LID 措施却能得到充分利用，分散设置反而能起到“1+1>2”的效果。海绵的哲学是分散，由千万个细小的单元细胞构成一个完整的功能体，将外部力量分解吸纳，消化为无。

（a）效果较差

（b）效果较好

图 4-1　分散集中对比图

（4）效仿自然，弹性应对而非刚性对抗

当代工程治水忘记了中国古典哲学的精髓——以柔克刚，却崇尚起“严防死守”的对抗哲学，中国大地已很难寻到一条河流不被刚性的“三面光排水渠”所捆绑，原本蜿蜒柔和的水流形态，如今都变成直泄刚硬的排水渠。千百年来的防洪抗洪经验告诉我们，当人类用坚固防线将洪水逼到墙角之时，洪水的破堤反击便指日可待，此时的洪水便成为摧毁一切的猛兽，势不可挡。低影响开发应对外部冲力的理念是弹性，化对抗为和谐共生，所谓退一步海阔天空（图 4-2）。

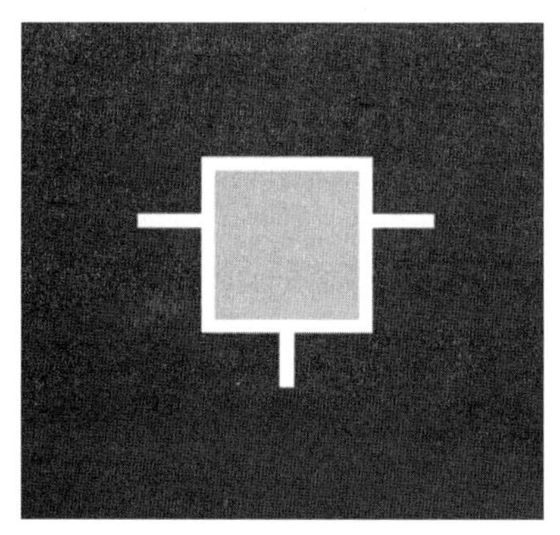

（a）效果较差

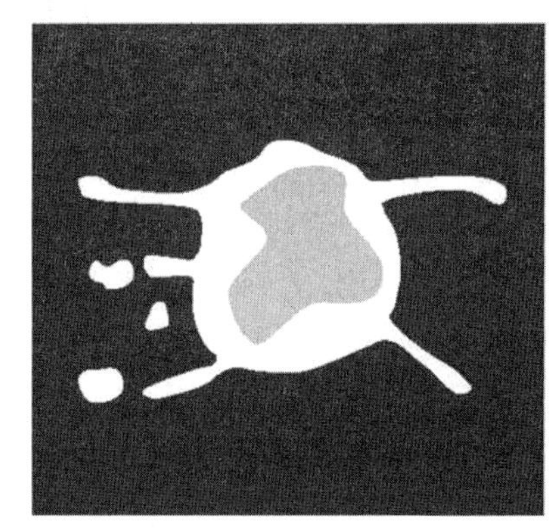

（b）效果较好

图 4-2　弹性刚性对比图

（5）网状而非链状

为使各项 LID 措施充分发挥其截留效果，LID 措施设计时要注意多样性和整体性。尽管一些孤立的设施在截留前几场雨水时能够运转良好，但很快就会发生堵塞而失去其应有的截留效果。倘若将具有截留雨水、蓄存雨水功能的措施与具有过滤、渗透、净化雨水的措施相结合，就会增加 LID 措施的系统性，使 LID 措施在承受外界冲击时能够承受较小变异，必要时能够自我修复（图 4-3）。

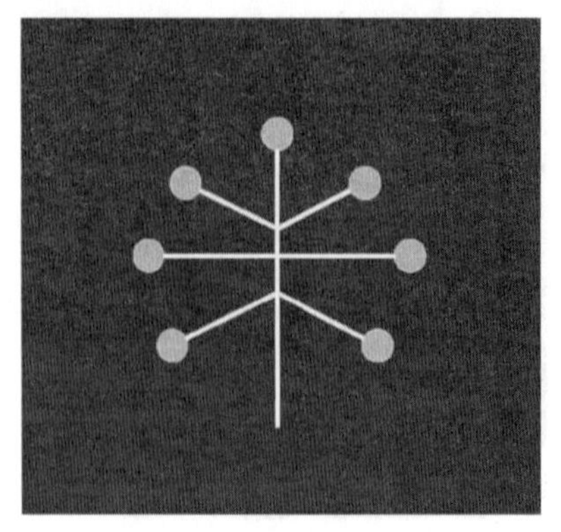
（a）效果较差

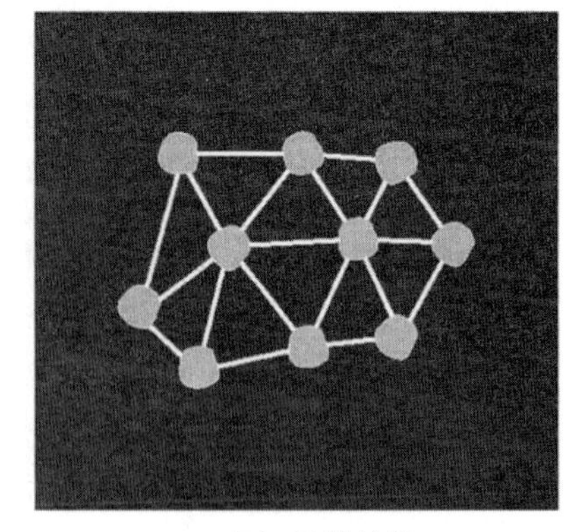
（b）效果较好

图 4-3　链状网状对比图

4.1.2　低影响开发雨水利用技术

低影响开发雨水利用技术主要通过利用不同设施的不同功能，即“渗”“滞”“蓄”“净”“用”“排”等，来达到径流总量控制、径流峰值控制、径流污染控制、雨水资源化利用等目标，分述如下。

1. LID 雨水利用技术之“渗”

雨水入渗是利用雨水回补地下水的一种有效方法。按照《建筑与小区雨水利用工程技术规范》（GB 50400—2006）的规定，土壤渗透系数为 10^{-6}~10^{-3}m/s，且渗透面距地下水位大于 1.0m 的城区，宜积极进行雨水入渗利用。《室外排水设计规范》（GB 50014—2006）（2014 年版）也规定人行道、停车场和广场等宜采用渗透性铺面，新建地区硬化地面中可渗透地面面积不宜低于 40%，有条件的既有地区应对现有硬化地面进行透水性改建，绿地标高宜低于周边地面标高 5～25cm，形成下凹式绿地。

雨水入渗利用的途径主要有绿地、绿色屋顶、沟渠、调蓄洼地、透水铺装、浅沟渗渠、渗透管沟、入渗井、入渗池及渗透-排放系统等。

（1）绿色屋顶

绿色屋顶又称屋顶花园、生态屋顶、植被屋顶等，广义的绿色屋顶指在各类建筑物的屋顶及侧面上进行造园绿化活动，常见形式有屋顶绿化、立体绿化等，其中，屋顶绿化即平面绿化，包括植物层、基质层、过滤层、排水层、保护层、防水层等；而立体绿化指屋顶绿化以外的所有绿化，选择攀岩植物等依附或者铺贴于各种建筑物及其他空间结构上的绿化方式。根据基质层厚度和景观复杂程度，可分为简单式和花园式，前者基质深度一般不大于 150mm，后者在种植乔木时基质深度可超过 600mm。绿色屋顶要求较高，仅适用于符合屋顶荷载、防水等条件的平屋顶建筑和坡度小于等于 15° 的坡屋顶建筑（图 4-4）。

（a）添加绿色屋顶前

（b）添加绿色屋顶后

图 4-4 绿色屋顶建设前后对比图

（2）透水铺装（吴建立，2013）

透水铺装是指利用各种材料将地面铺装成具有透水、集蓄雨水功能的地面，以使雨水能够很快地下渗到铺装材料的下层，用于渗入土壤补充地下水、延长集流时间、削峰和雨水净化，或在下层蓄水装置中收集利用，是低影响开发雨水利用技术的重要措施之一。根据铺装材料不同，可分为透水水泥混凝土铺装、透水砖铺装和透水沥青混凝土铺装，另外，嵌草砖、园林铺装中的鹅卵石、碎石铺装等也属于透水铺装。

透水铺装由透水面层、透水找平层、透水基层、透水底基层和土基层等组成。由于透水铺装都是靠铺装材料间的孔隙下渗雨水的，故透水铺装铺成的路面密实度较低，抗压能力较弱，可采用半透水铺装结构或非透水铺装和透水铺装间隔使用，如深圳光明新区体育馆广场处白色的为透水铺装，下有透水砂层，而为了固定结构，白色的透水砖周围铺有黑色的不透水砖。因此，透水铺装主要适用于广场、停车场、人行道及车流量和荷载较小的道路，如建筑小区道路、市政道路的非机动车道等，透水沥青混凝土路面还可用于机动车道。另外，如前所述，由于透水铺装路面主要靠铺装材料间的孔隙下渗雨水，而该孔隙又极容易堵塞，故应定期采用高压清洗和吸尘清洁，避免孔隙阻塞，以恢复透水铺装的透水性能（图 4-5）。

（a）　　（b）

图 4-5 透水铺装实景图

2. LID 雨水利用技术之“滞”

对雨水进行“滞”的管理，主要目的是延缓其流动性、延长汇流时间、降低峰值流量，专业术语称为“雨水调节”，即在降雨期间暂时储存一定量的雨水，削减向下游排放的雨水峰值流量、延长排放时间，一般不减少排放的径流总量，也称调控排放，主要措施包括建设植草沟、调节塘、调节池、湖、库、坑、塘、深隧道、地下水库等调蓄设施或用地空间。

（1）植草沟

植草沟适用于建筑在小区内道路、广场、停车场等不透水下垫面的周边，以及城市道路和城市绿地等区域，也可作为生物滞留设施、湿塘等低影响开发设施的预处理设施。植草沟也可与雨水管渠联合应用，在场地竖向条件允许且不影响安全的情况下也可代替雨水管渠（图 4-6）。

图 4-6　植草沟实景图

鉴于植草沟能够有效延长汇流时间，并且对于增加雨水入渗量具有较好的帮助，建设及维护费用低、易与景观结合，因而适于在试点区内的小区、广场、停车场等排水源头普遍采用，但由于在流量大时所需的土地面积较大，不宜在一般的市政排水系统中使用，可在公路建设时结合实际情况进行示范性应用。

（2）滞流空间（调节功能）

调节水体一般结合城市水系建设，在水系沿线有城市绿地、公园等具备水面扩大建设条件的地方，建设兼具景观功能的湖、库、坑、塘等涝水调蓄设施，就地滞洪蓄水，减少强降雨时的峰值流量，降低下游的洪涝风险。

3. LID 雨水利用技术之“蓄”

对雨水进行“蓄”的管理，主要是减少外排水总量，专业术语称为“雨水储存”，一般包括低影响开发雨水系统中源头的就地雨水储存、超标雨水径流排放（或调蓄）系统中的中途或末端的雨水储存。

通过雨水储存所管理的雨水，其主要出路是入渗利用、蒸发消耗等，不外排（与滞流设施的区别）是实现径流总量控制目标的重要措施。

（1）低影响开发雨水系统雨水储存

低影响开发雨水系统中的"雨水储存"，指的是采用具有一定容积的设施或用地空间，对径流雨水进行滞留、集蓄，削减径流总量，以达到集蓄利用、补充地下水或净化雨水等目的。

其主要适用于城市绿地、道路及广场等具备充足用地空间的公共设施，可以通过绿化、水面及竖向的合理设计，主要在地表形成相应的低影响开发设施调蓄容积以消纳自身产生的径流，其中，城市公共绿地和防护绿地宜结合地势，通过局部下沉形成所需的调蓄容积；城市道路应在增加渗透性的基础上，通过建设下沉式道路隔离带，形成所需的调蓄容积；城市广场应在增加渗透性的基础上，结合绿地或景观水体等形成所需的调蓄容积。

下沉式绿地又称为下凹式绿地、低势绿地，指高程低于周围地面或道路的绿地，有狭义和广义之分，狭义的下沉式绿地是指高程低于周围地面 200mm 以内的绿地，广义的下沉式绿地是指通过利用一定的调蓄容积来达到调蓄和净化径流雨水的绿地，如生物滞留设施、渗透塘、湿塘、雨水湿地及调节塘等。

下沉式绿地一般建于汇水面的低地势处，路面雨水自然漫流至绿地，降低管道、沟渠等雨水输送系统的建造费用，便于雨水引入绿地。周边雨水宜分散进入下沉式绿地，当集中进入时应在入口处设置缓冲措施，减轻雨水对入口处的冲刷作用及过滤截留较大污染物。

（2）超标雨水径流排放（或调蓄）雨水系统雨水储存

超标雨水径流排放（或调蓄）雨水系统的雨水储存，既可以在河道、沟渠等排水行泄通道沿线设置储存空间用以蓄存其溢流出来的雨水，也可于末端保留坑、塘等以容纳排入的径流雨水。

美国规划协会（American Planning Association）指出，可将公园等开放空间纳入到雨水系统中，建设多功能调蓄设施。例如，波特兰市的唐纳溪水公园，通过下沉式的设计使其在发生暴雨事件时，可汇集来自周边街道的雨水，起到一定的调蓄作用，同时还具有很好的生态效益和环境效益。

日本从 20 世纪 80 年代就开始研究并大量推广应用多功能调蓄，包括城市公园、湿地公园、停车场、运动场及游乐设施等，高标准地控制城市洪涝灾害，并充分发挥城市稀缺土地的综合效益。

4. LID 雨水利用技术之"净"

土壤、植被、绿地系统及水体等都能对水质产生净化作用，因此，应该将雨水蓄存起来，经过净化处理，然后回用到城市中。雨水净化系统根据区域环境设置不同的净化体系，根据城市现状可将区域环境大体分为屋顶雨水收集净化、道路雨水收集净化及绿地雨水收集净化等三类。根据这三种区域环境可设置不同的雨水净化方式，现阶段主要分为土壤渗滤净化、人工湿地净化和生物处理净化等三种类型。

5. LID 雨水利用技术之“用”

雨水利用方式主要有间接利用、直接利用以及两者相结合的综合利用。雨水间接利用是指将雨水下渗或简单处理后回灌地下，补充地下水。在降水量少而且不均匀的地区，如果地下水埋深大于 1m、土壤渗透系数为 10^{-6}~10^{-3}m/s 且工程地质条件合适，应考虑积极进行雨水间接利用，尤其是地下水位漏斗降落显著的区域，首先要加强雨水的间接利用。

雨水直接利用是指将雨水收集后直接回用，主要优先考虑用于小区杂用水、环境景观用水和冷却循环用水等。由于降水量全年分布不均，故雨水直接利用往往不能作为唯一水源满足要求，一般需与其他水源一起互为备用。雨水直接利用通常适用于降水量随季节分布比较均匀的地区，或用水量与降水量季节变化比较吻合的建筑与小区。

6. LID 雨水利用技术之“排”

当遭遇强降雨径流时，为保障城市排水安全，避免城市出现内涝灾害频发的现象，仍需将雨水径流外“排”，其主要是通过大小排水系统的合理构建实现。

国内对大小排水系统，尤其是对大排水系统的认识和分析还很欠缺，但在城市内涝防治体系中，它们担负着极为重要的作用（车伍等，2013）。小排水系统（minor system）指传统的管道排水系统，一般包括雨水管渠、调节池、排水泵站等传统设施，主要承担重现期为 1~10 年暴雨的安全排放；大排水系统（major system）指地表通道、地下大型排放设施、安全泛洪区域和调蓄设施等，主要为应对超过小排水系统设计标准的超标暴雨或极端天气的特大暴雨，美国通常是按 100 年一遇的暴雨标准对大排水系统的设计进行校核，高标准地降低城市发生内涝的风险。虽然国外人为地定义并区分了大排水小排水系统，但他们的标准是统一的，也就不存在无法衔接的问题。而且大排水小排水系统在措施的本质上并没有多大的不同，其主要区别在于具体形式、设计标准和针对的目标不同，如也可将应对常规降雨（设计标准内的降雨）的传统排水系统称为小排水系统，将应对超过小排水系统排水能力的径流排水系统称为大排水系统。

大排水系统通常起到“蓄”“排”两种作用，主要通过“蓄、排结合”的方式应对洪涝，其中，“排”主要指道路或开放沟渠等具有排水功能的径流通道（surface flood pathways 或 overland flow），“蓄”主要指大型调蓄池、深层调蓄隧道、天然水塘等具有调蓄功能的调蓄设施。大排水系统地表径流通道又可分为“设计通道”（designed pathways）和“非设计通道”，或称“默认通道”（default pathways），其中，前者指由工程师特意设计而成，后者指因地形条件自然形成的。考虑到道路等也具有行洪作用，同时为保证地表通道排水的安全性，对径流流速和深度提出相应的规定，如英国规定径流深度不超过 0.2m，深度与流速乘积小于等于 0.5m^2/s，无论是设计通道还是非设计通道都要进行此安全校核。

我国虽没有刻意地设计大排水系统，但也可以找到不少大排水系统的影子和应用。例如，新疆乌鲁木齐 20 年前规划了一条贯通南北的低于地表 3m、宽 100m 的通道，平常作为交通主干道，遇到大暴雨时则作为行洪通道；在青岛，得益于西北高、东南低等特有的天然地形，再加上三面环海的独特优势，使得超标雨水能够顺利排入大海，车伍等（2013）认为这也是青岛不易发生内涝的重要原因，而非德国人当年高标准设计的雨水管道系统。

香港2012年启用了荔枝角雨水排放隧道，主隧道贯穿荔枝角市区地底，分支隧道沿半山而建，截流来自半山区的大量雨水，并将其直接排入大海，避免上游山区雨洪进入市区，以减少下游的水涝风险，防洪减涝效果较为明显。

4.2 现场监测

4.2.1 研究区域

研究区域位于广州市荔湾区花地河以西、龙溪中路以北、广州环城高速以东的芳村高尔夫地块，该区域于2013年新建了几个小区，其中，三面被河流围绕，是一个独立封闭的排水系统。由于三面被河流围绕，结合排水管网CAD图中排水分界线及流向，靠近河流的区域直接排入河流，而龙溪中路部分直接排入龙溪中路排水系统，故其不在研究范围之内，具体位置如图4-7所示。该区域用地主要由居住、绿地、道路广场等用地组成，总面积为43.29万m^2。

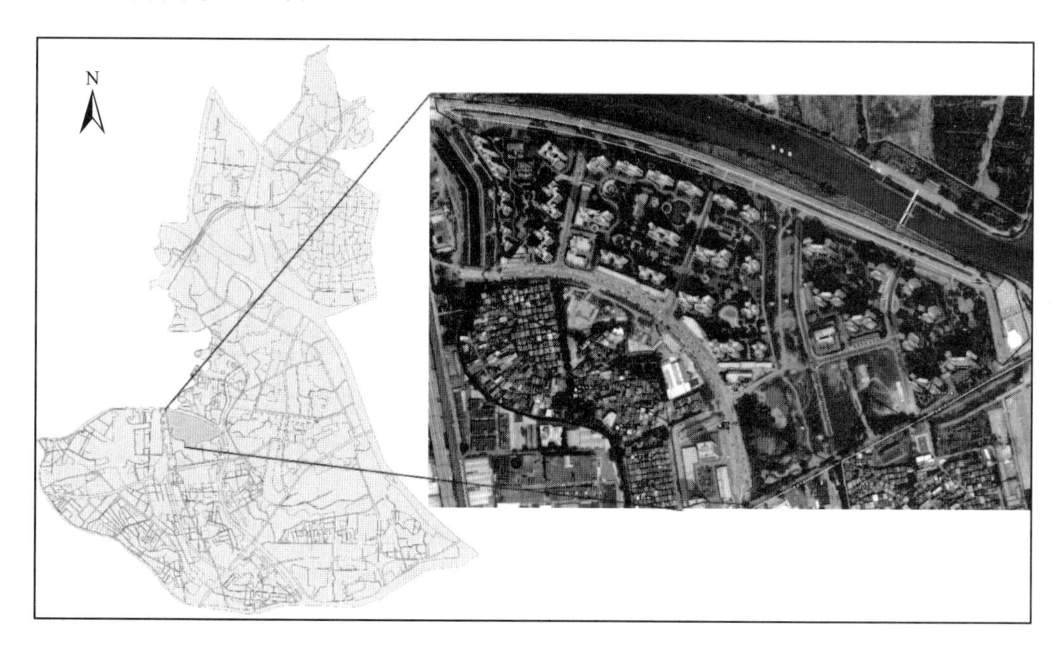

图4-7 研究区域地理位置示意图

4.2.2 水质监测

将研究区域的下垫面类型划分为道路、屋顶、绿地，于降雨时针对不同类型下垫面每隔10分钟收集一次雨水径流，并记下每次采样时间，每次采集的样品必须装满A、B、C三个瓶子，每个瓶子500ml，即第一个样品需对应用瓶1A、1B、1C装满，第二个样品用瓶2A、2B、2C，依次类推，若不是严格的间隔10分钟采一次样，需及时记下每次采样时间。用于分析的不同类型下垫面雨水径流污染物类型主要为生物化学需氧量（BOD_5）、化学需氧量（COD_{Cr}）、悬浮物（TSS）、氨氮（NH_3-N）、总氮（TN）、总磷（TP）等水质指标。由于COD_{Cr}、NH_3-N、TN、TP等随着时间变化其指标会有所改变，而采样点距离实验室较远，为避免上述指标变化，需在采完样后及时加入浓硫酸，使其保持与采样时相同的值，即在上述A、B、C瓶中的C瓶滴入浓硫酸，而A、B瓶分别用于测定BOD_5和TSS。

各指标的检测方法见表4-1。

表4-1　各指标检测方法

检测项目	检测方法
BOD_5	水质　五日生化需氧量的测定　稀释与接种法（HJ 505—2009）
COD_{Cr}	水质　化学需氧量的测定　重铬酸盐法（GB/T 11914—1989）
TSS	水质　悬浮物的测定　称量法（GB/T 11901—1989）
NH_3-N	水质　氨氮的测定　纳氏试剂分光光度法（HJ 535—2009）
TN	水质 总氮的测定　碱性过硫酸钾消解紫外分光光度法（HJ 636—2012）
TP	水质　总磷的测定　钼酸铵分光光度法（GB/T 11893—1989）

4.2.3　水质数据

2016年9月期间，共采集20160902、20160907和20160910共三场降雨径流，采集完后严格按上述方法尽快化验，并整理出样品中各污染物浓度的最大值 V_{max}、中位数 V_{med}、最小值 V_{min}、平均值 $\overline{V}$ 、标准差 σ 和变异系数 C_v，结果见表4-2。

表4-2　样品水质指标数据统计汇总表

水质	BOD_5	COD_{Cr}	TSS	NH_3-N	TN	TP
N/个	52	52	52	52	52	52
V_{max}/（mg/L）	84.20	393.00	132.00	2.27	3.96	0.26
V_{med}/（mg/L）	3.75	16.50	8.50	0.62	2.46	0.05
V_{min}/（mg/L）	1.40	5.00	1.00	0.11	1.35	0.02
$\overline{V}$ /（mg/L）	7.80	33.80	19.80	0.75	2.43	0.08
σ	13.40	63.20	30.10	0.56	0.68	0.06
C_v	1.72	1.87	1.52	0.74	0.28	0.73

以降雨持续时间为横坐标，以3场降雨不同下垫面所测得的BOD_5、COD_{Cr}、TSS、NH_3-N、TN、TP等水质指标为纵坐标，绘制各水质指标浓度变化过程图，如图4-8所示。

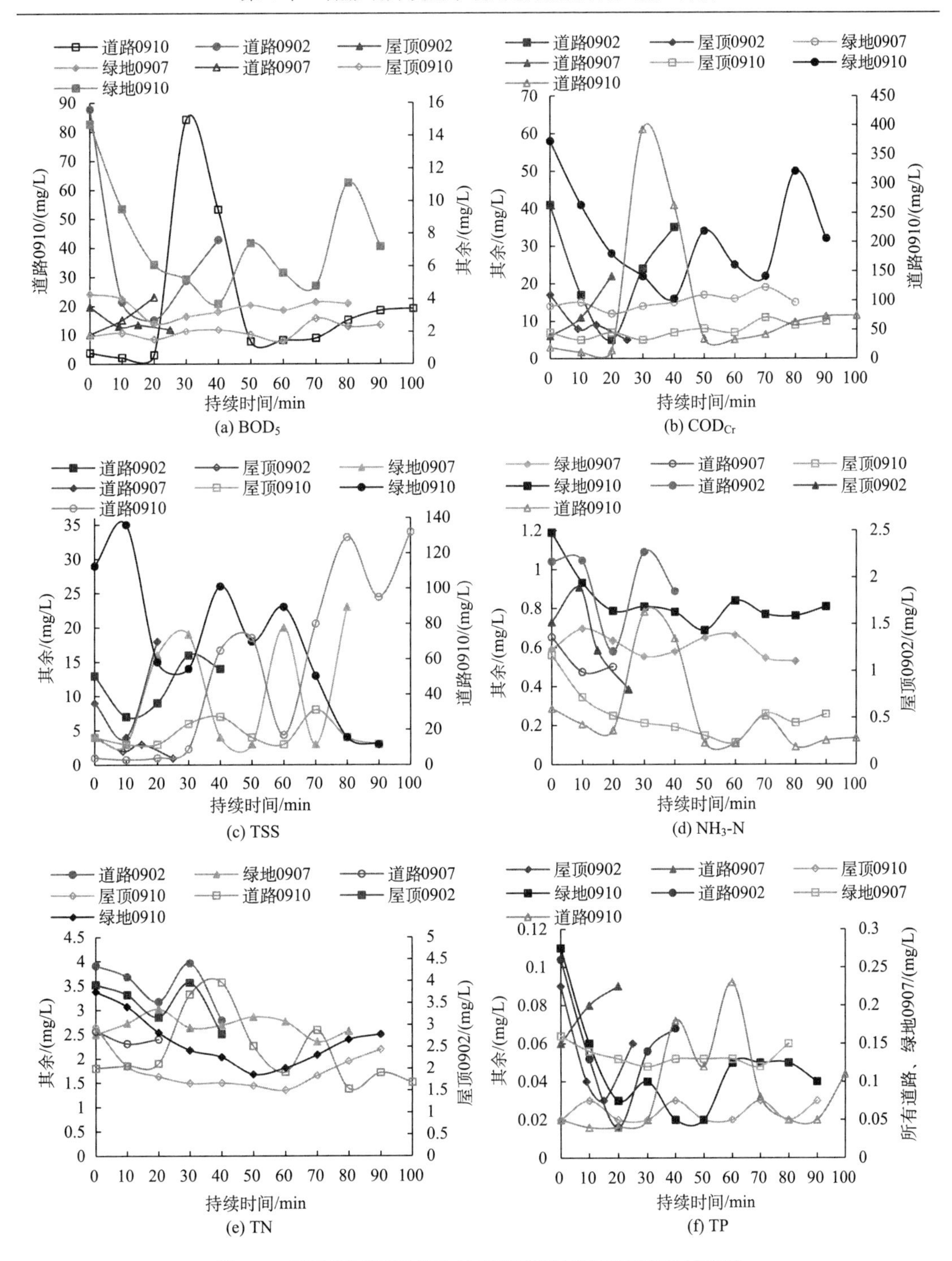

图 4-8　所监测不同污染物浓度随降雨持续时间变化过程线

所监测得到的水质数据主要用于初期冲刷效应分析，以及研究区域 PCSWMM 模型参数率定和验证。由上述水质数据变化过程线可以发现，部分数据呈降低趋势，部分曲线呈上升趋势，部分曲线不稳定，呈波浪状，初期冲刷效应随机性较大，影响因素较多，且并不仅仅是污染物浓度随着持续时间延长而从高到低变化。

4.3 初期冲刷效应分析及量化

非点源污染又称面源污染、城市降雨径流污染，是指城市不同下垫面，如屋顶、道路、绿地等，在未降雨期间积累了一系列污染物，如盐分、油类、重金属、有机物、氮、磷及其他杂物，在降雨过程中受到雨水冲刷，并随降雨所形成的径流流入河流、湖泊等受纳水体，污染地表水或地下水。

为控制非点源污染，20 世纪 80 年代初，国外学者提出初期冲刷（first flush）和初期雨水（initial rainwater）。近年来，我国学术界和工程界对初期雨水和初期冲刷也有所涉及，例如，在新版《室外排水设计规范》（GB 50014—2006）（2014 年版）中，给出 4～8mm 的初期雨水控制指标；已发布的《水污染防治行动计划》（水十条）中关于城市径流控制的内容中提到：“有条件的地区要推进初期雨水收集、处理和资源化利用”；《城市排水（雨水）防涝综合规划编制大纲》《城市黑臭水体整治工作指南》及《黑臭水体治理技术政策》等均涉及初期雨水。初期雨水是指降雨在不同的汇水面或管渠系统中所形成径流初期的某一部分量，是基于场次降雨事件和具体条件下的冲刷规律，以控制污染物含量通常较高的初期径流，并以达到较理想的径流污染控制效率为目标而衍生出的一个经验性概念。提到初期雨水必然涉及初期冲刷，初期冲刷是指由于降雨或地表径流对污染物的冲刷和输送，使初期径流中的污染物水平偏高的一种现象或规律。

早期对初期冲刷效应的理解仅停留在浓度初期冲刷（concentration first flush），即认为雨水径流中污染物浓度随时间的延长而逐渐降低。该方法仅停留在表层，简单地认为前期污染物浓度高于后期，而忽视了降雨强度、径流量的影响。降雨强度越大，其对地表的冲击强度越大，越容易使污染物从下垫面冲出转移至地表径流。相同降雨强度时，冲出的污染物总量相同，但当径流量较大时，径流浓度也会随之降低。所监测到的水质数据变化过程也说明污染物浓度并不总是随着持续时间延长而逐渐降低，故仅采用浓度初期冲刷分析难以准确地描述初期冲刷现象。

4.3.1 无量纲累积曲线 M（V）

随着国内外学者对雨水径流量的考虑，又提出质量初期冲刷（mass first flush），即雨水径流初期污染物的累积输送速率大于径流量累积输送速率时，即降雨初期占径流总量较小比例的雨水径流挟带了占该场次降雨污染负荷较大比例的污染物时，认为存在初期冲刷。采用无量纲累积曲线 M（V）方法分析，如式（4-1），即以该场次累积径流量与径流总量之比为横坐标，以污染物累积负荷与污染物负荷总量之比为纵坐标作图，绘制无量纲曲线图（图 4-9）。当 M（V）曲线的斜率大于 1，即在 45°对角线之上时，表明污染物的累积输送速率大于径流量的累积输送速率，表明发生了初期冲刷；反之，表明污染物的累积输送速率小于径流量的累积输送速率，不存在初期冲刷（陈子宇，2013；黄国如和陈子宇，2013）。

$$\frac{M(t)}{V(t)} = \frac{\int_0^t Q(t)C(t)\mathrm{d}t \Big/ \int_0^T Q(t)C(t)\mathrm{d}t}{\int_0^t Q(t)\mathrm{d}t \Big/ \int_0^T Q(t)\mathrm{d}t} \approx \frac{\sum_{i=0}^{k} \bar{Q}(t_i)\bar{C}(t_i)\Delta t \Big/ \sum_{i=0}^{n} \bar{Q}(t_i)\bar{C}(t_i)\Delta t}{\sum_{i=0}^{k} \bar{Q}(t_i)\Delta t \Big/ \sum_{i=0}^{n} \bar{Q}(t_i)\Delta t} \tag{4-1}$$

式中，M（t）为 t 时刻降雨过程排放的污染负荷量，mg；V（t）为 t 时刻降雨过程排放的径流量，L；Q（t）为 t 时刻的瞬时径流量，L/min；C（t）为 t 时刻的瞬时污染物浓度，mg/L；T 为从降雨产生径流开始至降雨径流结束持续的时间，min；Δt 为计算时间间隔，min；$\bar{Q}(t_i)$ 为 t_i 时刻 Δt 计算时间段内径流量平均值，L/min；$\bar{C}(t_i)$ 为 t_i 时刻 Δt 计算时间段内污染物浓度平均值。

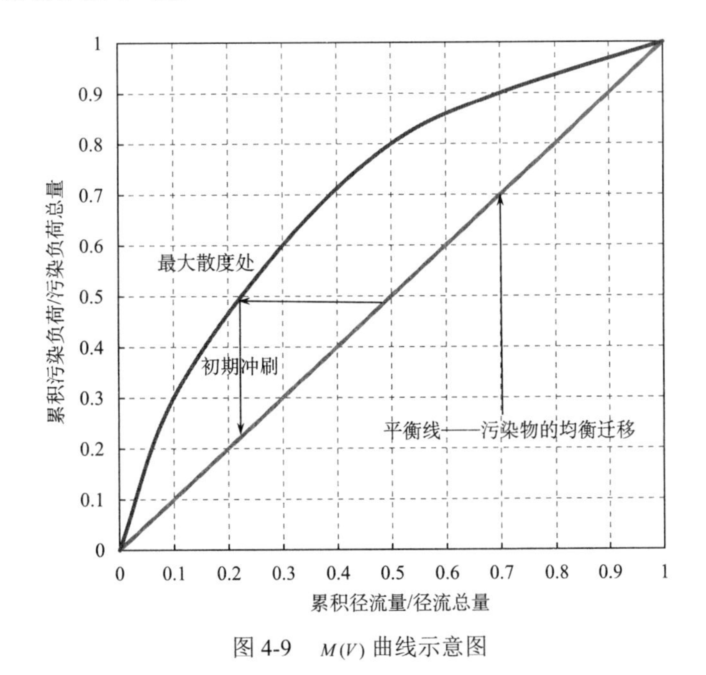

图 4-9　$M(V)$ 曲线示意图

利用前文所测得的污染物浓度数据及雨量计监测的降雨数据绘制 BOD_5、COD_{Cr}、TSS、NH_3-N、TN 和 TP 的无量纲累积 M（V）曲线图。其中，径流量平均值 $\bar{Q}(t_i)$ 根据《室外排水设计规范》（GB 50014—2006）（2014 年版），当汇水面积超过 2km^2 时，宜考虑降雨在时空分布的不均匀性和管网汇流过程，采用数学模型法计算雨水设计流量。由于采集雨水区域汇水面积较小，利用固定径流系数法，由降雨数据推求径流量，即式（4-2）：

$$\bar{Q}(t_i) = \bar{i}(t_i)\psi F \tag{4-2}$$

式中，$\bar{i}(t_i)$ 为 t_i 时刻 Δt 计算时间段内降雨强度平均值，mm/min；ψ 为径流系数；F 为汇水面积，hm^2。所绘制的无量纲累积曲线 M（V）图见图 4-10。

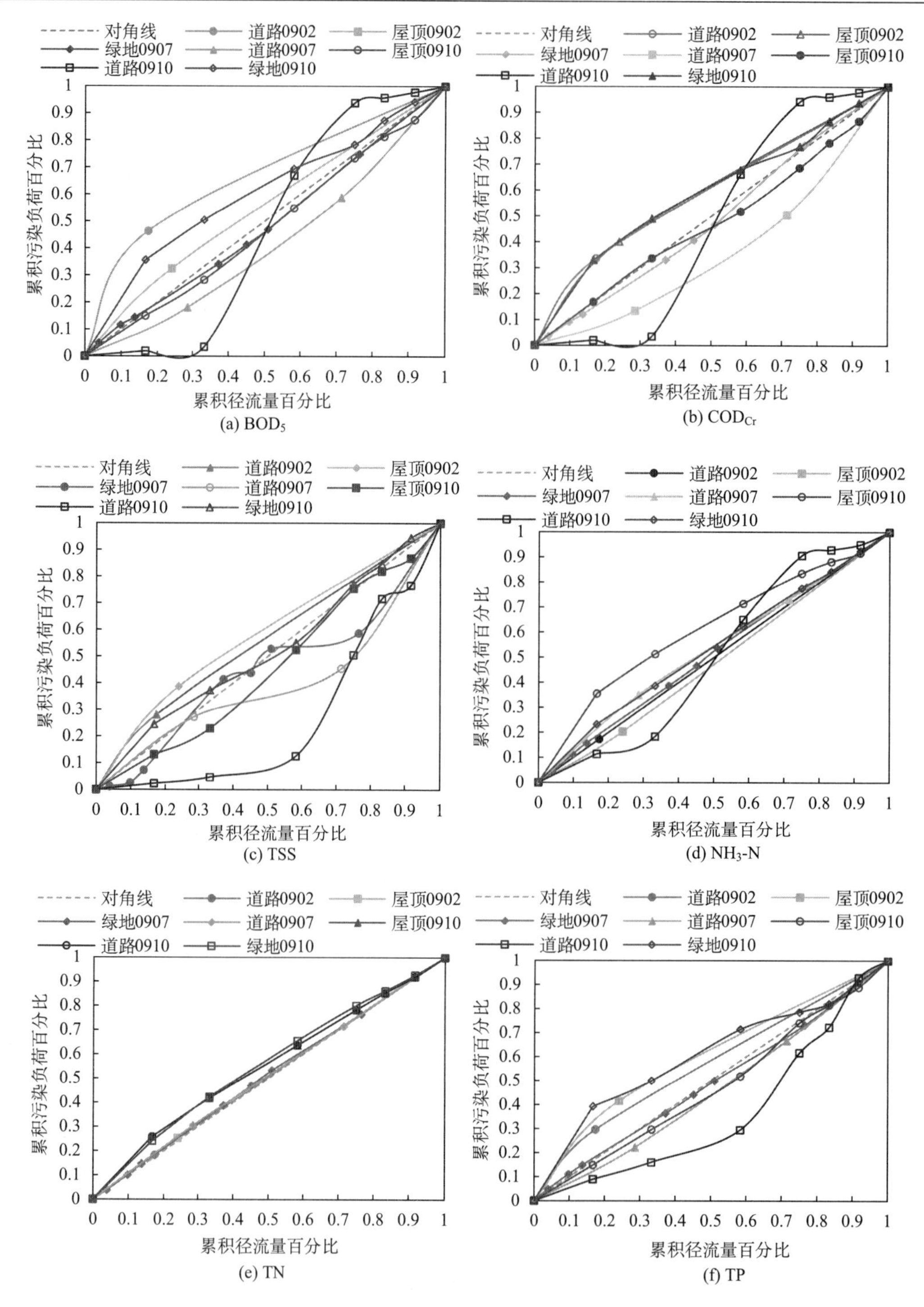

图 4-10 各场次降雨径流不同污染物浓度 *M*（*V*）曲线图

由图 4-10 可知，BOD_5 的 20160902 场次暴雨的道路和屋顶、20160910 场次暴雨的绿地在对角线上方发生了初期冲刷，20160910 场次暴雨的道路前半段在对角线下方，后半段在对角线上方，但在对角线上方的较为明显，发生了初期冲刷，20160910 场次暴雨的屋顶和 20160907 场次暴雨的绿地接近于对角线，其余均在对角线下方，未发生初期冲刷。COD_{Cr} 的 20160902 场次暴雨的屋顶和道路、20160910 场次暴雨的绿地均在对角线上方，发生了初期冲刷，其余均在对角线下方，未发生初期冲刷。TSS 的 20160902 场次暴雨的屋顶和道路、20160910 场次暴雨的绿地均在对角线上方，发生了初期冲刷，其余均在对角线下方，未发生初期冲刷。

NH_3-N 除 20160902 场次暴雨的屋顶、20160910 场次暴雨的道路外，其他均在对角线上方，但 20160910 场次暴雨的道路前段在对角线下方，后段在对角线上方，整体偏对角线上方，发生了初期冲刷。TN 的无量纲累积曲线均在对角线上方，发生了不同程度的初期冲刷，20160910 场次暴雨的绿地和道路的平均偏离程度接近，并略大于其他几种类型，其他几种偏离程度相差不大，且和对角线很接近。TP 的 20160910 场次暴雨的绿地、20160902 场次暴雨的屋顶和 20160902 场次暴雨的道路、20160907 场次暴雨的绿地均在对角线上方，发生了初期冲刷，其余均在对角线下方，未发生初期冲刷。

4.3.2 初期冲刷系数 b 量化

无量纲累积曲线 M（V）仅能用于定性地分析是否发生了初期冲刷，尽管也能根据 M（V）曲线与对角线的偏离程度大小来判断初期冲刷强度的大小，但对于特殊情况，如某些部分偏离对角线较大，但另一些部分偏离对角线较小，或前半部分在对角线以上而后半部分在对角线以下，该种情况则不能给出直观表述，故严格意义上无量纲累积曲线 M（V）不能用来判断初期冲刷强度的大小。

为了定量分析初期冲刷强度，Philippe 和 Ranchet 发现累积污染负荷百分比 G 与累积径流量百分比 L 之间存在幂函数关系，即式（4-3）：

$$G = L^b \tag{4-3}$$

式中，G 为累积污染负荷百分比，取值范围为 0~1；L 为累积径流量百分比，取值范围为 0~1，且 L=0 时 G=0，L=1 时 G=1；b 为初期冲刷系数，b 的大小反映初期冲刷强度的大小。根据前文所述，当曲线在 45°对角线的上方时，即认为发生了初期冲刷效应；当曲线在 45°对角线的下方时，则认为发生了后期冲刷效应。对应到式（4-3），由于 G 和 L 的取值范围均为 0~1，故当曲线在 45°对角线上方时，$G>L$，b 值应小于 1，且 b 值越小，初期冲刷强度越大；同理，当曲线在 45°对角线下方时，$G<L$，b 值应大于 1，但 b 值越大，后期冲刷强度越大。

简而言之，当 $b<1$ 时，认为发生了初期冲刷效应；当 $b>1$ 时，认为发生了后期冲刷效应，且 b 与 1 之差的绝对值越大，初期冲刷效应或后期冲刷效应强度越大。另外，为了便于分析初期冲刷强度，车伍等（2016）根据 b 值的大小，以 0.5、1、1.5 为界将 M（V）曲线分为五种冲刷情况：当 $b<0.5$ 时，则发生初期冲刷效应，且初期冲刷较强；当 $0.5<b<1$ 时，则发生初期冲刷效应，但初期冲刷较弱；当 $b=1$ 时，则发生均匀冲刷；当 $1<b<1.5$ 时，则发生后期冲刷效应，但后期冲刷较弱；当 $b>1.5$ 时，则发生后期冲刷效应，且后期冲刷较强。

对所测水质数据进行幂函数回归拟合，并以车伍等（2016）方法判定初期和后期冲刷效应的冲刷强度，结果见表 4-3，其中 R^2 为拟合可信度。

表 4-3　初期冲刷系数 *b* 汇总表

水质指标	降雨日期	道路		屋顶		绿地	
		b	R^2	b	R^2	b	R^2
BOD_5	20160902	0.4395	1	0.7885	1	—	—
	20160907	1.3483	0.9979	—	—	0.9086	0.9956
	20160910	2.4791	0.9376	1.0566	0.9981	0.5630	0.9952
COD_{Cr}	20160902	0.6222	1	0.6393	1	—	—
	20160907	1.5664	0.9938	—	—	1.0272	0.9985
	20160910	2.4791	0.9376	0.9590	0.9966	0.5630	0.9952
TSS	20160902	0.6650	1	0.7255	1	—	—
	20160907	0.9361	0.8597	—	—	1.4562	0.9697
	20160910	2.1092	0.9415	1.1533	0.9910	0.7821	0.9862
NH_3-N	20160902	1.0022	1	1.1189	1	—	—
	20160907	0.8317	0.9990	—	—	0.9724	0.9985
	20160910	1.3157	0.9688	0.5697	0.9990	0.8119	0.9989
TN	20160902	0.9715	1	0.9621	1	—	—
	20160907	0.9451	0.9998	—	—	1.0060	0.9993
	20160910	1.2419	0.9957	0.7472	0.9990	0.7918	0.9999
TP	20160902	0.6954	1	0.6156	1	—	—
	20160907	1.2003	1	—	—	0.9262	0.9992
	20160910	1.3440	0.9636	1.0614	0.9985	0.4982	0.9849

由表 4-3 可知，拟合度 R^2 绝大多数在 0.93 以上，拟合度较高，误差较小，可用于分析初期冲刷和后期冲刷强度。具体分析如下。

对于 BOD_5 而言，20160902 场次降雨的屋顶和道路、20160907 场次降雨的绿地和 20160910 场次降雨的绿地发生了初期冲刷效应，20160907 场次降雨的道路、20160910 场次降雨的屋顶和道路发生了后期冲刷效应。其中，初期冲刷效应中，20160902 场次降雨的道路初期冲刷较强（$b<0.5$），其余初期冲刷较弱（$0.5<b<1$），初期冲刷强度依次为：20160902 道路>20160910 绿地>20160902 屋顶>20160907 绿地。后期冲刷效应中，20160910 场次降雨的道路后期冲刷较强（$b>1.5$），其余后期冲刷较弱（$1<b<1.5$），后期冲刷强度依次为：20160910 道路>20160907 道路>20160910 屋顶。分析结果表明，无论是初期冲刷还是后期冲刷，道路 BOD_5 冲刷强度均靠前。

对于 COD_{Cr} 而言，20160902 场次降雨的屋顶和道路、20160910 场次降雨的屋顶和绿地发生了初期冲刷效应，20160907 场次降雨的道路和绿地、20160910 场次降雨的道路发生了后期冲刷效应。初期冲刷效应中，初期冲刷强度均较弱（$0.5<b<1$），初期冲刷强度依次为：20160910 绿地>20160902 道路>20160902 屋顶>20160910 屋顶。后期冲刷效应中，20160907 场次降雨的道路和 20160910 场次降雨的道路后期冲刷较强（$b>1.5$），20160907 场次降雨的绿地后期冲刷较弱（$1<b<1.5$），后期冲刷强度依次为：20160910 道路>20160907 道路>20160907 绿地。

对于 TSS 而言，20160902 场次降雨的屋顶和道路、20160907 场次降雨的道路和 20160910 场次降雨的绿地发生了初期冲刷效应，20160907 场次降雨的绿地、20160910 场次降雨的屋顶和道路发生了后期冲刷效应。初期冲刷效应中，初期冲刷强度均较弱（$0.5<b<1$），初期冲刷强度依次为：20160902 道路>20160902 屋顶>20160910 绿地>20160907 道路。后期冲刷效应中，20160910 场次降雨的道路后期冲刷较强（$b>1.5$），其余后期冲刷较弱（$1<b<1.5$），后期冲刷强度依次为：20160910 道路>20160907 绿地>20160910 屋顶。

对于 NH_3-N 而言，20160907 场次降雨的绿地和道路、20160910 场次降雨的屋顶和绿地发生了初期冲刷效应，20160902 场次降雨的屋顶和道路、20160910 场次降雨的道路发生了后期冲刷效应。初期冲刷效应中，初期冲刷强度均较弱（$0.5<b<1$），初期冲刷强度依次为：20160910 屋顶>20160910 绿地>20160907 道路>20160907 绿地。后期冲刷效应中，后期冲刷强度均较弱（$1<b<1.5$），后期冲刷强度依次为：20160910 道路>20160902 屋顶>20160902 道路。

对于 TN 而言，20160902 场次降雨的屋顶和道路、20160907 场次降雨的道路、20160910 场次降雨的屋顶和绿地发生了初期冲刷效应，20160907 场次降雨的绿地、20160910 场次降雨的道路发生了后期冲刷效应。初期冲刷效应中，初期冲刷强度均较弱（$0.5<b<1$），初期冲刷强度依次为：20160910 屋顶>20160910 绿地>20160907 道路>20160902 屋顶> 20160902 道路。后期冲刷效应中，后期冲刷强度均较弱（$1<b<1.5$），后期冲刷强度依次为：20160910 道路>20160907 绿地。

对于 TP 而言，20160902 场次降雨的屋顶和道路、20160907 场次降雨的绿地、20160910 场次降雨的绿地发生了初期冲刷效应，20160907 场次降雨的道路、20160910 场次降雨的屋顶和道路发生了后期冲刷效应。初期冲刷效应中，20160910 场次降雨的绿地初期冲刷较强（$b<0.5$），其余初期冲刷强度均较弱（$0.5<b<1$），初期冲刷强度依次为：20160910 绿地>20160902 屋顶>20160902 道路>20160907 绿地。后期冲刷效应中，后期冲刷强度均较弱（$1<b<1.5$），后期冲刷强度依次为：20160910 道路>20160907 道路>20160910 屋顶。

综上分析，在监测的三场降雨事件三种下垫面六项水质指标共 42 组数据中（每项水质指标 7 组数据），20160910 场次降雨的道路各水质指标均发生了不同强度的后期冲刷，TN 水质指标中有 71.4%（5 组降雨数据）发生了初期冲刷效应，其余各项水质指标均有 57.1%（4 组降雨数据）的降雨发生了初期冲刷。道路的 6 项水质指标 18 组数据中，44.4%（8 组降雨数据）发生了初期冲刷效应；屋顶的 6 项水质指标 12 组数据中，66.7%（8 组降雨数据）发生了初期冲刷效应；绿地的 6 项水质指标 12 组数据中，75%（9 组降雨数据）发生了初期冲刷效应。由于在降雨过程中的道路中的车辆持续行驶，不断带来污染物，使道路污染物浓度较高，不易发生初期冲刷效应。相比而言，绿地由于其下垫面的性质，较易发生初期冲刷效应，屋顶次之，道路最不容易发生初期冲刷。

4.3.3 MFF 指数初期冲刷效应

在 2002 年，国外学者基于无量纲累积曲线 $M(V)$ 提出质量初期冲刷强度指数（mass first flush ratio，MFF），用于定量分析降雨径流初期冲刷效应强度（车伍等，2011）。MFF 指当累积输送径流量占总径流量的 n%时，累积污染负荷占污染负荷总量百分比与累积径流量占径流总量百分比的比值，即式（4-4）：

$$\mathrm{MFF}_n=\frac{\int_0^t Q(t)C(t)\mathrm{d}t \Big/ \int_0^T Q(t)C(t)\mathrm{d}t}{\int_0^t Q(t)\mathrm{d}t \Big/ \int_0^T Q(t)\mathrm{d}t}=\frac{\int_0^t Q(t)C(t)\mathrm{d}t \,/\, M}{\int_0^t Q(t)\mathrm{d}t \,/\, V} \tag{4-4}$$

式中，n 为从降雨产生径流开始至 t 时刻的累积径流量占总径流量的百分比，即 MFF 的指数点，取值范围为 0~1.0；Q（t）为 t 时刻的瞬时径流量，L/min；C（t）为 t 时刻的瞬时污染物浓度，mg/L；T 为从降雨产生径流开始至降雨径流结束的持续时间，min；M 为整个降雨过程中的污染负荷总量，mg；V 为整个降雨过程中排放的径流总量，L。

由 MFF_n 的定义可知，其为从无量纲累积曲线 M（V）衍生出来的计算方法，计算时还需结合 M（V）曲线。如图 4-11 所示，MFF_{10}=3.0 和 MFF_{30}=2.0，分别表示初期 10%和初期 30%的累积降雨径流量携带 30%和 60%的累积污染负荷。

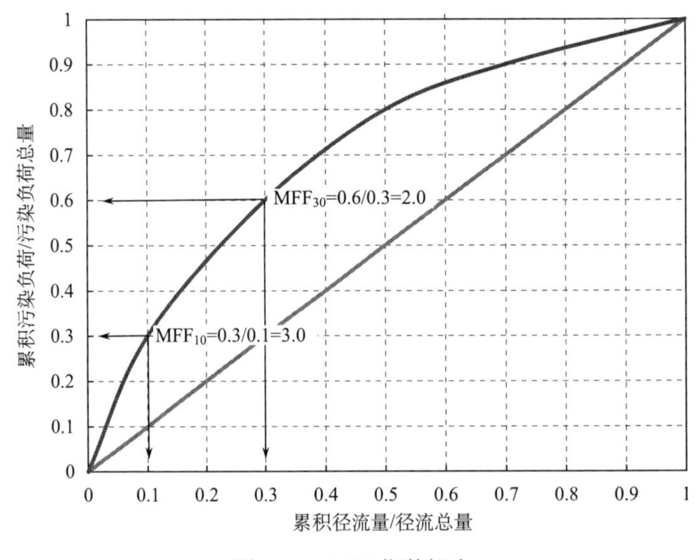

图 4-11　MFF 指数概念

根据前文所述，当 M（V）曲线处于对角线上方时，即发生了初期冲刷效应。对应于 MFF_n，当 M（V）曲线处于对角线上方时，MFF_n 值大于 1，故当 MFF_n 大于 1 时即发生初期冲刷效应，反之则发生后期冲刷效应。当然由于 n 值的取值范围为 0~1，n 值取值不同，其结果可能也会大相径庭。不同学者选取了不同的 n 值及不同的初期冲刷效应发生标准进行研究，并以 $\mathrm{MFF}n_1/n_2$ 表示其标准，具体而言，即径流初期 n_1%的径流量含有 n_2%以上的污染物负荷，即认为发生了初期冲刷效应。

为了避免采用不同 n 值的结果不同，计算 3 场降雨道路、屋顶、绿地三种下垫面类型及 6 种水质指标的 MFF_n 值，绘制 MFF_n 随累积径流量百分比变化曲线（图 4-12）。从整体考虑，根据曲线与 MFF_n=1 的位置关系图判断是否发生初期冲刷效应，并比较其所

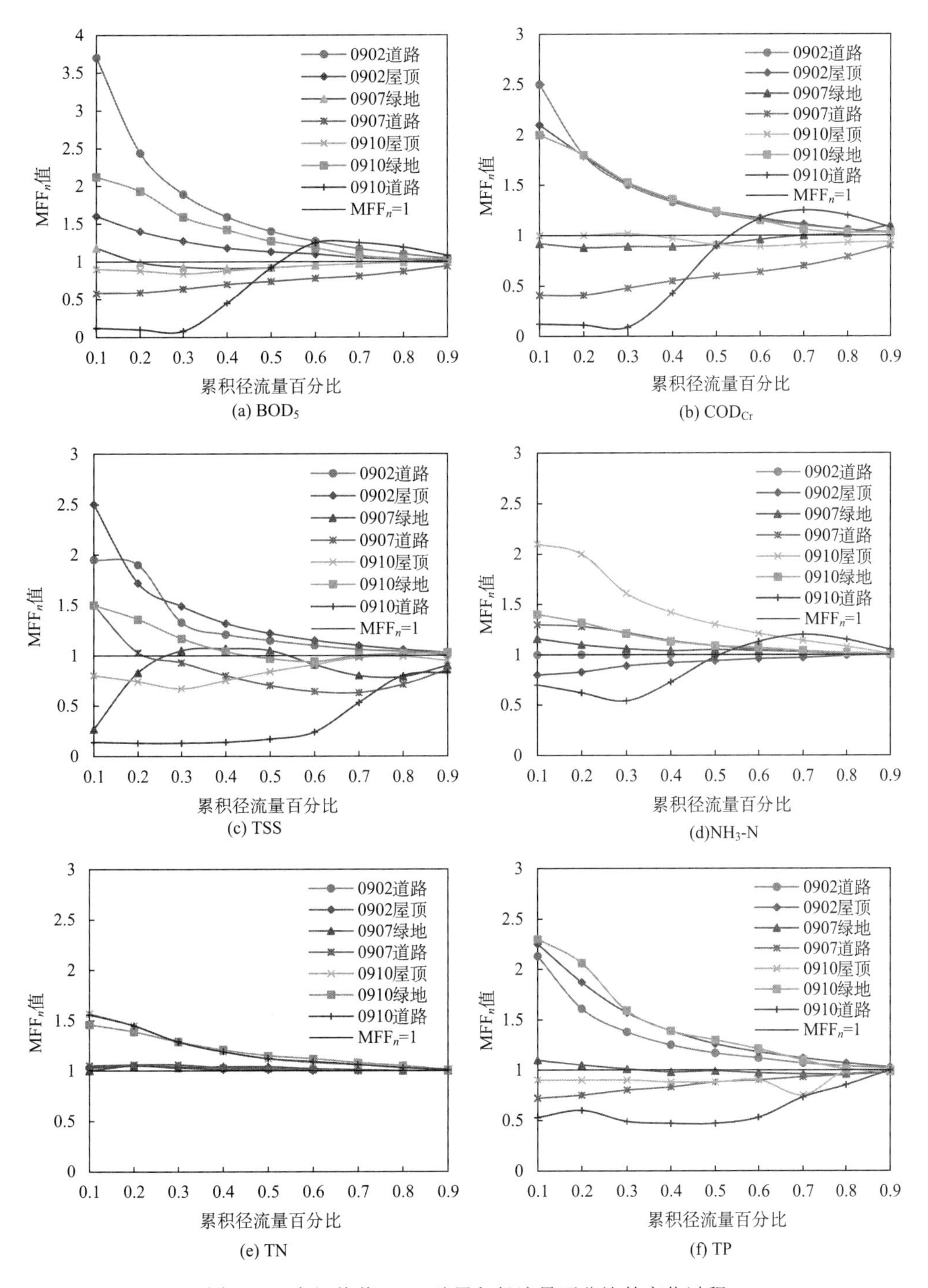

图 4-12　各污染物 MFF 随累积径流量百分比的变化过程

发生的初期冲刷强度。当曲线在 MFF_n=1 上方时即认为发生初期冲刷效应，且 MFF_n 值越大，初期冲刷强度越强。当曲线在 MFF_n=1 下方时即认为发生后期冲刷效应，且 MFF_n 值越小，后期冲刷强度越强。当曲线与 MFF_n=1 重合时即认为发生均匀冲刷效应。

由图 4-12 可知，对于 BOD_5 而言，20160902 场次降雨的屋顶和道路、20160910 场次降雨的绿地 MFF_n 曲线均位于 MFF_n=1 之上，发生了初期冲刷效应；20160907 场次降雨的道路、20160910 场次降雨的屋顶 MFF_n 曲线均位于 MFF_n=1 之下，发生了后期冲刷效应；20160907 场次降雨的绿地、20160907 场次降雨的道路一部分 MFF_n 曲线位于 MFF_n=1 之上，一部分位于 MFF_n=1 之下，取其各自的 MFF_n 平均值发现均小于 1，故发生了后期冲刷效应。初期冲刷效应中，初期冲刷强度依次为：20160902 道路>20160910 绿地>20160902 屋顶（按 MFF_n 曲线从上向下的顺序）。后期冲刷效应中，后期冲刷强度依次为：20160910 道路>20160907 道路>20160910 屋顶> 20160907 绿地（曲线不具有明显的上下关系时选取 MFF_n 的平均值进行比较）。

对于 COD_{Cr} 而言，20160902 场次降雨的屋顶和道路、20160910 场次降雨的绿地 MFF_n 曲线均位于 MFF_n=1 之上，发生了初期冲刷效应；20160907 场次降雨的道路 MFF_n 曲线均位于 MFF_n=1 之下，发生了后期冲刷效应；20160907 场次降雨的绿地、20160910 场次降雨的屋顶和道路一部分 MFF_n 曲线位于 MFF_n=1 之上，一部分位于 MFF_n=1 之下，取其各自 MFF_n 平均值发现均小于 1，发生了后期冲刷效应。初期冲刷效应中，初期冲刷强度依次为：20160902 道路>20160902 屋顶>20160910 绿地（按 MFF_n 曲线从上向下的顺序）。后期冲刷效应中，后期冲刷强度依次为：20160907 道路>20160910 道路>20160907 绿地≈ 20160910 屋顶（曲线不具有明显的上下关系时选取 MFF_n 的平均值进行比较）。

对于 TSS 而言，20160902 场次降雨的屋顶和道路 MFF_n 曲线均位于 MFF_n=1 之上，发生了初期冲刷效应；20160910 场次降雨的屋顶和道路 MFF_n 曲线均位于 MFF_n=1 之下，发生了后期冲刷效应；20160907 场次降雨的绿地和道路、20160910 场次降雨的绿地一部分 MFF_n 曲线位于 MFF_n=1 之上，一部分位于 MFF_n=1 之下，取其各自 MFF_n 平均值发现，20160907 场次降雨的绿地和道路均小于 1，发生了后期冲刷效应；而 20160910 场次降雨的绿地 MFF_n 平均值大于 1，发生了初期冲刷效应。初期冲刷效应中，初期冲刷强度依次为：20160902 屋顶>20160902 道路>20160910 绿地（按 MFF_n 曲线从上向下的顺序）。后期冲刷效应中，后期冲刷强度依次为：20160910 道路>20160910 屋顶>20160907 绿地>20160907 道路（曲线不具有明显的上下关系时选取 MFF_n 的平均值进行比较）。

对于 NH_3-N 而言，20160907 场次降雨的绿地和道路、20160910 场次降雨的屋顶和绿地 MFF_n 曲线均位于 MFF_n=1 之上，发生了初期冲刷效应；20160902 场次降雨的屋顶 MFF_n 曲线均位于 MFF_n=1 之下，发生了后期冲刷效应；20160910 场次降雨的道路一部分 MFF_n 曲线位于 MFF_n=1 之上，一部分位于 MFF_n=1 之下，取其 MFF_n 平均值发现小于 1，发生了后期冲刷效应；20160902 场次降雨的道路全部等于 1，发生了均匀冲刷效应。初期冲刷效应中，初期冲刷强度依次为：20160910 屋顶>20160910 绿地>20160907 道路>20160907 绿地（按 MFF_n 曲线从上向下的顺序）。后期冲刷效应中，后期冲刷强度依次为：20160910 道路>20160902 屋顶（曲线不具有明显的上下关系时选取 MFF_n 的平均值进行比较）。

对于 TN 而言，所有降雨的 MFF_n 曲线均位于 MFF_n=1 之上，发生了初期冲刷效应。

初期冲刷效应中，初期冲刷强度依次为：20160910 屋顶≈20160910 道路>20160910 绿地>20160907 道路>20160907 绿地≈20160902 道路>20160902 屋顶（按 MFF_n 曲线从上向下的顺序）。

对于 TP 而言，20160902 场次降雨的屋顶和道路、20160910 场次降雨的绿地 MFF_n 曲线均位于 MFF_n=1 之上，发生了初期冲刷效应；20160907 场次降雨的道路、20160910 场次降雨的屋顶和道路 MFF_n 曲线均位于 MFF_n=1 之下，发生了后期冲刷效应；20160907 场次降雨的绿地一部分 MFF_n 曲线位于 MFF_n=1 之上，一部分位于 MFF_n=1 之下，取其 MFF_n 平均值发现大于 1，发生了初期冲刷效应。初期冲刷效应中，初期冲刷强度依次为：20160910 绿地>20160902 屋顶>20160902 道路>20160907 绿地（按 MFF_n 曲线从上向下的顺序）。后期冲刷效应中，后期冲刷强度依次为：20160910 道路>20160907 道路>20160910 屋顶（曲线不具有明显的上下关系时选取 MFF_n 的平均值进行比较）。

4.3.4　MFF 指数初期冲刷污染物负荷量

按上述方法分别计算 3 场降雨道路、屋顶、绿地 3 种下垫面类型及 6 种水质指标的 MFF_{10}、MFF_{20}、MFF_{30}、MFF_{40}，具体计算结果见表 4-4。

表 4-4　不同污染物的不同 MFF_n 汇总表

指标	场次-类型	BOD_5	COD_{Cr}	TSS	NH_3-N	TN	TP
MFF_{10}	0902 道路	3.70	2.50	1.95	1.00	1.03	2.13
	0902 屋顶	1.60	2.10	2.50	0.80	1.03	2.25
	0907 道路	0.58	0.41	1.50	1.30	1.05	0.72
	0907 绿地	1.18	0.92	0.27	1.16	1.00	1.10
	0910 道路	0.12	0.12	0.14	0.70	1.56	0.53
	0910 屋顶	0.90	1.00	0.80	2.10	1.57	0.90
	0910 绿地	2.12	2.00	1.50	1.40	1.46	2.30
MFF_{20}	0902 道路	2.44	1.80	1.90	1.00	1.05	1.61
	0902 屋顶	1.40	1.79	1.72	0.83	1.05	1.87
	0907 道路	0.59	0.41	1.03	1.28	1.06	0.75
	0907 绿地	0.99	0.88	0.83	1.10	1.05	1.05
	0910 道路	0.10	0.11	0.13	0.62	1.45	0.60
	0910 屋顶	0.88	1.00	0.74	2.00	1.45	0.90
	0910 绿地	1.93	1.80	1.36	1.32	1.39	2.06
MFF_{30}	0902 道路	1.89	1.50	1.33	1.00	1.04	1.38
	0902 屋顶	1.27	1.52	1.49	0.89	1.03	1.57
	0907 道路	0.64	0.48	0.93	1.22	1.06	0.80
	0907 绿地	0.93	0.89	1.05	1.06	1.03	1.01
	0910 道路	0.08	0.09	0.13	0.54	1.29	0.49
	0910 屋顶	0.84	1.02	0.67	1.61	1.29	0.90
	0910 绿地	1.59	1.53	1.17	1.21	1.29	1.59

续表

指标	场次-类型	BOD_5	COD_{Cr}	TSS	NH_3-N	TN	TP
MFF_{40}	0902 道路	1.59	1.33	1.21	1.00	1.03	1.25
	0902 屋顶	1.18	1.35	1.32	0.92	1.01	1.39
	0907 道路	0.70	0.55	0.80	1.14	1.03	0.83
	0907 绿地	0.91	0.89	1.07	1.04	1.04	0.98
	0910 道路	0.45	0.43	0.14	0.73	1.19	0.47
	0910 屋顶	0.88	0.97	0.75	1.42	1.19	0.88
	0910 绿地	1.42	1.36	1.04	1.13	1.21	1.39

表 4-4 列出了 3 场降雨道路、屋顶、绿地三种下垫面类型及 6 种水质指标的 MFF_{10}、MFF_{20}、MFF_{30}、MFF_{40} 的计算结果，根据这些值即可得出初期 10%、20%、30%、40% 径流所携带的各种污染负荷百分比，即用对应的 MFF_n 数值乘以 n%，如 20160902 道路初期 10%径流携带 3.7×10%=37%的 BOD_5 负荷量。

由表 4-4 可知，初期 10%径流不同下垫面所携带的各种污染负荷百分比如下：道路 BOD_5 为 1.2%～37%，屋顶 BOD_5 为 9%～16%，绿地 BOD_5 为 11.8%～21.2%；道路 COD_{Cr} 为 1.2%～25%，屋顶 COD_{Cr} 为 10%～21%，绿地 COD_{Cr} 为 9.2%～20%；道路 TSS 为 1.4%～19.5%，屋顶 TSS 为 8%～25%，绿地 TSS 为 2.7%～15%；道路 NH_3-N 为 7%～13%，屋顶 NH_3-N 为 8%～21%，绿地 NH_3-N 为 11.6%～14%；道路 TN 为 10.3%～15.6%，屋顶 TN 为 10.3%～15.7%，绿地 TN 为 10%～14.6%；道路 TP 为 5.3%～21.3%，屋顶 TP 为 9%～22.5%，绿地 TP 为 11%～23%。

初期 20%径流不同下垫面所携带的各种污染负荷百分比如下：道路 BOD_5 为 2%～48.8%，屋顶 BOD_5 为 17.6%～28%，绿地 BOD_5 为 19.8%～38.6%；道路 COD_{Cr} 为 2.2%～36%，屋顶 COD_{Cr} 为 20%～35.8%，绿地 COD_{Cr} 为 17.6%～36%；道路 TSS 为 2.6%～38%，屋顶 TSS 为 14.8%～34.4%，绿地 TSS 为 16.6%～27.2%；道路 NH_3-N 为 12.4%～25.6%，屋顶 NH_3-N 为 16.6%～40%，绿地 NH_3-N 为 22%～26.4%；道路 TN 为 21%～29%，屋顶 TN 为 21%～29%，绿地 TN 为 21%～27.8%；道路 TP 为 12%～32.2%，屋顶 TP 为 18%～37.4%，绿地 TP 为 21%～41.2%。

初期 30%径流不同下垫面所携带的各种污染负荷百分比如下：道路 BOD_5 为 2.4%～56.7%，屋顶 BOD_5 为 25.2%～38.1%，绿地 BOD_5 为 27.9%～47.7%；道路 COD_{Cr} 为 2.7%～45%，屋顶 COD_{Cr} 为 30.6%～45.6%，绿地 COD_{Cr} 为 26.7%～45.9%；道路 TSS 为 3.9%～39.9%，屋顶 TSS 为 20.1%～44.7%，绿地 TSS 为 31.5%～35.1%；道路 NH_3-N 为 16.2%～36.6%，屋顶 NH_3-N 为 26.7%～48.3%，绿地 NH_3-N 为 31.8%～36.3%；道路 TN 为 31.2%～38.7%，屋顶 TN 为 30.9%～38.7%，绿地 TN 为 30.9%～38.7%；道路 TP 为 14.7%～41.4%，屋顶 TP 为 27%～47.1%，绿地 TP 为 30.3%～47.7%。

初期 40%径流不同下垫面所携带的各种污染负荷百分比如下：道路 BOD_5 为 18%～63.6%，屋顶 BOD_5 为 35.2%～47.2%，绿地 BOD_5 为 36.4%～56.8%；道路 COD_{Cr} 为 17.2%～53.2%，屋顶 COD_{Cr} 为 38.8%～54%，绿地 COD_{Cr} 为 35.6%～54.4%；道路 TSS 为 5.6%～

48.4%，屋顶 TSS 为 30%～52.8%，绿地 TSS 为 41.6%～42.8%；道路 NH_3-N 为 29.2%～45.6%，屋顶 NH_3-N 为 36.8%～56.8%，绿地 NH_3-N 为 41.6%～45.2%；道路 TN 为 41.2%～47.6%，屋顶 TN 为 40.4%～47.6%，绿地 TN 为 41.6%～48.4%；道路 TP 为 18.8%～50%，屋顶 TP 为 35.2%～55.6%，绿地 TP 为 39.2%～55.6%。

分别采用了各场次降雨径流不同污染物浓度 $M(V)$ 曲线图、初期冲刷系数 b 及 MFF 等指标对各种污染物在道路、屋面和绿地等下垫面情况下的初期冲刷效应进行了定性和定量分析，由分析结果可以看出，各种方法所得结果不完全一致，造成这种现象的原因主要与城市面源污染具有高度不确定性有关。

4.4　PCSWMM 城市雨洪模型构建

4.4.1　研究区域概化

现有研究区域排水管网 CAD 图、高清卫星遥感影像图等资料，其中，遥感影像图影像级别为 19 级，清晰度较高，能清晰识别道路、屋顶、绿地等下垫面信息，为后期建模分析不透水率、下垫面比例和 LID 措施布置等提供了支持。

在 PCSWMM 模型中，水力要素包括节点和管段，其中，节点包括铰点（窨井、雨水篦子、探测点、转折点）、出水口和蓄水设施（蓄水池和湖泊），管道包括排水管道和沟渠。但考虑到雨水篦子对模拟结果无太大影响，且雨水篦子管线管径较小，删除雨水篦子可以提高模型计算速度和精度，故一般将雨水篦子删除。

研究区域管网数据源自排水管网 CAD 图，该区域为新建小区，采用的是雨污分流制，故仅提取雨水管网。管线均采用圆形，最大管径为 1650mm，最小管径为 600mm。由该排水管网 CAD 图中可提取管线起点终点 XYZ 坐标、管径、长度、流向，起点终点地表标高等信息。其中，起点终点即为检查井的位置，可根据起点终点 XY 坐标确定检查井位置，导入 PCSWMM 模型。起点终点的 Z 坐标即为该管线的入口标高、出口标高，可通过 PCSWMM 导入工具导入 PCSWMM 模型，但需注意从 CAD 管网图中提取出的数据为管径的下沿埋深标高，故此时 PCSWMM 模型的偏移量应选择标高进行导入，如选择的深度作为偏移量还需作进一步转换。检查井的地表标高如前所述，可以直接从 CAD 中提取出来，井底标高即为与该检查井相连的所有管道中最低的管道 Z 值。经处理后导入 PCSWMM 模型，有检查井 130 个，出水口两个，管段 130 根，管段曼宁系数取 0.013。

采用等分角线法划分研究区域的排水系统子汇水区，即在道路中心线的交点处做对应角的角平分线，角平分线相交组成该子汇水区。由于每个子汇水区中检查井数较多，汇水区只指定其中一个检查井，故在从 CAD 图中提取的子汇水区划分的基础上，再次利用泰森多边形法则对其细分，最终研究区域被划分为 132 个子汇水区。

4.4.2　模型参数率定

PCSWMM 模型参数包括水量和水质两部分，其中，子汇水区的坡度、宽度、不透水率等可以直接计算得到，水量模型参数参考 PCSWMM 模型手册、相关文献及邻近地区的相关研究成果（黄国如和聂铁锋，2012；聂铁锋，2012；黄国如和冼卓雁，2014）确定，具体取值见表 4-5。

表 4-5　子汇水区参数取值

参数名称	物理意义	取值
N-Imperv	不透水区曼宁系数	0.015
N-Perv	透水区曼宁系数	0.032
Destore-Imperv	不透水区洼蓄水深度/mm	1
Destore-Perv	透水区洼蓄水深度/mm	10
% Zero-Imperv	不透水区无洼地不透水区	50
MaxRate	最大下渗率/（mm/h）	103.81
MinRate	最小下渗率/（mm/h）	11.44
Decay	渗透衰减系数	2.75

采用 2016 年 9 月 10 日监测降雨和水质数据，以 BOD_5、COD_{Cr}、TSS、NH_3-N、TN、TP 等水质指标作为目标对模型水质参数进行率定，模型参数参考相关文献取初值（黄国如和聂铁锋，2012；聂铁锋，2012；黄国如和冼卓雁，2014），根据模拟结果与实测数据误差调整水质模型参数直至最优。鉴于监测数据质量问题（如数据个数问题），绿地和道路采用 2016 年 9 月 7 日所监测的水质和降雨数据进行模型参数率定，屋顶采用 2016 年 9 月 2 日所监测的水质和降雨数据进行模型参数验证。对应不同下垫面不同水质指标的水质参数分别选取最大值、平均值、某一时刻的瞬时值，即同时刻值，选取确定性系数作为评价该模型模拟效果的评价方法，得到的模型参数见表 4-6～表 4-8，模拟结果见表 4-9。

表 4-6　各土地利用类型街道清扫参数表

参数	土地利用类型		
	道路	屋顶	绿地
时间间隔/d	1	1	0
可清除比例	1	0.2	0
模拟时间距上次清扫时间/d	1	1	0

表 4-7　不同土地利用类型不同水质指标累积参数

土地类型	参数	BOD_5	COD_{Cr}	TSS	NH_3-N	TN	TP
道路	最大累积量/（kg/hm^2）	80	300	100	2	5	1
	半饱和累积时间/d	4	4	5	3	5	4
屋顶	最大累积量/（kg/hm^2）	10	8	10	2	7.5	0.3
	半饱和累积时间/d	7	10	7	7	7	7
绿地	最大累积量/（kg/hm^2）	20	40	80	4	8	2
	半饱和累积时间/d	13	20	13	18	20	20

表 4-8　不同土地利用类型不同水质指标冲刷参数

土地类型	参数	BOD_5	COD_{Cr}	TSS	NH_3-N	TN	TP
道路	冲刷系数	0.005	0.007	0.03	0.015	0.02	0.0045
	冲刷指数	1.8	1.5	1.2	1.8	1.6	1.1
	清扫去除率/%	60	60	60	60	60	60
屋面	冲刷系数	0.0032	0.03	0.014	0.0014	0.006	0.0022
	冲刷指数	1.4	1.2	1.2	1.8	1.2	1.05
	清扫去除率/%	60	60	60	60	60	60
绿地	冲刷系数	0.006	0.03	0.024	0.008	0.011	0.0009
	冲刷指数	1.8	1.5	1.6	1.25	1.42	1.6
	清扫去除率/%	—	—	—	—	—	—

表 4-9　模拟结果与实测对照表

水质指标	数据类型	绿地				屋顶				道路			
		20160907		20160910		20160902		20160910		20160907		20160910	
		实测	模拟	实测	模拟	实测	模拟	实测	模拟	实测	模拟	实测	模拟
BOD_5	最大值	4.3	4	14.7	14.9	3.5	2.8	2.8	2.87	4.1	4.2	19.2	19.15
	平均值	3.48	2.7	7.53	7.34	2.575	1.83	1.99	1.95	2.87	1.7	9.65	7.83
	同时刻	4.3	4	9.5	9.5	2.3	2.8	1.7	1.49	1.8	1.71	8.2	9.4
	确定性系数	0.974		0.998		0.896		0.993		0.892		0.977	
COD_{Cr}	最大值	19	22.6	58	57.4	9	11	11	10.6	22	25.6	74	75.77
	平均值	15.2	11.2	32.8	34.6	7.33	7	7.6	8.09	13	15	40.3	40.25
	同时刻	15	14.4	41	41.9	5	5.16	8	7.55	11	11.8	33	26
	确定性系数	0.936		0.998		0.950		0.995		0.947		0.984	
TSS	最大值	23	29	35	34.9	4	4.75	8	7.8	18	25	132	126.2
	平均值	10.6	11.6	18	19.5	3	2.86	5	5.6	10.3	9.8	55.5	53.5
	同时刻	4	4.42	14	11.9	4	4.28	6	5.67	18	23	65	52.8
	确定性系数	0.843		0.990		0.974		0.992		0.83		0.981	
NH_3-N	最大值	0.7	0.93	1.19	1.1	0.89	0.59	0.56	0.62	0.65	0.75	1.63	106
	平均值	0.61	0.76	0.837	0.85	0.61	0.38	0.26	0.25	0.54	0.26	0.55	0.65
	同时刻	0.59	0.57	0.932	0.96	0.22	0.27	0.21	0.21	0.65	0.7	0.43	0.4
	确定性系数	0.890		0.994		0.721		0.976		0.873		0.989	
TN	最大值	3.02	3.38	3.75	3.81	2.74	2.54	2.65	2.56	2.57	3.02	3.57	3.52
	平均值	2.68	2.59	2.628	2.52	2.51	2.24	1.77	1.89	2.43	1.58	2.15	1.7
	同时刻	2.5	1.89	2.82	2.81	2.55	2.54	1.65	1.67	2.57	2.66	2.26	2.1
	确定性系数	0.962		0.999		0.991		0.996		0.925		0.978	
TP	最大值	0.16	0.21	0.11	0.11	0.04	0.027	0.03	0.03	0.09	0.09	0.23	0.229
	平均值	0.13	0.13	0.047	0.07	0.035	0.024	0.02	0.02	0.08	0.08	0.09	0.095
	同时刻	0.16	0.11	0.04	0.04	0.03	0.026	0.03	0.03	0.08	0.08	0.12	0.1
	确定性系数	0.884		0.943		0.858		0.991		0.997		0.986	

从表 4-9 中可以看出，确定性系数绝大部分模拟结果大于 0.9，模拟结果精度较高，能够较好地反映水质污染状况，说明所构建的 PCSWMM 模型具有较好的精度和可靠性。

4.5 LID 组合措施方案雨洪调控效应

4.5.1 LID 组合措施方案设计

参考相关文献及各地区低影响开发手册（戚海军，2013；胡爱兵等，2015），选取下垫面的 50%改造为对应的低影响开发措施，分析各种方案情况下 LID 措施的效果，具体方案如下。

（1）方案 A

方案 A 将屋顶的 50%改造为绿色屋顶，绿色屋顶雨水直接排放，绿地的 50%改造为下凹绿地，剩余的 50%原屋顶产生的雨水汇流至下凹绿地收集处理（图 4-13）。

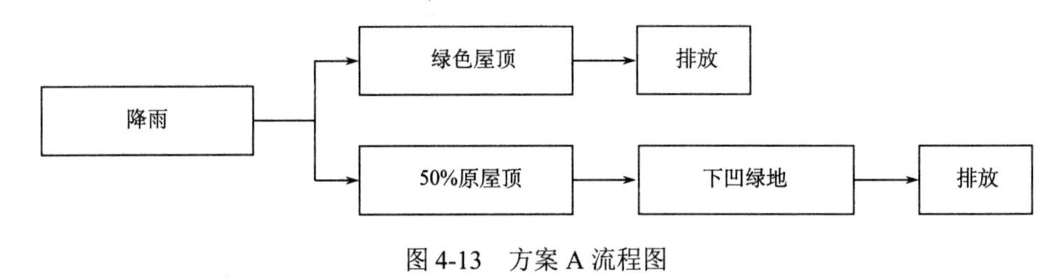

图 4-13 方案 A 流程图

（2）方案 B

方案 B 将道路的 50%改造为透水铺装，绿地的 50%改造为下凹绿地，50%原屋顶的雨水汇流至下凹绿地收集处理（图 4-14）。

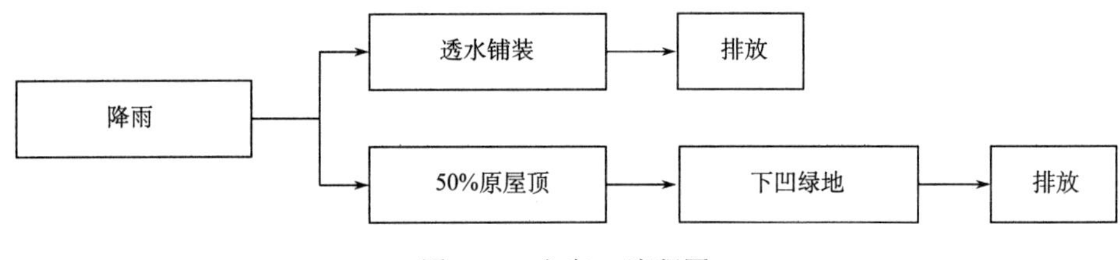

图 4-14 方案 B 流程图

（3）方案 C

方案 C 将屋顶的 50%改造为绿色屋顶，道路的 50%改造为透水铺装，绿地的 50%改造为下凹绿地，绿色屋顶和透水铺装雨水直接排放，剩余的 50%原屋顶的雨水汇流至下凹绿地收集处理排放（图 4-15）。

参考相关文献和模型手册，本模型中所涉及的绿色屋顶、透水铺装和下凹式绿地的 LID 参数见表 4-10~表 4-12。

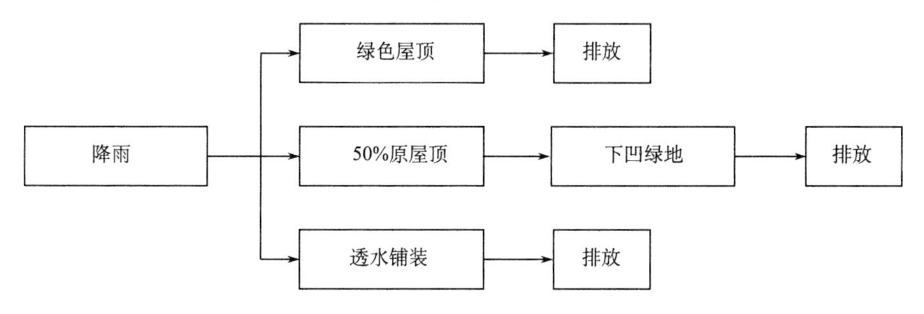

图 4-15　方案 C 流程图

表 4-10　透水铺装设计参数

表面层	滞留深度/mm	空间植被覆盖率	曼宁系数	表面坡度/%	—
	20	0	0.11	1	—
路面层	厚度/mm	孔隙率	不透水率	渗透率/（mm/h）	阻碍因子
	60	0.1	0	200	0
蓄水层	厚度/mm	孔隙率	下渗率/（mm/h）	阻碍因子	—
	250	0.43	500	0	—
排水垫层	出流系数/（mm/s）	出流指数	管底抬高/mm	—	—
	0	0.5	6	—	—

表 4-11　绿色屋顶设计参数

表面层	滞留深度/mm	空间植被覆盖率	曼宁系数	表面坡度/%	—	—	—
	50	0.2	0.15	1	—	—	—
土壤层	厚度/mm	孔隙率	土壤持水率	凋萎点	水力传导度/（mm/h）	水力传导坡度	水吸力/mm
	250	0.18	0.15	0.03	18	10	90
排水垫层	厚度/mm	孔隙率	曼宁系数	—	—	—	—
	30	0.43	0.3	—	—	—	—

表 4-12　下凹绿地设计参数

表面层	滞留深度/mm	空间植被覆盖率	曼宁系数	表面坡度/%	—	—	—
	200	0.2	0.15	1	—	—	—
土壤层	厚度/mm	孔隙率	土壤持水率	凋萎点	水力传导度/（mm/h）	水力传导坡度	水吸力/mm
	500	0.18	0.1	0.03	3.6	10	90
蓄水层	厚度/mm	孔隙率	下渗率/（mm/h）	阻碍因子	—	—	—
	200	0.2	500	0	—	—	—
排水垫层	出流系数/（mm/s）	出流指数	管底抬高/mm				
	0	0.5	50				

4.5.2 LID 雨洪调控效应评估

采用广州市暴雨强度公式，降雨重现期分别取 0.5 年、1 年、2 年、5 年、10 年、20 年，利用芝加哥雨型得到不同重现期设计降雨过程线，应用构建的 PCSWMM 模型评估各种方案低影响开发效果。

1. 遭遇 0.5 年一遇 2 小时设计降雨

当研究区域遭遇 0.5 年一遇 2 小时设计降雨时，LID 措施添加前、方案 A、方案 B、方案 C 4 种情况下出水口#1 和出水口#2 的流量峰值、不同指标污染物浓度峰值，以及 4 种情况下的径流量、不同指标污染物负荷量及其削减率见表 4-13~表 4-15。

表 4-13　遭遇 0.5 年一遇 2 小时设计降雨情况下各方案流量峰值及不同指标污染物浓度峰值（单位：mg/L）

LID 布设方案	排水口	流量/（m^3/s）	BOD_5	COD_{Cr}	TSS	NH_3-N	TN	TP
LID 措施添加前	#1	3.35	105.58	261.01	185.78	6.55	12.04	0.28
	#2	2.41	82.69	169.24	146.73	4.02	8.37	0.27
方案 A	#1	1.96	123.66	312.58	199.16	7.62	13.73	0.27
	#2	0.94	72.51	167.58	155.45	4.01	8.34	0.21
方案 B	#1	1.33	115.24	270.63	172.56	5.82	10.74	0.24
	#2	0.69	62.96	150.96	155.03	3.98	8.21	0.18
方案 C	#1	1.26	117.29	275.68	173.61	5.90	10.85	0.24
	#2	0.56	56.99	142.87	152.53	3.75	7.82	0.18

表 4-14　遭遇 0.5 年一遇 2 小时设计降雨情况下各方案径流量及不同指标污染物负荷量（单位：kg）

LID 布设方案	径流量/m^3	BOD_5	COD_{Cr}	TSS	NH_3-N	TN	TP
LID 措施添加前	12100	534.07	1483.33	1019.82	23.87	56.43	2.55
方案 A	6539	331.04	983.30	674.02	14.88	33.59	1.27
方案 B	4433	249.82	675.80	534.24	12.44	27.38	0.79
方案 C	4263	230.04	631.26	497.72	11.48	25.23	0.73

表 4-15　遭遇 0.5 年一遇 2 小时设计降雨情况下各方案径流量及不同指标污染物负荷削减率（%）

LID 布设方案	径流量	BOD_5	COD_{Cr}	TSS	NH_3-N	TN	TP
方案 A	45.96	38.02	33.71	33.91	37.66	40.48	50.20
方案 B	63.36	53.22	54.44	47.61	47.89	51.48	69.02
方案 C	64.77	56.93	57.44	51.20	51.91	55.29	71.37

由表 4-13 的流量数据可知，方案 A、方案 B、方案 C 的出水口#1 和出水口#2 的流量均小于 LID 添加前，说明方案 A、方案 B、方案 C 对流量均有明显的削减作用。比较 3 个方案的流量可以发现方案 A>方案 B>方案 C，这是由 3 个方案的削减效果不同造成的。方案 C 为方案 A 与方案 B 的组合，效果优于方案 A 和方案 B，而方案 B 削减效果

优于方案 A。

由表 4-13 污染物数据可知，方案 A、方案 B 和方案 C 在出水口#1 和出水口#2 的径流污染物浓度峰值均有明显削减，但个别污染物，如出水口#1 BOD_5 的径流污染物浓度峰值却比 LID 措施添加前还高，出水口#1 除 TP 以外，径流污染物浓度峰值方案 C 比方案 B 还高。这是由于 PCSWMM 模型在计算冲刷带来的污染物时，不区分 LID 区域和非 LID 区域，直接采用子流域全部径流和面积来计算。LID 区域内的降雨被直接用于稀释污染物，而非 LID 区域内的降雨需要转换为径流才可用于稀释污染物，两者有时会有近一半甚至一个量级的差距，导致设置了 LID 措施的出水口污染物浓度峰值有可能高于未设置 LID 措施的出水口污染物浓度峰值，或者多添加了某项 LID 措施的出水口浓度峰值高于未添加该项 LID 措施的出水口污染物浓度峰值。

尽管方案 A、方案 B 和方案 C 的个别污染物浓度峰值高于 LID 措施添加前，但由于污染物负荷量是由流量乘以浓度累加所得，故此污染物负荷量仍有不同程度的削减。遭遇不同重现期设计降雨所得规律与遭遇 0.5 年一遇设计降雨一致，以下不再论述各方案流量及不同指标污染物浓度峰值。

由表 4-14 和表 4-15 可知，当研究区域遭遇 0.5 年一遇 2 小时设计降雨时，对比 LID 措施添加前、方案 A、方案 B 和方案 C 4 种情况下的出水口径流量、BOD_5、COD_{Cr}、TSS、NH_3-N、TN、TP，发现各项指标削减情况如下：外排径流量分别减少了约 45.96%、63.36% 和 64.77%，BOD_5 污染负荷分别减少了约 38.02%、53.22%和 56.93%，COD_{Cr} 污染负荷分别减少了约 33.71%、54.44%和 57.44%，TSS 污染负荷分别减少了约 33.91%、47.61%和 51.20%，NH_3-N 污染负荷分别减少了约 37.66%、47.89%和 51.91%，TN 污染负荷分别减少了约 40.48%、51.48%和 55.29%，TP 污染负荷分别减少了约 50.20%、69.02%和 71.37%。

2. 遭遇 1 年一遇 2 小时设计降雨

当研究区域遭遇 1 年一遇 2 小时设计降雨时，LID 措施添加前、方案 A、方案 B、方案 C 4 种情况下的径流量、不同指标污染物负荷量及其削减率见表 4-16 和表 4-17。

表 4-16　遭遇 1 年一遇 2 小时设计降雨情况下各方案径流量及不同指标污染物负荷量（单位：kg）

LID 布设方案	径流量/m^3	BOD_5	COD_{Cr}	TSS	NH_3-N	TN	TP
LID 措施添加前	14391	577.43	1631.28	1088.58	26.07	61.90	3.11
方案 A	7878	374.49	1112.45	767.32	16.75	38.46	1.55
方案 B	5518	299.64	816.79	635.71	14.39	32.35	1.00
方案 C	5227	274.11	759.46	593.60	13.26	29.72	0.92

表 4-17　遭遇 1 年一遇 2 小时设计降雨情况下各方案径流量及不同指标污染物负荷削减率（%）

LID 布设方案	径流量	BOD_5	COD_{Cr}	TSS	NH_3-N	TN	TP
方案 A	45.26	35.15	31.81	29.51	35.75	37.87	50.16
方案 B	61.66	48.11	49.93	41.60	44.80	47.74	67.85
方案 C	63.68	52.53	53.44	45.47	49.14	51.99	70.42

由表 4-16 和表 4-17 可知，当研究区域遭遇 1 年一遇 2 小时设计降雨时，对比 LID 措施添加前、方案 A、方案 B 和方案 C 4 种情况下的出水口径流量、BOD_5、COD_{Cr}、TSS、NH_3-N、TN、TP，发现各项指标削减情况如下：外排径流量分别减少了约 45.26%、61.66% 和 63.68%，BOD_5 污染负荷分别减少了约 35.15%、48.11%和 52.53%，COD_{Cr} 污染负荷分别减少了约 31.81%、49.93%和 53.44%，TSS 污染负荷分别减少了约 29.51%、41.60% 和 45.47%，NH_3-N 污染负荷分别减少了约 35.75%、44.80%和 49.14%，TN 污染负荷分别减少了约 37.87%、47.74%和 51.99%，TP 污染负荷分别减少了约 50.16%、67.85%和 70.42%。

3. 遭遇 2 年一遇 2 小时设计降雨

当研究区域遭遇 2 年一遇 2 小时设计降雨时，LID 措施添加前、方案 A、方案 B、方案 C 4 种情况下的径流量、不同指标污染物负荷量及其削减率见表 4-18 和表 4-19。

表 4-18　遭遇 2 年一遇 2 小时设计降雨情况下各方案径流量及不同指标污染物负荷量（单位：kg）

LID 布设方案	径流量/m^3	BOD_5	COD_{Cr}	TSS	NH_3-N	TN	TP
LID 措施添加前	17347	619.82	1776.10	1152.28	28.54	67.92	3.81
方案 A	9671	428.75	1263.05	880.15	19.12	44.76	1.92
方案 B	7022	360.05	986.60	763.78	16.88	38.85	1.29
方案 C	6587	329.26	916.75	718.98	15.65	35.87	1.18

表 4-19　遭遇 2 年一遇 2 小时设计降雨情况下各方案径流量及不同指标污染物负荷削减率（%）

LID 布设方案	径流量	BOD_5	COD_{Cr}	TSS	NH_3-N	TN	TP
方案 A	44.25	30.83	28.89	23.62	33.00	34.10	49.61
方案 B	59.52	41.91	44.45	33.72	40.86	42.80	66.14
方案 C	62.03	46.88	48.38	37.60	45.17	47.19	69.03

由表 4-18 和表 4-19 可知，当研究区域遭遇 2 年一遇 2 小时设计降雨时，对比 LID 措施添加前、方案 A、方案 B 和方案 C 4 种情况下的出水口径流量、BOD_5、COD_{Cr}、TSS、NH_3-N、TN、TP，发现各项指标削减情况如下：外排径流量分别减少了约 44.25%、59.52% 和 62.03%，BOD_5 污染负荷分别减少了约 30.83%、41.91%和 46.88%，COD_{Cr} 污染负荷分别减少了约 28.89%、44.45%和 48.38%，TSS 污染负荷分别减少了约 23.62%、33.72% 和 37.60%，NH_3-N 污染负荷分别减少了约 33.00%、40.86%和 45.17%，TN 污染负荷分别减少了约 34.10%、42.80%和 47.19%，TP 污染负荷分别减少了约 49.61%、66.14%和 69.03%。

4. 遭遇 5 年一遇 2 小时设计降雨

当研究区域遭遇 5 年一遇 2 小时设计降雨时，LID 措施添加前、方案 A、方案 B、方案 C 4 种情况下的径流量、不同指标污染物负荷量及其削减率见表 4-20 和表 4-21。

表 4-20　遭遇 5 年一遇 2 小时设计降雨情况下各方案径流量及不同指标污染物负荷量（单位：kg）

LID 布设方案	径流量/m^3	BOD_5	COD_{Cr}	TSS	NH_3-N	TN	TP
LID 措施添加前	21690	664.39	1934.58	1208.31	31.66	74.97	4.85
方案 A	12287	503.60	1458.74	1009.19	22.26	53.16	2.50
方案 B	9219	443.37	1212.43	919.35	20.19	47.65	1.76
方案 C	8562	409.47	1131.81	876.14	18.90	44.41	1.59

表 4-21　遭遇 5 年一遇 2 小时设计降雨情况下各方案径流量及不同指标污染物负荷削减率（%）

LID 布设方案	径流量	BOD_5	COD_{Cr}	TSS	NH_3-N	TN	TP
方案 A	43.35	24.20	24.60	16.48	29.69	29.10	48.45
方案 B	57.50	33.27	37.33	23.91	36.23	36.44	63.71
方案 C	60.53	38.37	41.50	27.49	40.30	40.76	67.22

由表 4-20 和表 4-21 可知，当研究区域遭遇 5 年一遇 2 小时设计降雨时，对比 LID 措施添加前、方案 A、方案 B 和方案 C 4 种情况下的出水口径流量、BOD_5、COD_{Cr}、TSS、NH_3-N、TN、TP，发现各项指标削减情况如下：外排径流量分别减少了约 43.35%、57.50% 和 60.53%，BOD_5 污染负荷分别减少了约 24.20%、33.27%和 38.37%，COD_{Cr} 污染负荷分别减少了约 24.60%、37.33%和 41.50%，TSS 污染负荷分别减少了约 16.48%、23.91% 和 27.49%，NH_3-N 污染负荷分别减少了约 29.69%、36.23%和 40.30%，TN 污染负荷分别减少了约 29.10%、36.44%和 40.76%，TP 污染负荷分别减少了约 48.45%、63.71%和 67.22%。

5. 遭遇 10 年一遇 2 小时设计降雨

当研究区域遭遇 10 年一遇 2 小时设计降雨时，LID 措施添加前、方案 A、方案 B、方案 C 4 种情况下的径流量、不同指标污染物负荷量及其削减率见表 4-22 和表 4-23。

表 4-22　遭遇 10 年一遇 2 小时设计降雨情况下各方案径流量及不同指标污染物负荷量（单位：kg）

LID 布设方案	径流量/m^3	BOD_5	COD_{Cr}	TSS	NH_3-N	TN	TP
LID 措施添加前	25167	686.68	2025.83	1232.38	33.79	79.25	5.70
方案 A	14382	555.79	1594.32	1081.14	24.46	58.99	2.99
方案 B	11087	505.29	1377.79	1015.40	22.58	54.17	2.17
方案 C	10156	470.55	1289.96	974.35	21.19	50.62	1.96

表 4-23　遭遇 10 年一遇 2 小时设计降雨情况下各方案径流量及不同指标污染物负荷削减率（%）

LID 布设方案	径流量	BOD_5	COD_{Cr}	TSS	NH_3-N	TN	TP
方案 A	42.85	19.06	21.30	12.27	27.61	25.57	47.54
方案 B	55.95	26.42	31.99	17.61	33.18	31.65	61.93
方案 C	59.65	31.48	36.32	20.94	37.29	36.13	65.61

由表 4-22 和表 4-23 可知，当研究区域遭遇 10 年一遇 2 小时设计降雨时，对比 LID 措施添加前、方案 A、方案 B 和方案 C 4 种情况下的出水口径流量、BOD_5、COD_{Cr}、TSS、NH_3-N、TN、TP，发现各项指标削减情况如下：外排径流量分别减少了约 42.85%、55.95% 和 59.65%，BOD_5 污染负荷分别减少了约 19.06%、26.42%和 31.48%，COD_{Cr} 污染负荷分别减少了约 21.30%、31.99%和 36.32%，TSS 污染负荷分别减少了约 12.27%、17.61% 和 20.94%，NH_3-N 污染负荷分别减少了约 27.61%、33.18%和 37.29%，TN 污染负荷分别减少了约 25.57%、31.65%和 36.13%，TP 污染负荷分别减少了约 47.54%、61.93%和 65.61%。

6. 遭遇 20 年一遇 2 小时设计降雨

当研究区域遭遇 20 年一遇 2 小时设计降雨时，LID 措施添加前、方案 A、方案 B、方案 C 4 种情况下的径流量、不同指标污染物负荷量及其削减率见表 4-24 和表 4-25。

表 4-24　遭遇 20 年一遇 2 小时设计降雨情况下各方案径流量及不同指标污染物负荷量（单位：kg）

LID 布设方案	径流量/m^3	BOD_5	COD_{Cr}	TSS	NH_3-N	TN	TP
LID 措施添加前	28692	699.85	2092.32	1246.25	35.67	82.55	6.56
方案 A	16652	600.80	1717.97	1133.01	26.55	64.33	3.54
方案 B	13062	560.00	1528.15	1085.48	24.75	60.03	2.63
方案 C	11974	529.41	1444.05	1054.43	23.39	56.67	2.38

表 4-25　遭遇 20 年一遇 2 小时设计降雨情况下各方案径流量及不同指标污染物负荷削减率（%）

LID 布设方案	径流量	BOD_5	COD_{Cr}	TSS	NH_3-N	TN	TP
方案 A	41.96	14.15	17.89	9.09	25.57	22.07	46.04
方案 B	54.48	19.98	26.96	12.90	30.61	27.28	59.91
方案 C	58.27	24.35	30.98	15.39	34.43	31.35	63.72

由表 4-24 和表 4-25 可知，当研究区域遭遇 20 年一遇 2 小时设计降雨时，对比 LID 措施添加前、方案 A、方案 B 和方案 C 4 种情况下的出水口径流量、BOD_5、COD_{Cr}、TSS、NH_3-N、TN、TP，发现各项指标削减情况如下：外排径流量分别减少了约 41.96%、54.48% 和 58.27%，BOD_5 污染负荷分别减少了约 14.15%、19.98%和 24.35%，COD_{Cr} 污染负荷分别减少了约 17.89%、26.96%和 30.98%，TSS 污染负荷分别减少了约 9.09%、12.90% 和 15.39%，NH_3-N 污染负荷分别减少了约 25.57%、30.61%和 34.43%，TN 污染负荷分别减少了约 22.07%、27.28%和 31.35%，TP 污染负荷分别减少了约 46.04%、59.91%和 63.72%。

7. LID 措施综合评估

汇总不同重现期下方案 A、方案 B 和方案 C 3 种情况下外排径流量、BOD_5、COD_{Cr}、NH_3-N、TN、TP、TSS 等污染物的削减率，结果见表 4-26。

表 4-26　遭遇各种重现期 2 小时设计降雨情况下各方案径流量及不同指标污染物负荷削减率（%）

LID 布设方案	设计重现期/年	径流量	BOD_5	COD_{Cr}	TSS	NH_3-N	TN	TP
方案 A	0.5	45.96	38.02	33.71	33.91	37.66	40.48	50.20
	1	45.26	35.15	31.81	29.51	35.75	37.87	50.16
	2	44.25	30.83	28.89	23.62	33.00	34.10	49.61
	5	43.35	24.20	24.60	16.48	29.69	29.10	48.45
	10	42.85	19.06	21.30	12.27	27.61	25.57	47.54
	20	41.96	14.15	17.89	9.09	25.57	22.07	46.04
方案 B	0.5	63.36	53.22	54.44	47.61	47.89	51.48	69.02
	1	61.66	48.11	49.93	41.60	44.80	47.74	67.85
	2	59.52	41.91	44.45	33.72	40.86	42.80	66.14
	5	57.50	33.27	37.33	23.91	36.23	36.44	63.71
	10	55.95	26.42	31.99	17.61	33.18	31.65	61.93
	20	54.48	19.98	26.96	12.90	30.61	27.28	59.91
方案 C	0.5	64.77	56.93	57.44	51.20	51.91	55.29	71.37
	1	63.68	52.53	53.44	45.47	49.14	51.99	70.42
	2	62.03	46.88	48.38	37.60	45.17	47.19	69.03
	5	60.53	38.37	41.50	27.49	40.30	40.76	67.22
	10	59.65	31.48	36.32	20.94	37.29	36.13	65.61
	20	58.27	24.35	30.98	15.39	34.43	31.35	63.72

由表 4-26 可知，各种方案下的出水口外排径流量及各水质指标污染物负荷削减率情况如下。

1）当研究区域采用方案 A、方案 B 和方案 C 时，其削减率均随着重现期的增大而减小，这是由于 LID 措施蓄水能力有限，当降水量增大时，即分母增大导致削减率减小。

2）相同重现期降雨条件下，削减率方案 C>方案 B>方案 A，说明削减效果方案 C 优于方案 B，方案 B 优于方案 A。方案 C 为方案 A 与方案 B 的组合，效果应当优于方案 A 与方案 B，方案 B 为将方案 A 中的绿色屋顶调整为透水铺装，而绿色屋顶含有排水垫层，为“蓄”“排”结合型 LID 措施，透水铺装未设置排水层，为“蓄”型 LID 措施，透水铺装效果优于绿色屋顶，故方案 B 优于方案 A。

3）当研究区域遭遇 0.5 年一遇到 20 年一遇设计降雨时，采用方案 A、方案 B、方案 C 时，径流量和各污染物负荷均有明显的削减，其中，方案 A、方案 B 和方案 C 的径流量削减率分别减少了 45.96%～41.96%、63.36%～54.48%、64.77%～58.27%；BOD_5 削减率分别减少了 38.02%～14.15%、53.22%～19.98%、56.93%～24.35%；COD_{Cr} 削减率分别减少了 33.71%～17.89%、54.44%～26.96%、57.44%～30.98%；TSS 削减率分别减少了 33.91%～9.09%、47.61%～12.90%、51.20%～15.39%；NH_3-N 削减率分别减少了 37.66%～25.57%、47.89%～30.61%、51.91%～34.43%；TN 削减率分别减少了 40.48%～22.07%、51.48%～27.28%、55.29%～31.35%；TP 削减率分别减少了 50.20%～46.04%、69.02%～59.91%、71.37%～63.72%。

4.6 小　　结

本章主要介绍了低影响开发雨水利用技术概念及其内涵，并采用无量纲累积曲线 $M(V)$ 和 MFF 方法对初期冲刷效应进行定性和定量分析，构建研究区域 PCSWMM 模型，利用该模型对 LID 措施进行定量评估，所得到的主要结果如下。

1）论述了低影响开发雨水利用技术内涵，并分别从"渗""滞""蓄""净""用""排"等方面较为详细地介绍了低影响开发雨水利用技术。

2）分别采用无量纲累积曲线 $M(V)$ 和 MFF 对现场监测所得的水质数据进行初期冲刷强度和污染负荷核算分析，结果表明该研究区域水质指标大多具有较为明显的初期冲刷效应。

3）构建了研究区域 PCSWMM 模型，利用监测所得降雨和水质数据对其进行参数率定，结果表明确定性系数绝大部分均大于 0.9，模型具有较好的精度和可靠性。

4）提出三种 LID 方案 A、方案 B 和方案 C，分别采用重现期为 0.5 年、1 年、2 年、5 年、10 年、20 年一遇设计降雨对三种方案进行评估，发现三种方案的径流量和污染物负荷量削减效果较为明显，径流量和污染物削减率均随着重现期增大而减小。

5）相同重现期降雨条件下，削减率方案 C>方案 B>方案 A，说明削减效果方案 C 优于方案 B，方案 B 优于方案 A。

6）相比 LID 措施添加前，方案 A、方案 B 和方案 C 在径流量以及各种污染负荷削减程度上均有明显效果，在不同设计重现期和不同方案下对径流量的削减率可达 41.96%～64.77%，对 BOD_5、COD_{Cr}、TSS、NH_3-N、TN、TP 的污染负荷削减率分别为 14.15%～56.93%、17.89%～57.44%、9.09%～51.20%、25.57%～51.91%、22.07%～55.29% 和 46.04%～71.37%。

第5章　深圳市龙华民治片区雨洪调控技术

5.1　民治片区概况

5.1.1　地理位置

研究区域为整个民治办事处辖区，民治辖区位于深圳市龙华新区东南部，北邻龙华辖区，以工业东路为界；西北以建设四路为界，与大浪辖区相邻；西部与深圳市南山区相接；南部与福田、罗湖区接壤；东接龙岗区坂田街道；辖区面积为30.61km^2。

民治辖区地势东南高，中部和西北部低平，属于低山丘陵地形。整个片区受气候、地质、地形、人为等因素影响，原始地貌形态以剥蚀堆积和侵蚀堆积为主，前者表现为风化剥蚀堆积和人工堆积，后者主要表现为河流冲洪积堆积。

5.1.2　水文气象

在民治河南边约30km处有深圳市气象站，建成于1952年，至今有64年观测资料。民治片区地处北回归线以南，属南亚热带海洋性季风气候，气候特征是高温多雨，日照时间长。据深圳市气象站统计，流域内气温、蒸发、风向、风速如下：①气温、湿度：平均气温为21.7℃，极端最高气温为38.7℃，极端最低气温为0.2℃；多年平均相对湿度为79%。②降雨：据流域附近的高峰雨量站资料，多年平均降水量为1800mm，年最大降水量为3977.6mm（1960年），年最小降水量为785mm（1963年）。经查《广东省水文图集》，流域多年平均降水量为1722mm，变差系数C_v=0.25，降水量年际变化大，且年内分配极不均匀，主要集中在4~9月，约占全年平均降水量的85%。汛期（4～9月）最大雨量为2169mm，最小雨量为692mm，最大24小时暴雨量为380mm。③蒸发：年日照量为2120.5小时，年辐射总量为127.78kcal/cm^2，年平均陆地和水面蒸发量分别为900mm和1350mm。④风向风速：夏季盛行东南风，冬季以东北风为主，年平均风速为2.6m/s，最大风速大于40m/s。⑤气压：多年平均气压为1010.8mbar[①]。

5.1.3　河流水系

民治片区有两条主要河流：上芬水和民治河，这两条河流都属于观澜河支流。民治河在民治办事处辖区内又有两条分支，分别为樟坑水和牛咀水。研究区域的水系和路网见图5-1。

---

① 1bar=10^{5}Pa。

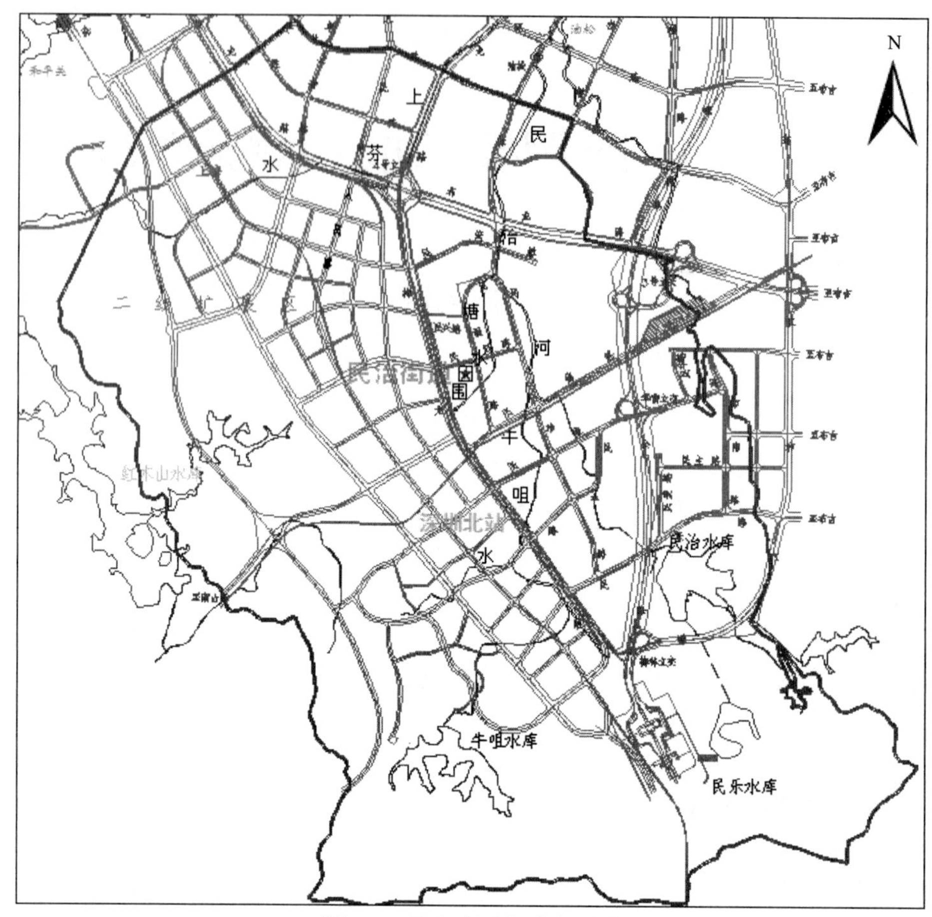

图 5-1　民治片区水系路网图

观澜河位于深圳市北部，发源于羊台山大脑壳山（海拔 385.4m）的牛咀水库鸡公头一带，自南向北流经民治、大浪、龙华、坂田（属龙岗区）、观澜等街道（办事处），在观澜辖区放马埔进入东莞市后汇入石马河（东江一级支流）。观澜河流域面积为 246.53km^2，其中，深圳市境内流域面积为 189.30 km^2，干流河长 24.10km，河流最宽处约 68m；平均年径流量为 17697.7 万 m^3。有一级支流 14 条，总长度为 140.89km，二、三级支流 8 条，总长为 42.54km。其中，流域面积大于 20km^2 的一级支流有民治河、龙华河、白花河；流域面积小于 20 km^2 大于 15 km^2 的一级支流有坂田河、樟坑径河。民治办事处境内，民治河、上芬水为观澜河的一级支流，牛咀水、樟坑水为二级支流，其河流特性见表 5-1。

表 5-1　民治片区主要河道基本特性统计表

干流	一级支流	二、三级支流	流域面积/km^2	河长/km	比降/‰
观澜河			189.30	24.10	1.30
	上芬水		8.51	3.90	
	民治河		20.17	8.80	
		牛咀水	8.91	6.23	
		樟坑水	3.68	4.87	

民治河发源于大脑壳山，河流上游有民乐、雅宝、民治三座水库以及支流牛咀水上的牛咀水库，民乐、雅宝水库在民治水库集雨面积范围内，其泄洪均泄入民治水库，现状民治河起点接民治水库溢洪道，然后流向基本从南向北，穿过民和路、民康路、平南铁路，然后有支流牛咀水、樟坑水汇入，再穿过布龙公路、工业东路，终点河口位于下游松村北侧，与坂田河合流后汇入观澜河。流域内牛咀、民治、民乐三座水库的控制集水面积为 6.64km^2，各水库基本情况见表 5-2。

表 5-2　水库工程统计表

水库名称	类型	集雨面积/km^2	总库容/万 m^3	正常蓄水位相应库容/万 m^3
牛咀水库	小（1）	2.14	268	206
民治水库	小（1）	4.50	400	271
民乐水库	小（2）	1.15	70	45

上芬水为观澜河左岸支流，发源于羊台山森林公园，流经大浪、民治、龙华办事处，在龙华辖区油松社区共和村汇入观澜河，流域面积为 8.51km^2，河流全长 3.9km。

民治片区内的河流水系没有实测的水文资料，观澜河流域有高峰水库雨量站、茜坑水库雨量站。

5.1.4　防洪工程现状

观澜河从 1994 年开始治理，目前干流 14.45km 河段已达 100 年一遇防洪标准，部分支流已达 50 年一遇防洪标准。

民治河集水面积为 20.17 km^2，蓄水工程控制面积为 8.72km^2，河流总长 8.8km（其中暗涵长 0.33km），河床平均比降为 6.6‰。按 50 年一遇防洪标准已整治长度 3.6km。河流上游宽约 10m，下游河口宽约 15m，最宽处约 15m。

上芬水为观澜河左岸支流，河流上游宽 7m，下游河口宽约 10m，最宽处约 15m。

干支流治理情况见表 5-3。

表 5-3　干支流治理情况统计表

干流	一级支流	二、三级支流	流域面积/km^2	河道长度/km	已整治长度/km	未整治长度/km	未整治百分比/%	整治标准/年
观澜河			189.30	24.10	14.45	9.65	40.04	100
	上芬水		8.51	3.90	0.00	3.90	100.00	—
	坂田河		17.46	8.02	2.60	5.42	67.58	50
	民治河		20.17	8.80	综合整治工程正在施工			50
		牛咀水	8.91	6.23	0	6.23	100.00	—
		樟坑水	3.68	4.87	0	4.87	100.00	—

5.1.5 民治辖区下垫面情况

民治片区属于人口密度较大的城镇，片区内土地利用类型主要为住宅用地、道路、工业用地和绿地，因此，将下垫面地表类型概化为透水区和不透水区，其中，居民住宅、道路和工业用地为不透水区。根据民治河流域集雨范围和民治片区绿地规划设计资料（图5-2），统计出该片区范围内的绿地面积。

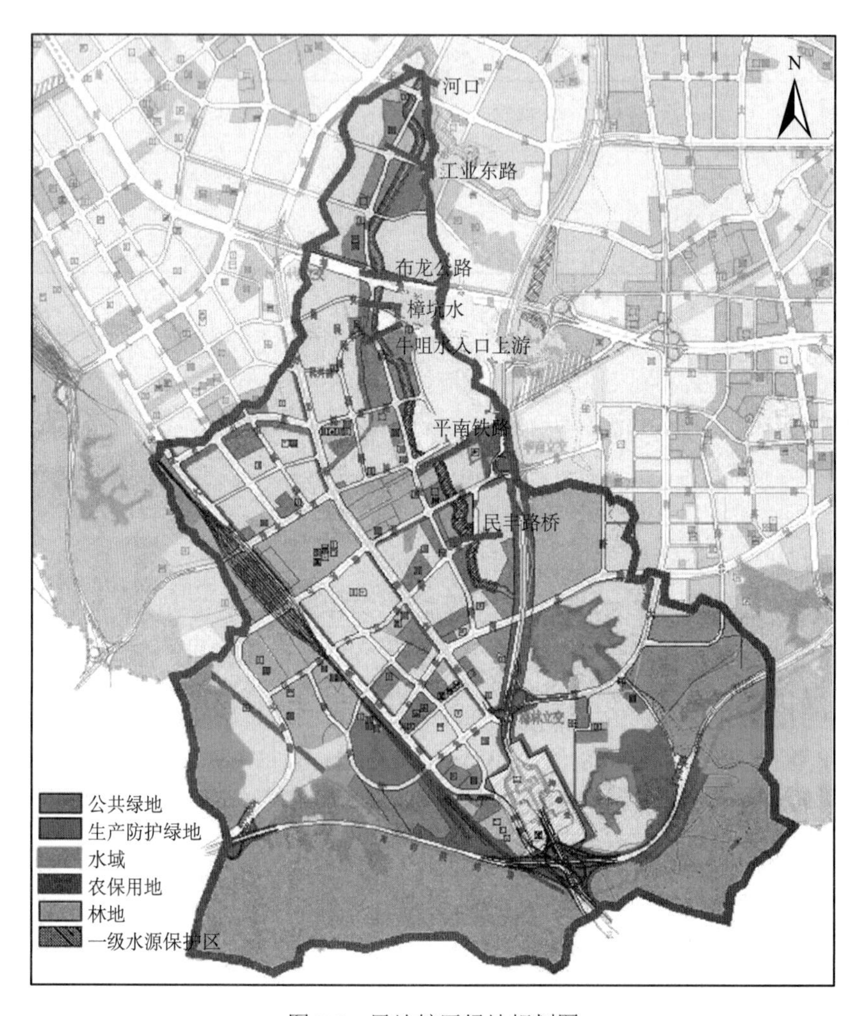

图 5-2　民治辖区绿地规划图

由图 5-2 可知，民治河流域南部和东南部有较大面积的山体绿地，主要分布在民治水库上游和牛咀水库上游。而流域中部和北部则为密度较高的住宅和工业区，透水区地表主要为公共绿地、生产防护绿地、农保用地和水源保护区。根据民治河流域绿地系统规划图，统计各断面上游流域的绿地面积，结果见表 5-4。

表 5-4　民治河各断面流域径流系数

断面位置	流域面积/km^2	断面之间绿地面积/km^2	累积绿地面积/km^2	绿地比例	不透水率	综合径流系数
民丰路桥	7.07	2.82	2.82	0.40	0.60	0.55
平南铁路	7.49	0.06	2.88	0.39	0.61	0.56
牛咀水汇入口上游	8.09	0.10	2.98	0.37	0.63	0.57
樟坑水	14.75	3.28	6.26	0.42	0.58	0.53
布龙公路	17.77	0.19	6.45	0.36	0.64	0.58
工业东路	18.56	0.05	6.50	0.35	0.65	0.58
河口	20.17	0.03	6.53	0.32	0.68	0.59

由图 5-2 和表 5-4 可以看出，民丰路桥以上流域绿地面积为 2.82km^2，由于该部分包括民治水库，故绿地面积较大。民丰路桥至牛咀水汇入口上游部分绿地面积较少，分别为 0.06km^2 和 0.10km^2。牛咀水汇入口上游至樟坑水部分的绿地面积为 3.28km^2，由于该部分包括牛咀水水库，故绿地面积较大。樟坑水以下断面所在流域为高度城镇化地区，用地类型多为不透水的城建用地，绿地面积较少，分别为 0.19km^2、0.05km^2 和 0.03km^2，但由于该断面所在流域包含绿地较多的上游汇水面积，所以该断面所在流域的绿地还占有较大比例，但越往下游绿地比例系数越低，该结果与流域城镇化程度相符。

计算该流域片区的透水区和不透水区面积比例，参考前述各种地表类型的径流系数，采用加权叠加方法计算各断面流域的综合径流系数，计算结果亦见表 5-4。由表可见，因南部及东南部存在大面积的山体绿地，降低了民治河流域综合径流系数，河口处的综合径流系数为 0.59。

5.1.6　社会经济概况

民治办事处辖民治、牛栏前、新龙、上塘 4 个社区委员会，目前民治办事处已实现农村城市化，辖区面貌日新月异，人民生活水平稳步提高，基础设施日趋完善，发展前景可观。近些年来，该区域新建了深圳北站、地铁等一批重要基础设施，带动了城镇化高速发展。民治办事处依托二线拓展区和深圳北站的规划建设，建设“两个城区三个中心”：深圳特区一体化先行示范区，环境优美的宜居城区；中部组团商业商务中心，现代化综合交通枢纽和物流中心，城市副中心。

5.2　暴雨内涝灾害情况

5.2.1　民治片区历史内涝灾害情况

自 20 世纪 90 年代始，民治片区就开始成为内涝重灾区。过去十几年发生较大的洪涝灾害有：1992 年 7 月 18 日暴雨，原龙华 5 个村受灾，经济损失有 800 余万元；1993 年 9 月 26 日、27 日暴雨，墟镇和 8 个行政村受灾，经济损失约 3000 万元。近年来，该片区的内涝问题已受到全市关注，2008 年深圳“6·13”特大暴雨，24 小时降水量达到 261.8mm，导致该片区大面积受涝，最深积水处达 1.1m，受淹历时达 3 小时，受灾人口为 2700 多人，内涝造成直接经济损失 1000 万元以上。2009 年 5 月 23 日，深圳普降大到暴雨，民治部分交通干线共出现 30 余处不同程度的积水和内涝，地势低洼处再次出现洪水漫溢情况，最深处水深约 1m，同时民治水库溢洪道暗涵出口及横岭村处等河堤岸墙出现不同程度的坍塌。沙吓村因地势低洼，小雨小涝、大雨大涝问题一直未能解决，成为该片区的重点内涝受灾区。2008 年 4 月 19 日和 2008 年 6 月 13 日特大暴雨中，沙吓村段河水漫溢到路面上造成民治大道交通中断 2 小时，2013 年 8 月 30 日特大暴雨，民治河漫溢，沙吓村最大积水水深达到 2m，内涝导致 1 人死亡。

通过对研究区实地的调研，总结出民治内涝严重片区分布，如图 5-3 和表 5-5 所示。内涝主要发生在横岭旧村、沙吓旧村、新一代酒店、民康路两旁菜地、龙屋旧村和简上旧村等地段，易涝点共 8 处。

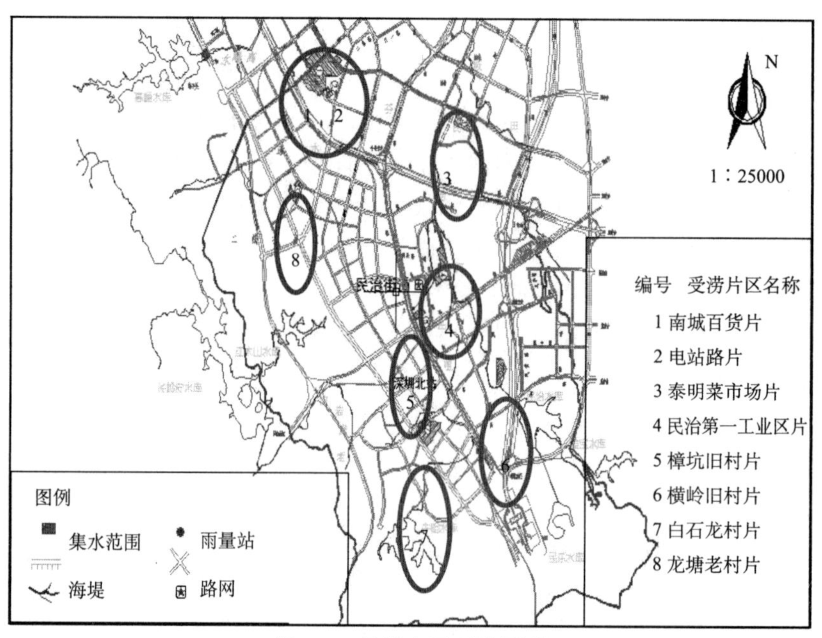

图 5-3　易涝点调研结果图

表 5-5　民治办事处内涝点一览表

内涝点序号	内涝点位置	排水区	影响人口/人	所属汇水片区
1	南城百货	无	7000	南城百货片
2	电站路	无	50000	电站路片
3	泰明工业	民治河	30000	泰明菜市场片
4	民治第一工业区	民治河	3000	民治第一工业区片
5	樟坑旧村	无	800	樟坑旧村片
6	横岭旧村	民治河支流	1000	横岭旧村片
7	白石龙村	牛咀水支流	600	白石龙村片
8	龙塘老村	无	500	龙塘老村片

5.2.2　民治片区 2014 年内涝情况

2014 年 3 月底以来，深圳市连续遭受“3.30”“5.8”“5.11”“5.17”“5.20”五场特大暴雨影响，全市各区均发生不同程度内涝，局部区域积水严重，给人民生产生活造成较大影响。其中，“3.30”“5.11”“5.20”三场大雨影响范围较广，造成的灾害较为严重。

龙华新区 2014 年“5.11”“5.20”强降雨过程中灾情严重，具体降雨过程详见表 5-6。龙华新区 4 个办事处的防洪河堤水毁或坍塌点 13 个，其中，最典型的为观澜河干流段，左岸护坡损毁，右岸截污箱涵铺砖损毁。共计内涝 69 处，其中，有 14 处易涝区，55 处积水点，且大多数内涝点在三次暴雨期间均重复遭受严重内涝。福龙路铁路高架桥段水淹深 3.5m，君子布社区德风小学片区最大水淹深达 1.5m；桔岭老村、环观南路与观天路交接牛湖市场、大浪河浪口村段（万盛桥）、龙观路与清泉路交汇处（油松加油站旁）、民治大道沙吓村段、民治河边梅花新园水淹深 1~1.5m。

表 5-6　龙华新区 2014 年各雨量站暴雨情况表　（单位：mm）

雨量站	暴雨日期						
	3.3	3.31	5.8	5.11	5.17	5.2	5.23
库坑	78.0	99.3	14.8	218.3	35.8	97.7	92.9
观澜	105.7	87.2	18.0	338.6	20.1	143.5	47.8
大浪	64.6	94.0	17.9	310.0	18.4	148.5	48.1
龙华	127.2	120.3	19.4	448.0	15.9	129.0	31.1
民治	102.0	115.8	20.6	353.3	16.6	63.5	29.1

经调查，民治辖区共发生内涝 12 处，受涝总面积为 7.745 万 m^2，最大内涝面积为 3 万 m^2，积水最大深度为 4m，最长淹没时间为 10h。新区大道北站隧道段，易涝区最大内涝面积为 400m^2，最大内涝水深为 4m，此处地势较低，且雨水倒灌进其中的一个泵房，导致雨水未能及时排走。内涝情况详见表 5-7 和图 5-4。

表 5-7　2014 年民治辖区受涝情况统计表

编号	易涝区名称	最大内涝面积/m^2	最大内涝水深/m	对应区域	承泄区河流	内涝原因分析
MZ01	福龙路铁路高架桥段	30000	3.5	福龙路铁路高架桥段	上芬水	下游排水管道严重壅水，渠道淤积严重
MZ02	福龙路与人民路交汇处	6000	1.3	福龙路与人民路交汇处	上芬水	排水管道被市政建设的工地填埋
MZ03	民治大道沙吓村段	30000	1.3	民治大道沙吓村段	民治河	下游河水顶托
MZ04	民治河边梅花新园	3000	1.3	民治河边梅花新园	民治河	下游河水顶托
MZ05	民治大道平南铁路下	200	0.5	民治大道平南铁路下	牛咀水	民治大道管道排水不畅

续表

编号	易涝区名称	最大内涝面积/m²	最大内涝水深/m	对应区域	承泄区河流	内涝原因分析
MZ06	布龙路与人民路交汇处	4000	0.6	布龙路与人民路交汇处	上芬水	下游河水顶托
MZ07	民乐天桥	100	0.7	民乐天桥	牛咀水	管道淤堵，连通管管径偏小，雨水篦较少
MZ08	上塘东路南二巷	750	1.0	上塘东路南二巷	上芬水	管道老化严重，水系改变
MZ09	临龙路	600	0.4	临龙路	上芬水	排水系统不完善
MZ10	梅坂大道万家灯火	2000	0.6	梅坂大道万家灯火	牛咀水	排水管道管径太小
MZ11	梅观检查站内（南坪快速桥下）	800	0.6	梅观检查站内（南坪快速桥下）	牛咀水	排水沟和管道淤堵
MZ12	新区大道北站隧道段	400	4.0	新区大道北站隧道段	塘水围	地势低洼，外水大量汇入，泵站排涝能力严重不足，甚至被淹，无法运行

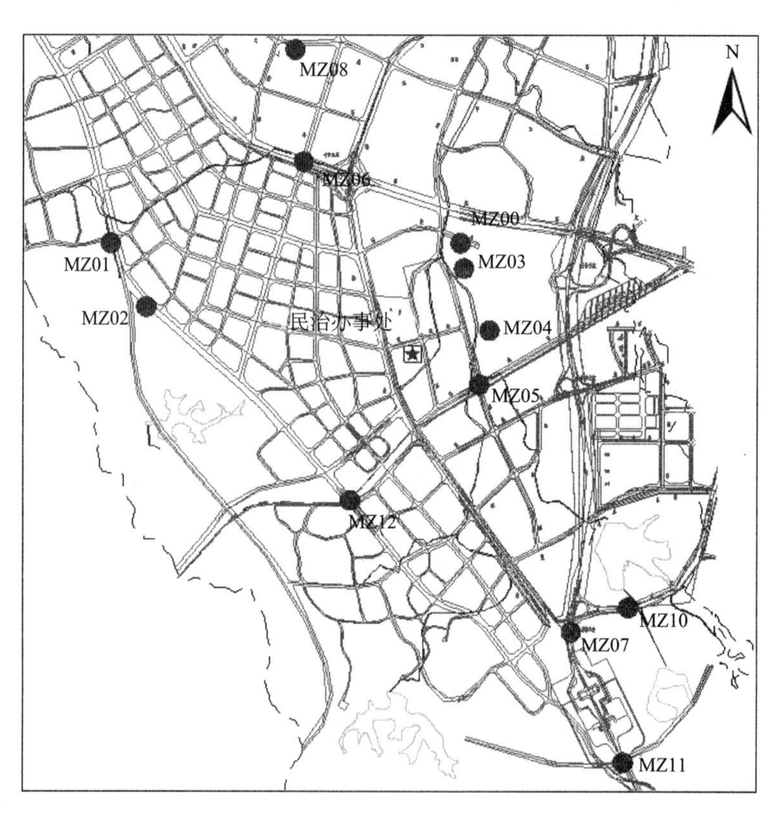

图 5-4　民治片区 2014 年受涝点分布图

5.2.3 内涝灾害成因分析

根据实地调研，总体而言，分析导致民治片区严重内涝灾害的因素主要有以下几个方面。

（1）降雨强度大是城市内涝发生的主要原因

全球气候变化导致极端暴雨、极端干旱的发生频次显著增加；另外，随着城市的高速发展，城镇化率越来越高，大大地改变了当地降雨条件，城市普遍存在“热岛效应”和“雨岛效应”，导致城市区域特别容易形成特大暴雨，暴雨正在向常态化发展，短时间倾盆大雨越来越易发。

民治片区位于深圳北部，该地区为亚热带海洋性气候，年降水量达 1800mm，降雨丰富，且降雨集中在每年 6~8 月，汛期降雨强度较大。近年来，在全球极端气候频繁的大背景下，加之城市建设带来的“雨岛效应”，深圳市极端暴雨天气也逐渐增多，短时强降水或过程雨量偏大的天气过程是引发深圳市内涝的直接气象因素。

（2）外江洪水顶托作用

除本地暴雨强度大的因素外，外江洪水顶托也是造成民治片区城市暴雨内涝的重要因素。若遇持续性暴雨，外江处于高水位时，内河涌洪水不能及时排向外江而使河涌水位高涨，导致城市排水系统的洪水无法排向河涌，这样就会引起部分地势较低的区域出现内涝。2014 年 5 月 11 日暴雨过程中，民治河和上芬水皆出现顶托作用，导致排水口水难以排出，进而加大暴雨内涝影响。

（3）城市扩张改变水文产汇流规律

城市下垫面变化是城市内涝不断加剧的主要原因，主要表现在随城市扩大，土地利用方式发生了结构性改变，原来的农村郊区变为城区，即不透水面积增加，透水面积缩小，蓄、滞、渗水能力减退。城市化导致产流系数增大，产汇流时间缩短，洪峰流量也随之增大，加剧了暴雨洪水的形成。相对于同样降雨，城区地表径流加大，地下水补给减少，使原来设计排水标准和排水能力就已偏低的地下排水管道更难以适应，加剧了排涝压力。

民治办事处辖区范围内地形东南高，为丘陵山地，坡度较大；中部和北部海拔较低，地势平缓，为密集建城区。平缓的地形不利于雨水及时排除，容易导致积水。此外，由于民治各区域规划建设阶段不一致，部分老旧村落整体高程明显低于周边新建区域，如民治河中下游的沙吓村，因此成为逢雨必涝的重灾区。

（4）城市地下排水管网标准偏低

大多城市发生内涝的主要原因是城市排水管网的排水能力不足。城区原来标准较低的排水系统，随着城市大规模的扩张建设，其排涝能力可能进一步降低。新城区大多属于原来地势相对低洼的农业用地，排涝标准低，以往城外的行洪排涝河道变成了城区的排水沟渠，一旦发生强降雨就容易出现中心城区大面积水浸。

由历史资料分析可知，民治片区在 20 世纪 90 年代以前属于未开发完全的城郊区，农田、绿地、湖泊等可透水地表比例较大，内涝发生次数较少。而随着改革开放，深圳市城市建设速度加快，除东部、南部有较多山体绿地之外，片区大部分面积已被房屋、厂房等硬地覆盖，河道大部分改为盖板渠和箱涵，水面率下降。且由于该区域属于城中村，在发展过程中，排水管网系统缺乏全面完善的规划，排水管网设计标准普遍较低，加之排水管网运行过程中缺乏维护管理，淤积管、断头管、逆坡管等皆有存在，排水能力低下。民治办事处易涝区域排水能力不足主要表现在：①排水涵管、排水沟道断面狭小，淤积严重；②现有部分路面和老旧城区未设排水渠道，汛期山洪沿路面直接排向居民住宅区；③上芬水、民治河杂草丛生、淤积严重，部分区域河道过水断面还不足 1m，导致该片区产生严重的内涝。

（5）排水系统维护不到位

随着城市建设力度加大，各楼盘建筑工地、电信电缆、自来水管、排水管道、煤气等部门进行路面开挖、管道铺设，暴雨期间水面飘浮物和施工淤泥被雨水冲入地下排水渠道，堵塞河涌涵管、闸口，日积月累使得排水系统严重堵塞，不能把暴雨后发生的内涝积水及时排出，从而导致城区水浸街或者加重城区水浸街。同时，在面对超排涝体系的强暴雨时，防内涝抢险能力不足，人员、设备不到位，无法及时将内街涝水强排往河涌。

5.3 SWMM 排水管网水力模型构建

以民治片区为研究对象，通过构建该区的排水管网水力模型，模拟该区地表产汇流、街道排水、管网排水、河道排水情况，并应用 ArcGIS 平台提供的 ArcEngine Develop Kit 组件，将 SWMM 雨洪模型计算核心算法与 ArcGIS 的数据管理和空间分析、显示等部分功能集成，构建民治片区内涝模型，将内涝洪水模拟过程与 GIS 系统相结合以显示地面积水，提供暴雨期间城市积水的位置、水深、流速、历时等内涝信息，并预测未来暴雨造成的城市地面积水情况，为防洪排涝管理、调度、规划和雨洪资源利用提供决策依据。

5.3.1 研究区数据资料概况

采用数学模型方法计算城市地区产汇流需要较多的基础数据，且数据的精细度和准确度对模型计算结果影响较大。经收集，研究区主要基础资料包括：

（1）排水管网资料

龙华新区近年对区内的雨水和污水管道进行了勘探、调查工作，勘探成果主要为管网 CAD 图和管网数据表。通过对 CAD 管网图分析可知，民治片区内的排水系统基本上为分流制排水系统，部分分区为合流制，雨污水经管道汇流后排入河道。管道截面类型多为圆管，最小管径为 200mm，最大管径为 1500mm。经统计，片区内共有雨水排水管道 8652 根。

（2）地形资料

研究区地形资料采用 1∶2000 地形图，高程数据存储在点属性中。

（3）河道水系资料

研究区内有上芬水、民治河、樟坑水、牛咀水支流 4 条河流水系，河流也是防洪排涝的重要通道，模型中考虑河道的排水作用。民治片区内的河道断面均为规则矩形或梯形断面。

5.3.2 研究范围确定

根据排水管网服务范围及地形资料概况确定出研究区域范围（图 5-5）。

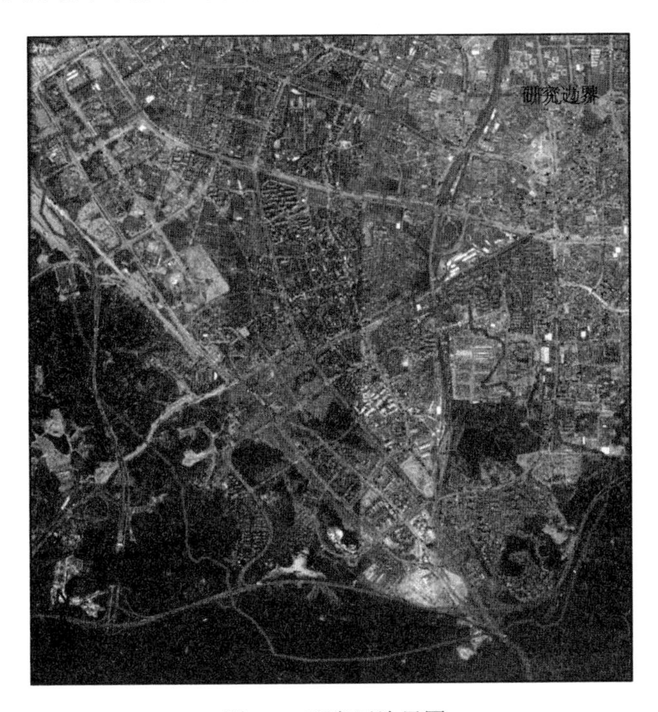

图 5-5　研究区边界图

民治片区南部和东部靠近边界处均为山地，中部和西北部为低平城区，上芬水与民治河流出民治辖区后，在龙华办事处辖区内汇入观澜河。经实地调研和地形分析，民治辖区内为一封闭流域，流域无外水入流，简化了流域的汇流计算，因此，可将整个辖区作为研究区域。此外，根据片区内的排水管网位置分布及流向分析，区内的雨水经管网收集后主要排入上芬水、民治河、樟坑水和牛咀水沿岸。部分区域，如建设路以北、龙胜路以西的片区，排水管道往北接入龙华辖区的排水管网，地表汇流往龙华方向，因此，不纳入研究区范围。研究区面积为 25.33km^2。

5.3.3 排水系统概化

构建民治片区排水管网水力模型，首先需对研究区内的排水管网进行合理概化，并采用前述方法构建研究区管网数据库。

1. 排水管网概化

由研究区管网 CAD 数据图分析可知，民治片区的排水管网系统主要分为排水管道和排水沟渠，排水管道附属物主要有雨水篦、检查井、分流井、沉沙井及管线拐点。而在 SWMM 模型中，管网只由点和线两种几何类型表达，对不同附属物或不同类型管线的区分，主要通过属性值表示。因此，管网概化时，将管线和沟渠概化为同一排水系统，不同类型附属物除了排水出口，统一概化为节点。此外，对于地面分布的大量雨水篦，因雨水篦与检查井之间由较短较细的管道相连（一般选取 DN200 胶管），计算过程中雨水篦影响可以忽略不计。因此，为了提高计算效率，概化过程中删除雨水篦及其连接管线。

将经过删节和分层处理的管网 CAD 图采用前述的数据转换方法，将管网几何图形导入 ArcGIS，并采用数据连接功能，将管网 Excel 数据表的相关属性对应赋给各个管点和管线。并对导入的管网数据进行几何拓扑校检和逻辑拓扑校检，经处理后，该区排水管网中有管点 3614 个，管线 3617 根，出水口 25 个。其中，圆管最小管径为 DN100，最大管径为 DN2100，沟渠最大截面宽度为 3.5m，最大深度为 2.5m。

进行管网水力模型计算，需要已知管道曼宁系数。参考 SWMM 模型用户手册，对不同材质管道选择不同曼宁糙率系数值，其中，大部分圆管均为混凝土材质，选取曼宁糙率系数值为 0.013，部分圆管为塑胶材质，曼宁糙率系数值为 0.012。沟渠分为明渠方沟和箱涵，明渠取 0.016，箱涵取 0.013。

利用 ArcGIS 属性表的“字段计算器”，可实现对管线批量赋值功能。生成的数据表如图 5-6 所示。

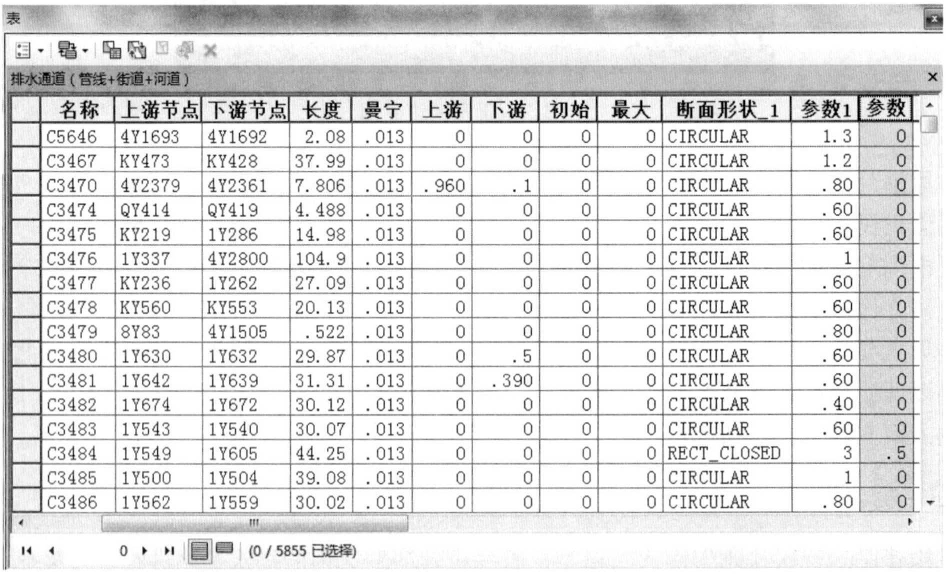

表

排水通道（管线+街道+河道）

名称	上游节点	下游节点	长度	曼宁	上游	下游	初始	最大	断面形状_1	参数1	参数
C5646	4Y1693	4Y1692	2.08	.013	0	0	0	0	CIRCULAR	1.3	0
C3467	KY473	KY428	37.99	.013	0	0	0	0	CIRCULAR	1.2	0
C3470	4Y2379	4Y2361	7.806	.013	.960	.1	0	0	CIRCULAR	.80	0
C3474	QY414	QY419	4.488	.013	0	0	0	0	CIRCULAR	.60	0
C3475	KY219	1Y286	14.98	.013	0	0	0	0	CIRCULAR	.60	0
C3476	1Y337	4Y2800	104.9	.013	0	0	0	0	CIRCULAR	1	0
C3477	KY236	1Y262	27.09	.013	0	0	0	0	CIRCULAR	.60	0
C3478	KY560	KY553	20.13	.013	0	0	0	0	CIRCULAR	.60	0
C3479	8Y83	4Y1505	.522	.013	0	0	0	0	CIRCULAR	.80	0
C3480	1Y630	1Y632	29.87	.013	0	.5	0	0	CIRCULAR	.60	0
C3481	1Y642	1Y639	31.31	.013	0	.390	0	0	CIRCULAR	.60	0
C3482	1Y674	1Y672	30.12	.013	0	0	0	0	CIRCULAR	.40	0
C3483	1Y543	1Y540	30.07	.013	0	0	0	0	CIRCULAR	.60	0
C3484	1Y549	1Y605	44.25	.013	0	0	0	0	RECT_CLOSED	3	.5
C3485	1Y500	1Y504	39.08	.013	0	0	0	0	CIRCULAR	1	0
C3486	1Y562	1Y559	30.02	.013	0	0	0	0	CIRCULAR	.80	0

0　(0 / 5855 已选择)

图 5-6　研究区管网数据表

2. 道路概化

当降雨尤其是大暴雨时，城市道路往往也是重要的排水通道。雨水溢出检查井后，一般沿着道路由高处往低处流动，并在下一个无溢流井处再次进入排水管网，参与管网汇流。因此，考虑街道的排水作用，将民治片区主干道概化为排水矩形明渠，与道路底下的排水管网组成双层排水系统。其中，道路明渠底部宽度取 CAD 道路路网图中测量的道路宽度，明渠深度取道路两侧路基高度，一般为 0.1m，明渠与地下管网共用管网节点，即每两个节点间为一条与地下管道平行的地表明渠，以实现地下与地表的水量交换。

经概化，民治片区共有道路明渠 2075 条。街道可分为沥青路面和混凝土路面，沥青路面取曼宁糙率系数值为 0.014，混凝土路面为 0.016。

3. 河道水系概化

民治片区共有上芬水、民治河、樟坑水和牛咀水 4 条河道，在民治城市建设过程中，河道已经过整治，断面为规则的矩形或梯形，河床主要为硬化混凝土壁面，部分河段，尤其是上芬水和民治河，已由盖板渠和箱涵取代。民治片区的河道是该区的重要防洪排涝通道，排水管网收集的地表汇流基本都排入河道中。目前，河道淤积较为严重，暴雨来临时，河道水位暴涨甚至出现漫流，对该区排水有重要影响。因此，构建民治片区排水模型，也将河道作为排水系统的一部分。

根据河道断面形态，河道主要概化为明渠或箱涵，根据断面变化情况布置河道节点，而排水管道的出水口也作为河道节点之一，实现河道与管网系统的连接。经概化，民治片区共有河道“管段”175 条。该区大部分河道为混凝土河床、河岸，选取曼宁糙率系数为 0.025，而民丰路与民康路之间有部分河道为土质，取曼宁糙率系数为 0.04。

研究区部分排水通道属性信息见表 5-8，管网概化结果见图 5-7。

表 5-8　部分排水通道信息

管线序号	上游节点	下游节点	上游偏移/m	下游偏移/m	截面类型	管径/m	管长/m	曼宁糙率	材质	所在街道
C192	KY379	KY381	0	0.03	圆管	0.6	17.52	0.013	砼	人民南路
C3605	4Y1129	4Y1128	0	0	圆管	0.6	7.66	0.012	塑胶	民丰路
SC116	1Y686	1Y683	5.72	5.85	矩形	0.1×15	27.53	0.016	沥青	西环北路
RMZH80	MZH73	MZH74	0	0	矩形	2.5×11.7	14.97	0.025	砼	沙吓

注：上、下游偏移量为管道末端到检查井底部的垂直距离，矩形截面为宽×高。

5.3.4　子汇水区概化及参数确定

1. 子汇水区划分

根据前述介绍的子汇水区划分原则及详细划分方法，在 ArcGIS 中先后对民治研究区进行分水岭划分和细致划分，并构建子汇水区数据库。

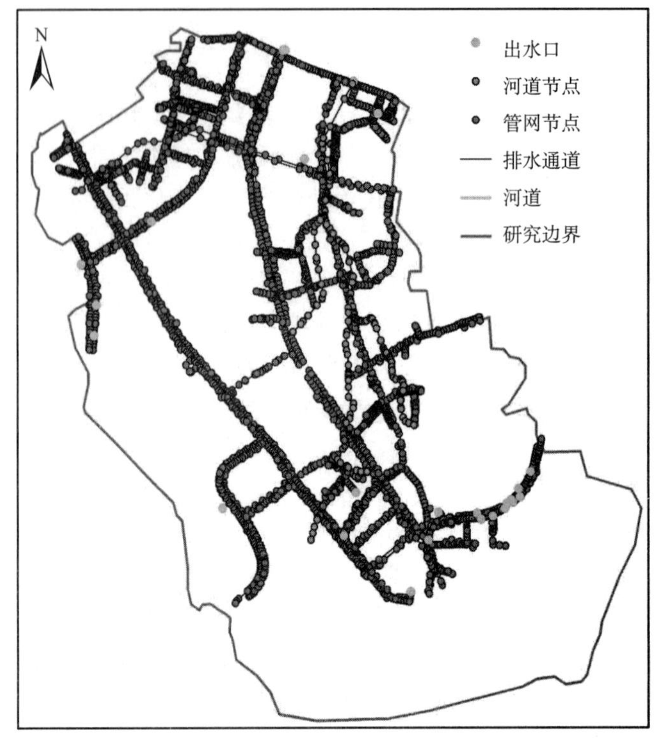

图 5-7　研究区管网概化图

分水岭划分基于构建的民治 DEM 数字地形图，通过对研究区进行流向、流量、提取河网等水文分析过程，创建子流域。其中，提取河网时，需设置河网流量阈值，根据水系分布情况，设置流量阈值为 1000，即累积流量超过 1000 个单位流量的栅格为河网栅格，进而将研究区划分为 22 个子流域，如图 5-8 所示。

对照研究区水系图可见，划分的子流域与水系分布基本吻合。并在分水岭划分的子流域基础上进行研究区细致划分，并为各子汇水区指定流域出口，该出口可为排水管网节点，也可以设为下游的子流域。

对于地势低平的中部和北部城区，下垫面情况较为复杂，区域空间差异更大，因此划分需更加细化，而东部和南部为林地，地表覆盖及坡度变化趋势较有规律，故无需细化划分。最后，将研究区划分为 2214 个子汇水区，如图 5-9 所示，在 ArcGIS 数据库中，可直接对多边形要素类进行面积计算，经统计，子汇水区最小面积为 0.048hm^2，最大面积为 165.166 hm^2。

2. 坡度计算

采用 ArcGIS 的“坡度”计算工具，基于研究区数字地形图 DEM 进行坡度计算，并利用“分区统计”工具统计各子汇水区的平均坡度。坡度计算结果可采用角度单位表示，也可采用百分比，根据 SWMM 模型数据要求，采用百分比表示，各子汇水区平均坡度如图 5-10 所示，其中，最大坡比为 57.39%，位于民治南部山区，最小坡比为 0.30%，由坡比分布图可见，民治大部分地区坡度较小，平均坡比仅为 5.33%。

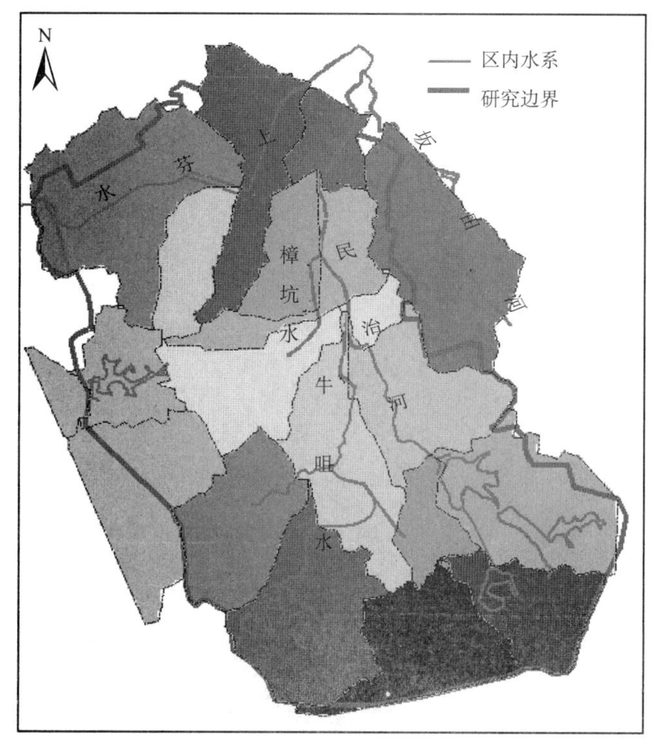

图 5-8　子汇水区初步划分

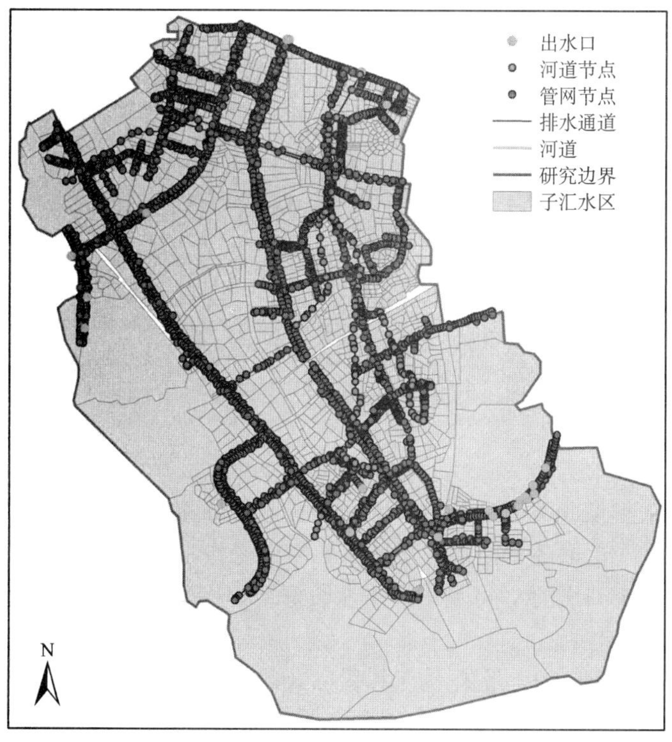

图 5-9　子汇水区细致划分

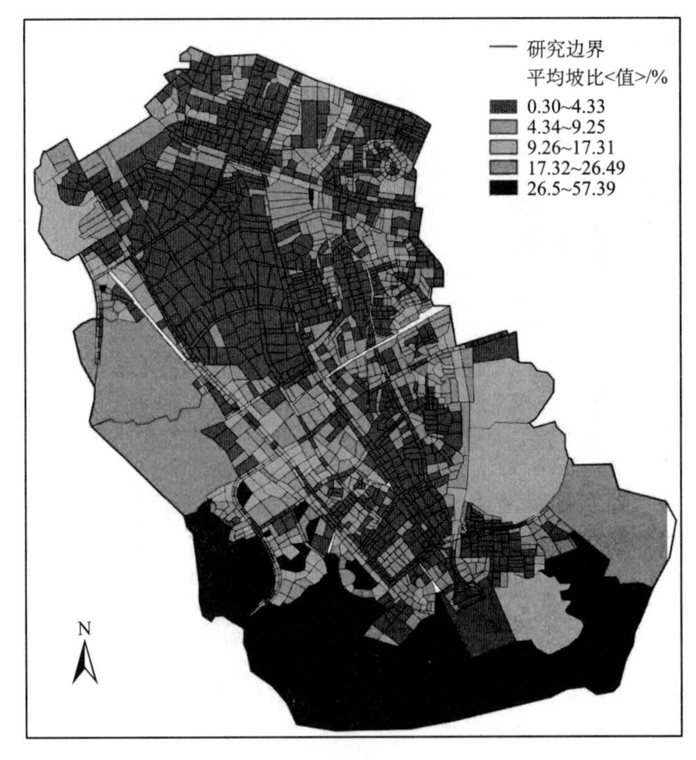

图 5-10　各子汇水区平均坡度

3. 特征宽度计算

特征宽度是子汇水区概化的流域宽度，特征宽度对子汇水区的汇流时间有较大影响，特征宽度大则汇流时间长，流域出口的流量峰现时间将推迟。特征宽度是一个概化值，无法通过实测获取，需要经过计算。采用 SWMM 模型推荐的特征宽度计算方法：

$$W = S / L \tag{5-1}$$

式中，S 为子汇水区面积，m^2；L 为子汇水区流长，m。其中，流长为子汇水区边界到出口最远的距离，可通过测量获取。

经计算，研究片区中，最大特征宽度为 931.04m，最小特征宽度为 6.34m。

4. 不透水率计算

基于 ArcGIS 影像分类工具，并采用交互式监督分类方法对民治片区航拍图像进行用地类型识别分类，提取各子汇水区不透水面积，操作方法及具体过程如前所述。不透水区提取结果如图 5-11 所示，可见该方法能较好地识别研究区中的屋面、道路等不透水区。

经统计，各子汇水区中，最大不透水率为 100%，最小不透水率为 0.72%，研究区的整体不透水率为 65.5%。

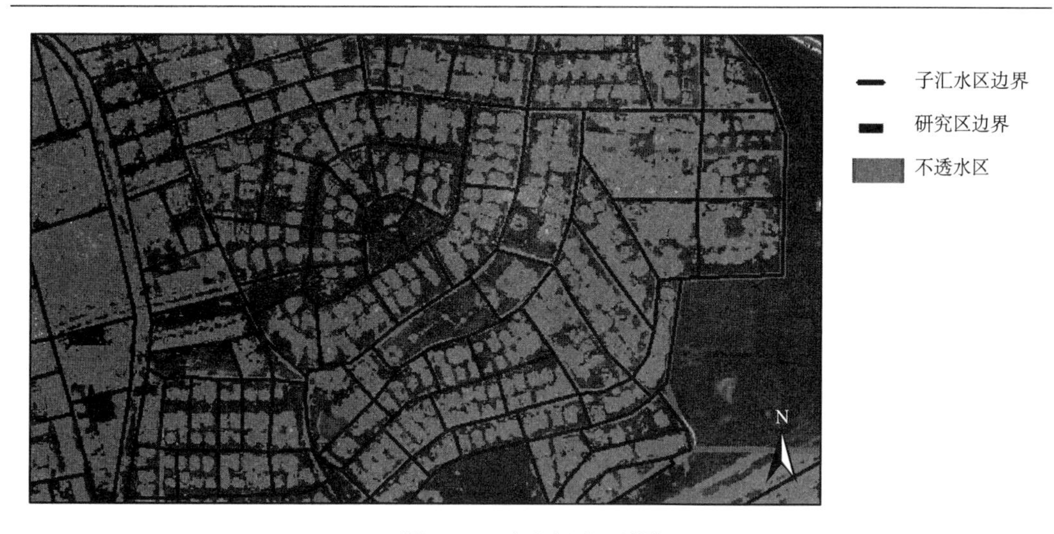

图 5-11　不透水区识别图

5. 其他参数

由地表产汇流计算可知，SWMM 模型中子汇水区计算所需的参数还包括不透水区曼宁系数、洼蓄深度，透水区曼宁系数、洼蓄深度，同时，还需设置用于计算下渗的霍顿模型参数，主要包括最大入渗率、稳定入渗率、衰减系数、干燥时间等。这些参数无法通过测量或计算获得，可通过参考文献或查表获取，称为经验参数。根据 SWMM 模型用户手册中各参数的取值范围，选取的参数值见表 5-9。

表 5-9　子汇水区经验参数取值

序号	名称	物理意义	取值
1	N-Imperv	不透水区曼宁系数	0.011
2	N-Perv	透水区曼宁系数	0.24
3	Destore-Imperv	不透水区洼蓄深/m	2.5
4	Destore-Perv	透水区洼蓄深/m	5.0
5	% Zero-Imperv	不透水区无洼不透水率	0.25
6	MaxRate	最大下渗率/（mm/s）	78.10
7	MinRate	最小下渗率/（mm/s）	3.30
8	Decay	渗透衰减系数/（m^2/s）	3.35

5.3.5　实测降雨模拟结果分析

降雨是排水管网水力模拟的输入端，要真实地反映该区排水状况需选择具有代表性的实测降雨资料对模型进行验证。选用的降雨资料来自民治片区自记式雨量计，从 2008~2014 年中选择 7 场降雨总量和峰值强度均较大的降雨对模型进行验证。

1. 历史场次降雨概况

（1）20080613 次降雨

2008 年“6·13”暴雨深圳市 24 小时降水量达到 325.25mm，属于特大暴雨，重现期达到 10 年一遇，部分地区，如宝安区西部，24 小时降水量达到 437.71mm，重现期达到 100 年一遇，该场暴雨导致深圳多地内涝严重。根据民治自动站记录数据，该场次暴雨始于 13 日 0:00 终于 23:00，历时较长且强度较大，降水量达 261.8mm，估算重现期为 10 年一遇。其中，最大 1 小时降雨出现在 21:00，降雨强度为 48mm/h，最大 3 小时降水量为 84.5mm，占总降水量的 32.3%。

（2）20090523 次降雨

该场降雨开始于 5 月 23 日凌晨 2:00，结束于 20:00，历时 18 小时，总降水量为 155.3mm。降雨前期雨量较大，最大 1 小时降水量为 34.7mm，发生在 7:00，最大 3 小时降水量为 75.3mm，占总降水量的 48.5%。降雨后期雨量较小。

（3）20100728 次降雨

20100728 次降雨历时 16 小时，起始于凌晨 4:00，结束于 20:00，总降水量为 90.8mm。该场降雨历时较长，但降雨强度较小，最大 1 小时降水量为 19.3mm，发生在 14:00，另一雨峰发生在 9:00，降雨强度为 17.4mm，最大 3 小时降水量为 37.9mm，占总降水量的 43.9%，该场次降雨强度及总降水量均较小。

（4）20110522 次降雨

该场次降雨历时 16 小时，总降水量为 78.2mm。该场降雨集中在前期，降雨中期及后期降水量较小，峰值发生在降雨开始后 5 小时，最大 1 小时降水量为 42.5mm，占降水总量的 54.3%。该场降雨雨峰强度较大，降雨较集中。

（5）20120419 次降雨

该场降雨历时 9 小时，总降水量为 71.8mm，降雨集中在开始的前 3 小时，最大 1 小时降水量为 37.3mm，发生在降雨开始 3 小时后，最大 3 小时降水量为 65.6mm，占总降水量的 91.4%。

（6）20130830 次降雨

受热带风暴“康妮”外围环流触发的局地强对流云团影响，2013 年 8 月 30 日，深圳境内普降暴雨，多地区出现内涝积水、房屋被淹、市民被困等灾害事故。在民治片区，该场降雨历时 9 小时，总降水量达到 122.7mm。降雨分布不均，最大 1 小时降雨发生在降雨开始 4 小时，降水量为 58.5mm，自降雨开始 1~4 小时，降水量达到 89.7mm，占总降水量的 73.1%。该场降雨平均强度大、历时短，导致民治片区严重内涝，最大积水水深在 2m 以上。

（7）20140511 次降雨

2014 年 5 月 11 日，深圳市遭遇有气象记录以来最强的特大暴雨袭击，造成城市大范围严重积涝。暴雨从早上 6 时开始，暴雨时间延续了 22 小时，暴雨中心主要集中在龙华、南山一带。全市平均最大 24 小时降水量为 233.1mm，约 20 年一遇。其中，龙华站为暴雨中心点，最大 6 小时降水量为 310mm，约 180 年一遇；最大 24 小时降水量为 458.2mm，约 125 年一遇。

2. 基于 SWMM 模型的实测降雨模拟结果分析

将降雨数据录入系统数据库，进行模拟参数设置，并生成模型数据文件*.inp，即可进行排水管网水力模拟。模拟参数包括模拟时间、模拟步长等，可在系统的参数设置项对模拟运行的各项参数进行设置。设置模拟时间为各场次降雨开始到结束的整个过程，模拟步长包括地表汇流计算步长和管道汇流计算步长，统一设为 2 秒，同时设置结果记录步长为 10 分钟。

SWMM 模型计算结果包括各子汇水区降雨、初损、地表汇流量及径流系数，节点积水水头、入流及溢流量，管道流量、水深、流速及负载率等水文水力特征值。通过对二进制结果文件.out 进行解读，即可提取并统计各特征变量计算结果。

提取民治河及上芬水河口流量过程，结合实测降雨数据绘制降雨径流过程线，如图 5-12~图 5-18 所示。

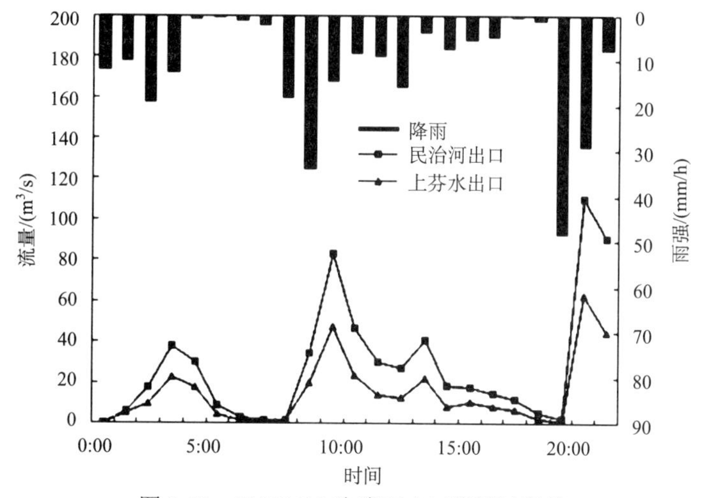

图 5-12　20080613 次降雨出口流量过程线

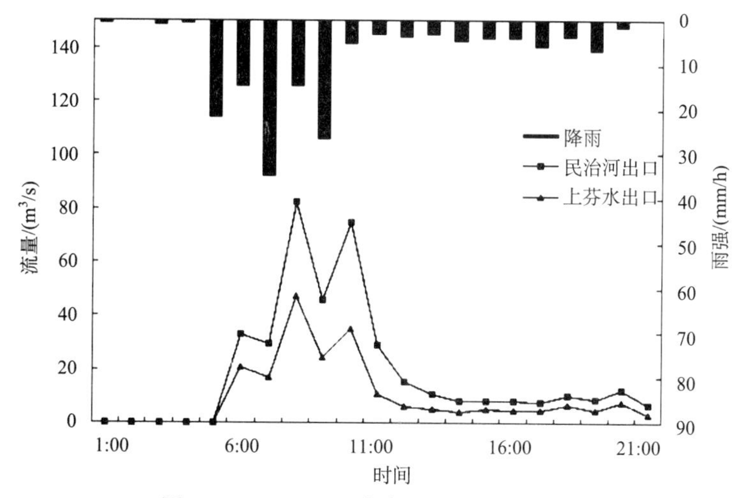

图 5-13　20090523 次降雨出口流量过程线

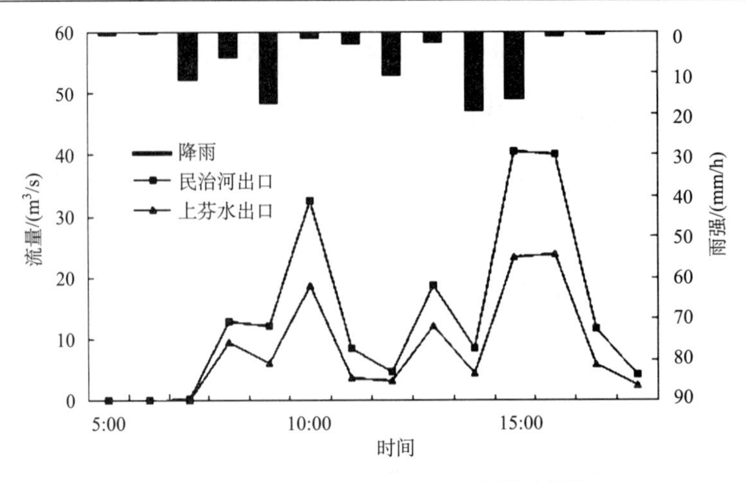

图 5-14　20100728 次降雨出口流量过程线

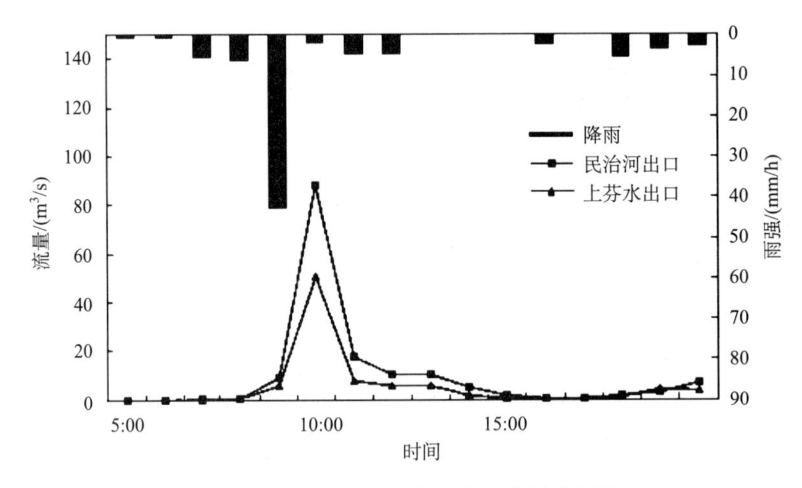

图 5-15　20110522 次降雨出口流量过程线

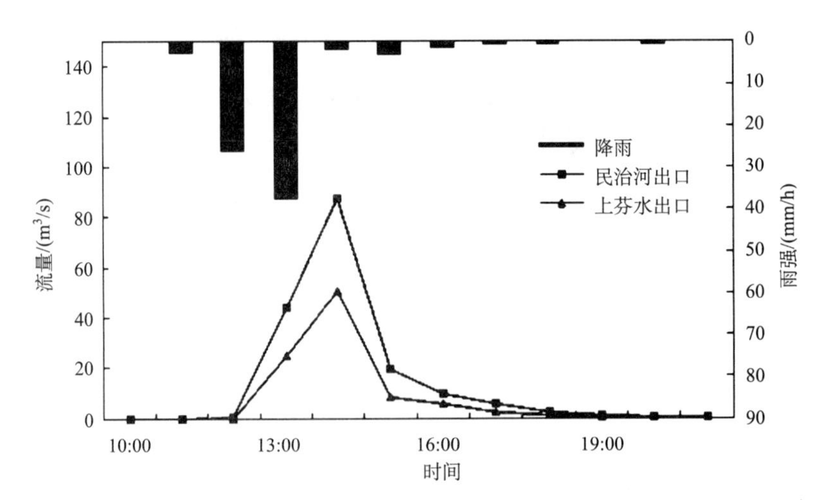

图 5-16　20120419 次降雨出口流量过程线

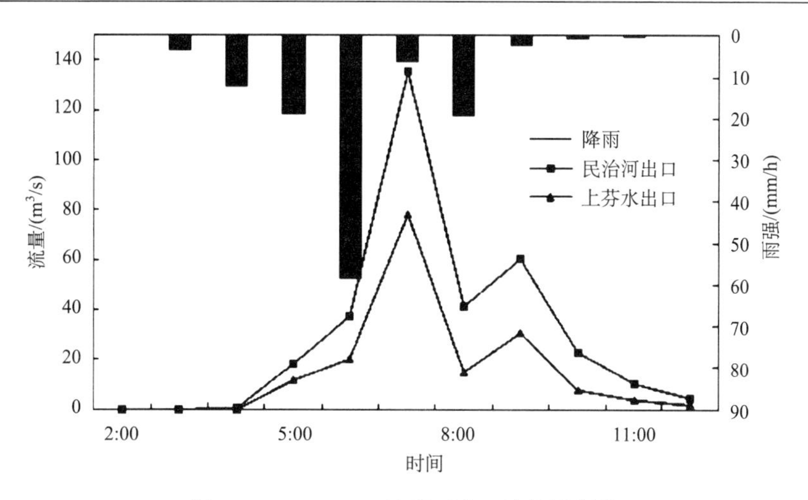

图 5-17　20130830 次降雨出口流量过程线

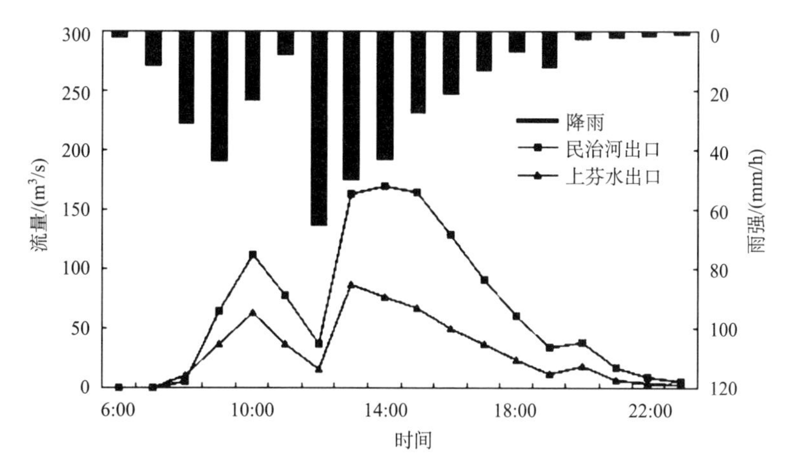

图 5-18　20140511 次降雨出口流量过程线

由各场次降雨径流过程线结果可见，出口流量过程线与降雨过程变化规律一致，流量峰值滞后于降雨峰值，约滞后 1 小时，且流量峰值大小与降雨强度直接相关，降雨峰值强度大的场次降雨，其导致的河口洪峰流量也较大。由以上降雨径流过程线可见，模拟结果符合城市雨洪过程基本规律。

为反映各场实测降雨条件下民治片区内涝情况，对模拟结果中的溢涝节点情况进行统计分析，见表 5-10 和图 5-19。

表 5-10　实测降雨条件下民治片区节点溢流情况统计表

场次	峰值强度/（mm/h）	降雨历时/h	降水总量/mm	峰值流量/（m^3/s）	涝点数量/个	溢流峰值/（m^3/s）	最长溢流时间/h
20080613	48.0	23	261.8	111	44	0.73	3.84
20090523	34.7	20	155.3	84	10	0.52	2.81
20100728	19.3	11	90.8	43	2	0.06	0.58
20110522	42.5	16	78.2	90	16	0.64	1.03

续表

场次	峰值强度/（mm/h）	降雨历时/h	降水总量/mm	峰值流量/（m^3/s）	涝点数量/个	溢流峰值/（m^3/s）	最长溢流时间/h
20120419	37.3	10	71.8	88	12	0.56	1.77
20130830	58.5	9	122.7	134	80	0.90	2.33
20140511	64.9	22	359.1	170	103	1.63	7.96

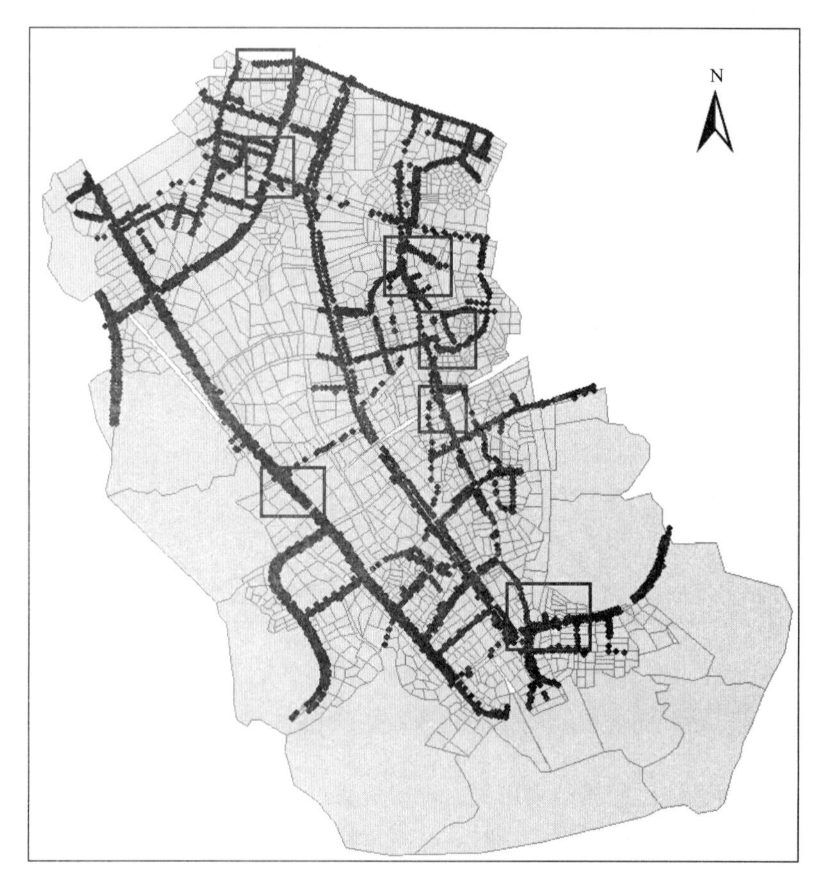

图 5-19　降雨涝点位置分布图

由表 5-10 可知，民治片区溢涝严重程度均与降雨强度密切相关，峰值强度越大的场次暴雨，其导致的暴雨积涝越严重，特别是 20140511 场暴雨，降雨历时长，雨强很大，因此，溢涝流量和溢涝点数量均较大。

由各实测暴雨条件溢涝节点统计可知，2013 年和 2014 年内涝情况最为严重，通过涝点位置分布图（图 5-19）与实地调研易涝点分布图（图 5-4）对比可知，涝点位置大致相符，说明该模型能较好地反映该片区的内涝情况，可靠性较好。

根据前述的地表淹没水深计算方法，分别计算 20130830 和 20140511 两场实测降雨条件下的水深分布，图 5-20 为民治片区沙吓村附近积水水深栅格图。

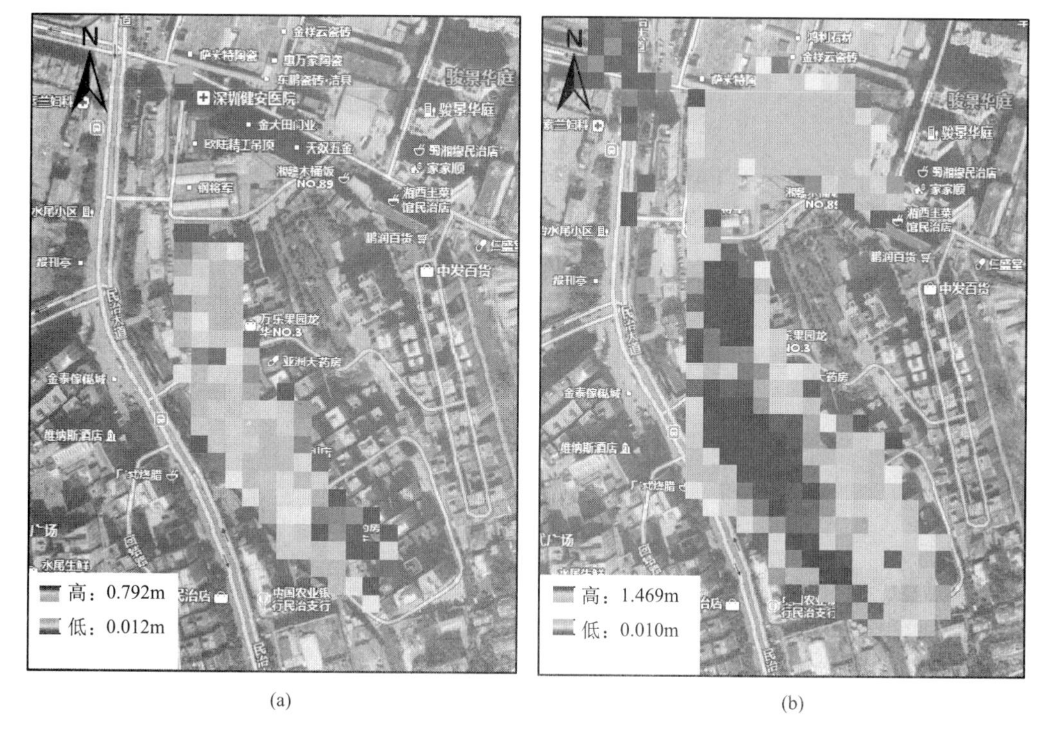

(a)　　(b)

图 5-20　20130830 和 20140511 场次降雨内涝积水水深分布图

由上述水深分布图可见，2014 年内涝积水情况较 2013 年更严重，沙吓村积水深度更深、积水范围更广。研究该区域地形，发现沙吓村高程普遍低于周边区域将近 1.5m，因此，该区逢雨必涝，且积水难退。

5.3.6　不同重现期降雨模拟结果分析

1. 设计暴雨过程线

根据《室外排水设计规范》（GB 50014—2006）（2014 年版）相关规定，进行雨水排水系统规划设计时，常采用不同重现期的设计暴雨进行设计流量计算。将不同重现期设计暴雨过程输入模型，一方面可通过结果分析验证模型的可靠性，另一方面还能对民治片区现状排水管网排水能力进行校核，分析民治排水管网是否达到设计标准。

设计暴雨采用如式（5-2）所示的深圳市暴雨强度公式生成：

$$q=\frac{1535.398\times(1+0.46\lg P)}{(t+6.84)^{0.555}} \tag{5-2}$$

式中，q 为设计暴雨强度，L/（s · hm^2）；t 为降雨历时，min；P 为设计重现期，年。

采用芝加哥雨型，则上式变为

$$q=\frac{9.194}{\left(\frac{t_1}{r}+6.84\right)^n}\left(1-\frac{0.555t_1}{t_1+r6.84}\right) \tag{5-3}$$

$$q=\frac{9.194}{\left(\frac{t_2}{1-r}+6.84\right)^{0.555}}\left[1-\frac{0.555t_2}{t_2+(1-r)6.84}\right] \tag{5-4}$$

式中，t_1为峰前降雨历时，min；t_2为峰后降雨历时，min；r为雨峰系数。

选取降雨历时 120 分钟。雨峰系数根据文献进行选取，一般取值范围为 0.3~0.5，选取 r=0.417，即暴雨强度峰值出现在降雨开始后 50 分钟。根据芝加哥雨型推导的峰前、峰后暴雨强度公式，并以 5 分钟为一记录间隔，得到降雨历时 2 小时的深圳暴雨强度过程线，如图 5-21 所示。

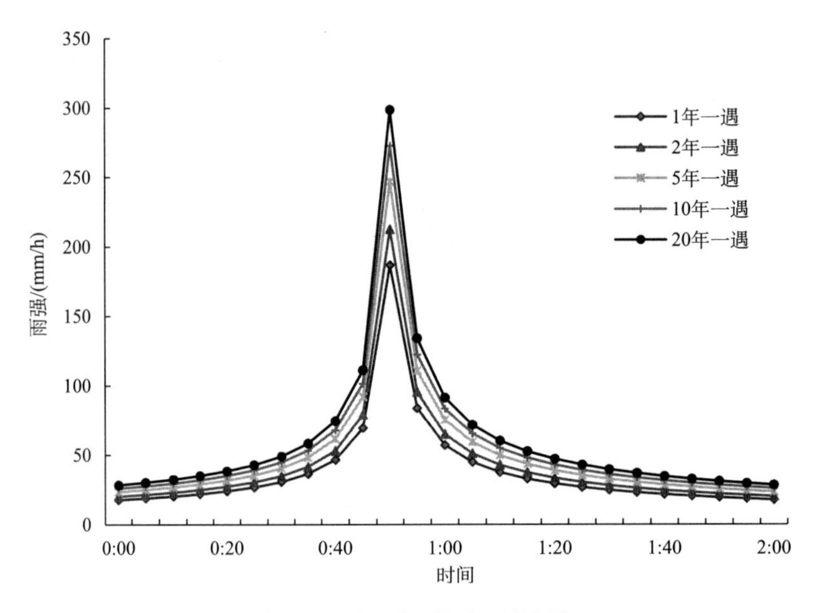

图 5-21　不同重现期降雨过程线

2. 基于 SWMM 模型的不同重现期模拟结果分析

将设计暴雨数据输入系统数据库，设置模拟时间及模拟步长，并生成模型数据文件 *.inp，即可进行排水管网水力模拟。

提取 5 年一遇设计暴雨条件下民治河出口流量过程，绘制降雨径流曲线，如图 5-22 所示，可见径流变化过程与降雨强度变化规律一致，径流峰值滞后于降雨强度峰值，滞时约 10 分钟。

绘制民治河出口在不同重现期设计暴雨条件下的流量过程线，如图 5-23 所示，可见模型计算结果较稳定，且径流过程与降雨强度过程线规律相符。

提取不同重现期条件下节点 3Y2020 的积水水深时程分布，并绘制曲线，如图 5-24 所示。可见节点水深随着重现期增大，积水水位也不断升高，而在 5 年一遇重现期情况下达到了最大深度，10 年一遇和 20 年一遇时积水水深峰值不变，可见在 5 年一遇条件下节点开始出现溢流。

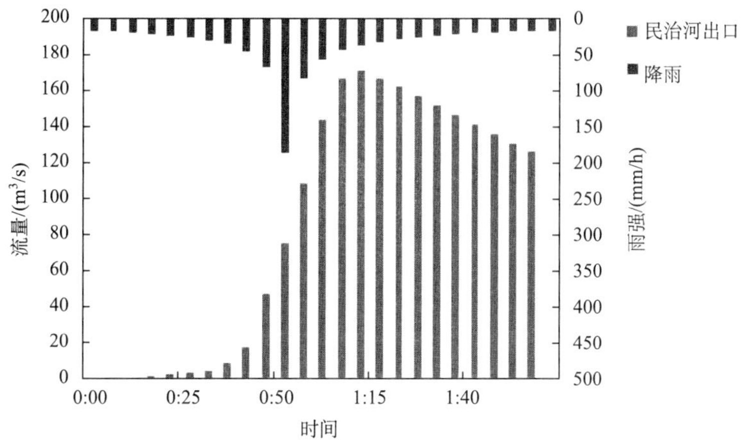

图 5-22　5 年一遇条件下民治河出口降雨径流过程

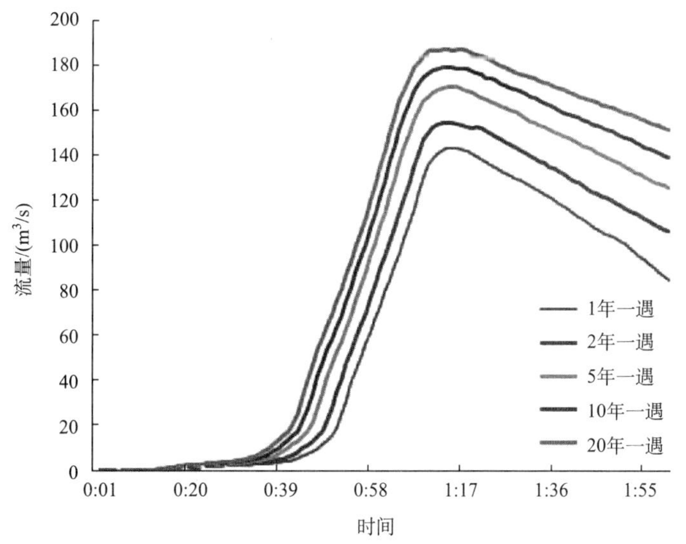

图 5-23　不同重现期设计暴雨量条件下民治河出口流量过程线

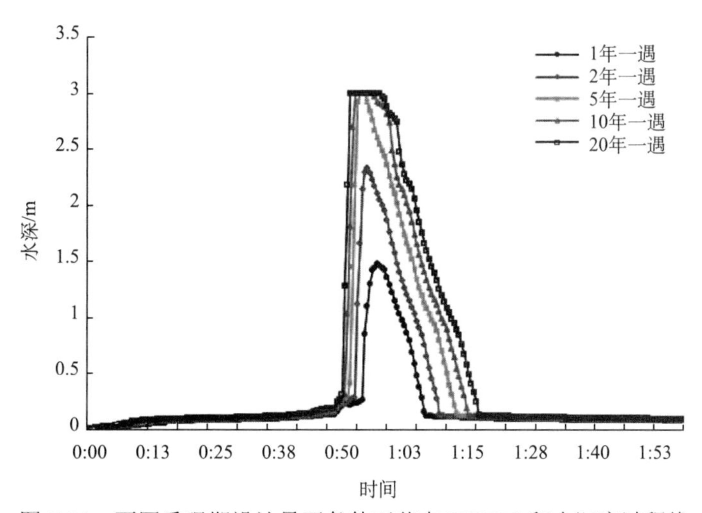

图 5-24　不同重现期设计暴雨条件下节点 3Y2020 积水深度过程线

对研究区排水通道负荷情况及节点溢流情况进行统计，见表 5-11 和表 5-12。可见在 1 年、2 年、5 年、10 年和 20 年重现期暴雨条件下，民治片区的排水管网均存在管道超负荷及节点溢流情况，且即使在低重现期条件下，管道超负荷及节点溢流情况均较严重，可见该片区排水管网设计标准普遍较低。

表 5-11　不同重现期暴雨条件下排水通道满流情况统计

降雨重现期/年	暴雨强度峰值/（mm/h）	降水总量/mm	最长满流时间/h	满流数量/条	满流率/%
1	186.85	78.49	1.76	1420	39.4
2	212.73	89.35	1.79	1638	45.4
5	246.93	103.72	1.81	1921	53.3
10	272.80	114.59	1.82	2078	57.7
20	298.68	125.46	1.84	2216	61.5

表 5-12　不同重现期暴雨条件下节点溢流情况统计

降雨重现期/年	暴雨强度峰值/（mm/h）	降水总量/mm	出口流量峰值/（m^3/s）	溢流峰值/（m^3/s）	最长溢流时间/h	涝点数量/个
1	186.85	78.49	144	2.52	1.37	123
2	212.73	89.35	158	2.94	1.52	171
5	246.93	103.72	175	3.42	1.61	235
10	272.80	114.59	184	4.42	1.67	290
20	298.68	125.46	194	4.9	1.71	357

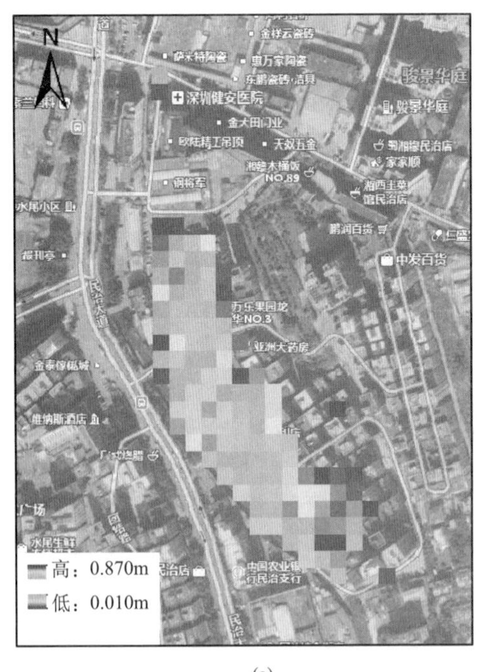

(a)

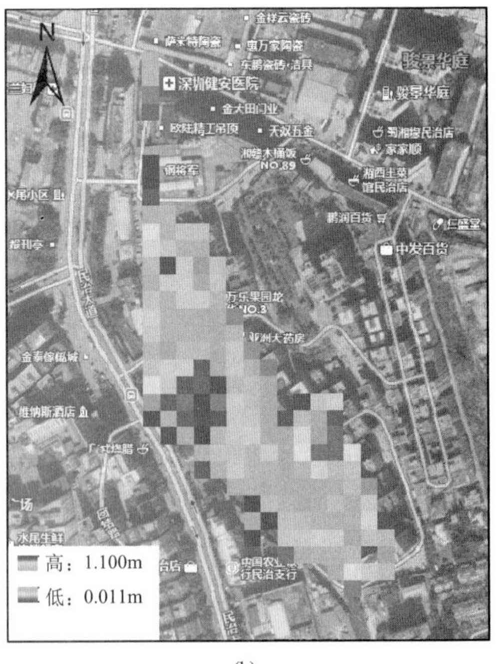

(b)

图 5-25　1 年一遇、2 年一遇暴雨积水水深图

利用前述地表淹没水深计算方法，分别计算重现期为 1 年、2 年、5 年和 10 年的设计暴雨条件下研究区的内涝积水水深，结果表明积涝片区位置与实际调研情况大致相符，积涝最为严重的地区也发生在沙吓村，如图 5-25 和图 5-26 所示。对比各个重现期设计暴雨内涝图可见，暴雨强度越大，内涝积水面积越大，最大积水水深也越大。

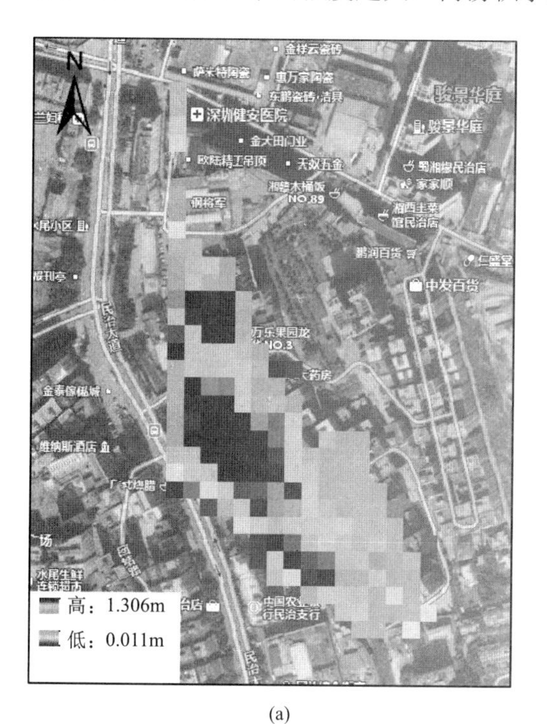

(a)

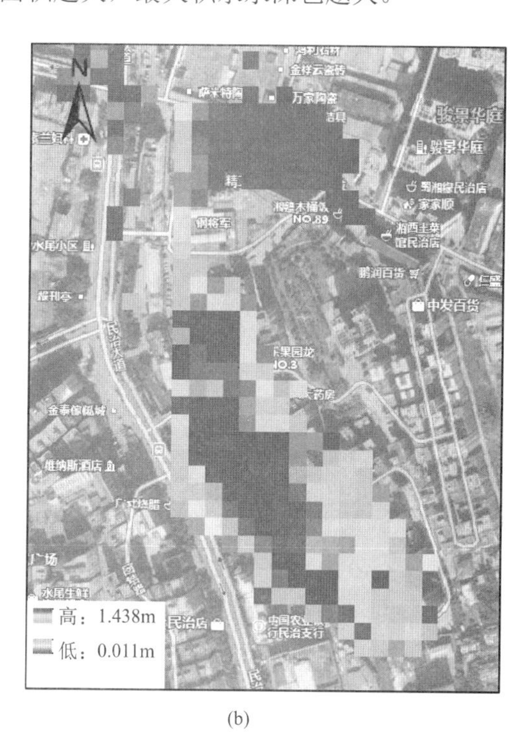

(b)

图 5-26　5 年一遇、10 年一遇暴雨积水水深图

5.4　城市暴雨内涝预警预报系统

系统基于 Visual Studio 2010 平台，采用 C#编程语言，以 ArcEngine 为 GIS 二次开发组件，建立了基于 GIS 的民治片区城市暴雨洪水预警预报系统。该系统集成了 SWMM 模型，采用数字化、可视化显示结果，动态地模拟民治片区各个节点的水深、流速、流量变化过程，统计受淹节点，确定易淹范围，分析受淹情况，使结果表达更为直观，为城市防汛决策和防洪规划设计提供科学依据。

5.4.1　系统主界面

根据 SWMM 模型与 ArcGIS Engine 的集成方法研究成果，构建民治片区城市内涝预警系统，系统主界面如图 5-27 所示，主界面由菜单栏、工具栏、图层管理窗口、显示窗口等组成。

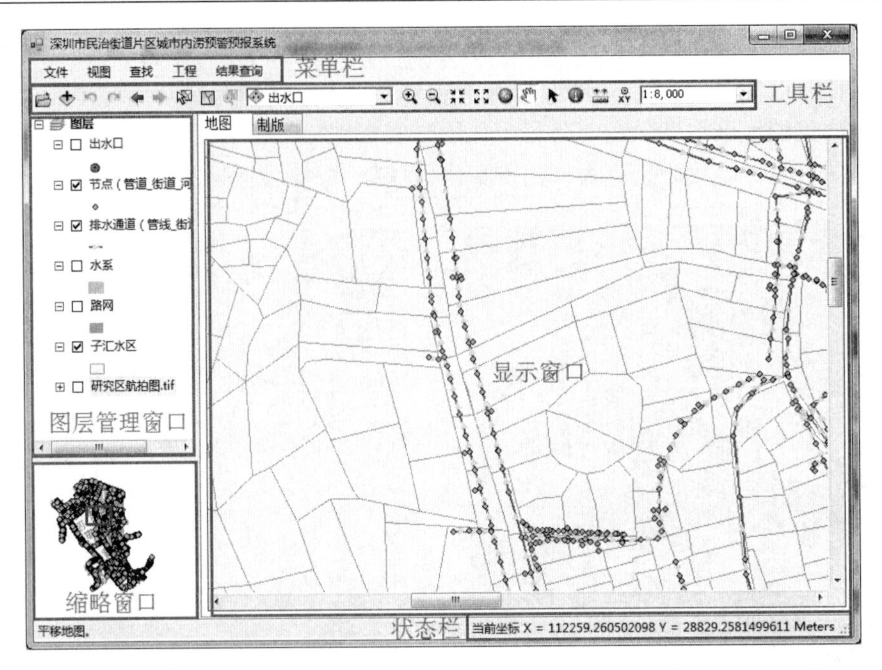

图 5-27　系统主界面

菜单栏：包括文件、视图、查找、工程、结果查询五项菜单文件，文件负责图层文件的加载、关闭及保存等常规操作菜单子项；视图包含控制地图显示的工具，如撤销渲染、栅格渲染；查找是用来查询具体某个出水口、节点和管网等对象在地图上的位置；工程是 SWMM 模块，主要包括建模过程中的降雨设置、参数设置及模型运行等功能；结果查询主要包含对模型各个对象的特征变量视图查询、列表查询和积水水深显示。

工具栏：包括 ArcGIS 的一系列功能，如视图控制功能、数据库编辑等管理功能。

图层管理窗口：图层管理窗口显示当前打开的所有图层名，通过图层管理窗口可以方便地控制某个图层是否显示，并可通过右键选择图层属性表查询、缩放图层范围、移除图层等。

5.4.2　系统主要功能

1. 打开文件

“文件”负责图层文件的加载、关闭及保存等常规操作菜单子项。点击“文件”菜单项，选择“打开”项，即出现地图打开窗口（图 5-28），选择所研究区域的地图文件，即可在系统加载显示（图 5-29）。选择“添加图层”项，即出现添加数据窗口，选择所要添加的研究区域图层文件（图 5-30），即可在系统加载显示。

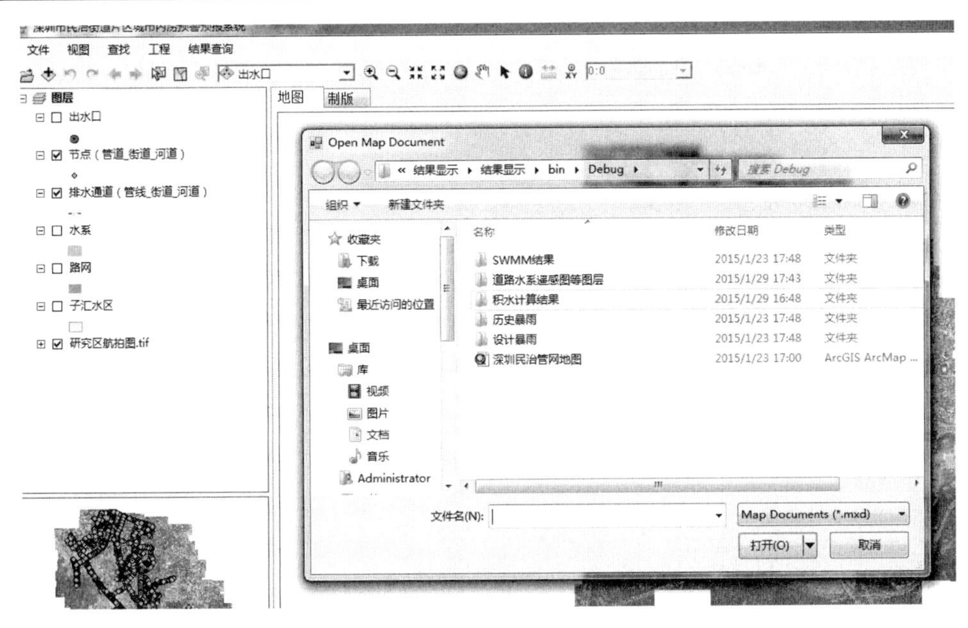

图 5-28　打开研究区域地图文件

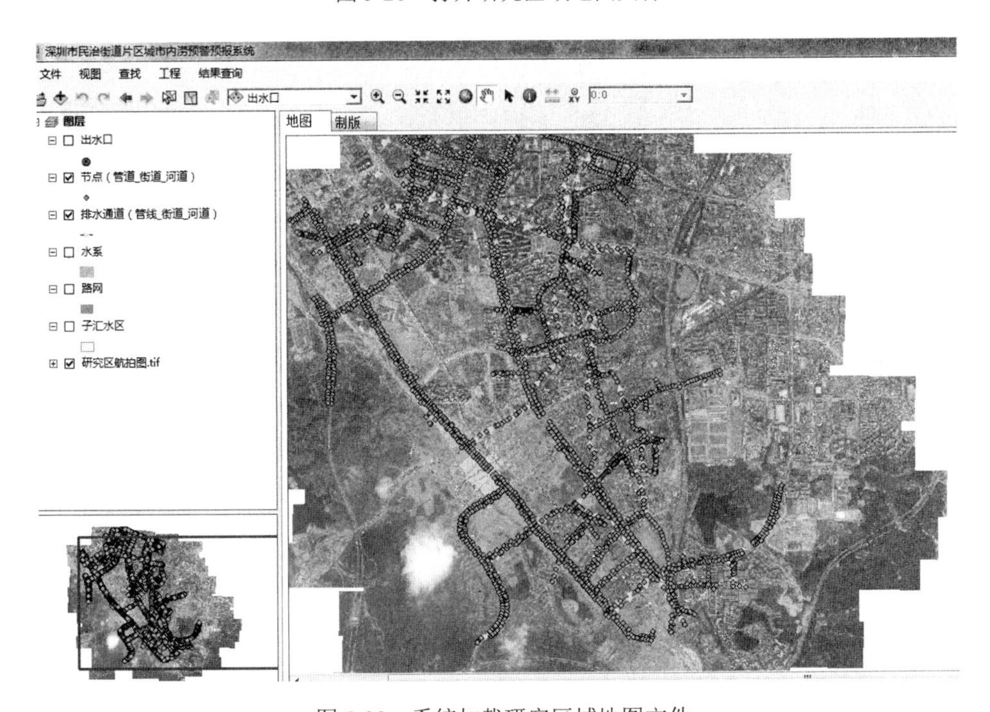

图 5-29　系统加载研究区域地图文件

2. 图层管理窗口

在图层管理窗口选择某一图层，右键点击“打开属性表”，即可对图层的属性表数据进行查看（图 5-31）。

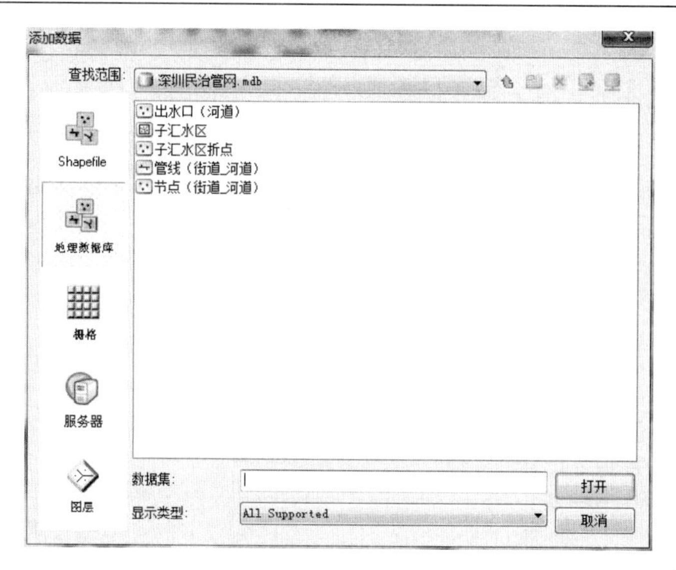

图 5-30　图层文件加载窗口

也可点击工具栏的点读识别工具，在地图主显示窗口点击要查询的图层要素，即可获取相应的数据信息（图 5-32）。

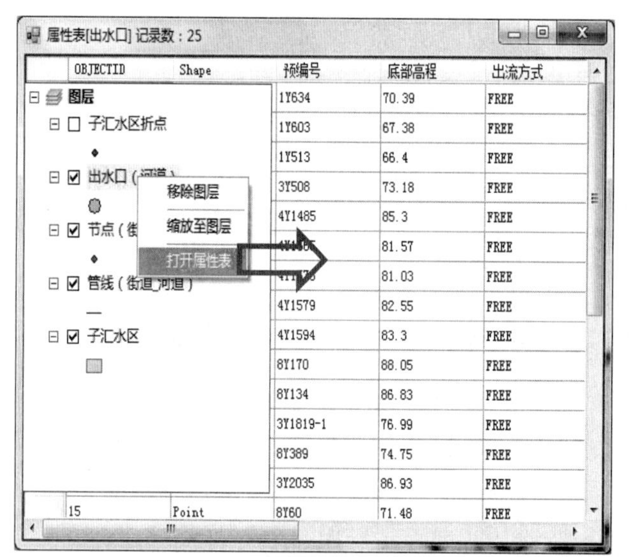

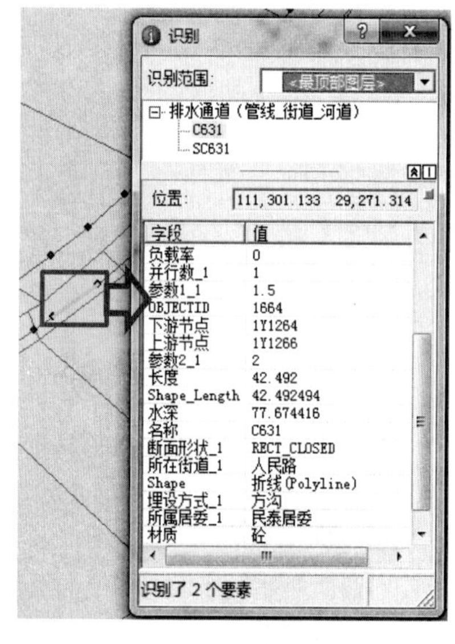

图 5-31　图层数据表查询　　　　图 5-32　图层要素点读查询

3. 视图

视图包含控制地图显示的工具，如撤销渲染、栅格渲染；点击“视图”菜单项，选择“撤销渲染”项，即出现撤销渲染后的地图窗口（图 5-33）；选择“栅格渲染”项，即出现“栅格数据渲染”窗口（图 5-34），选择所研究区域的数据渲染方式。

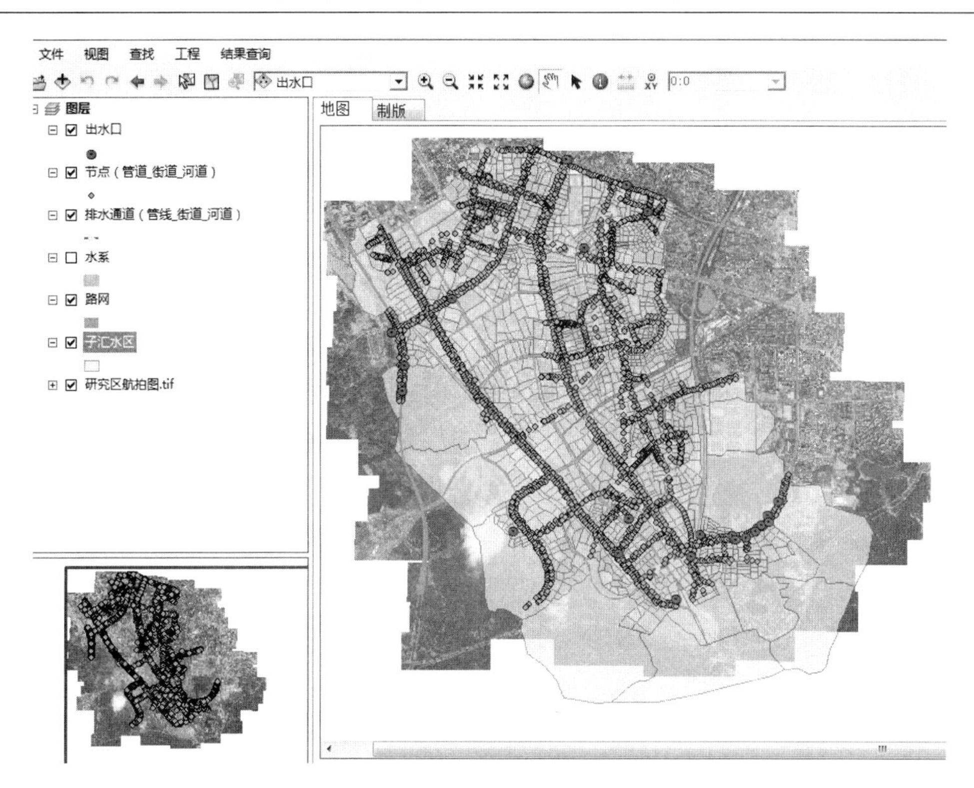

图 5-33　撤销渲染后的地图窗口

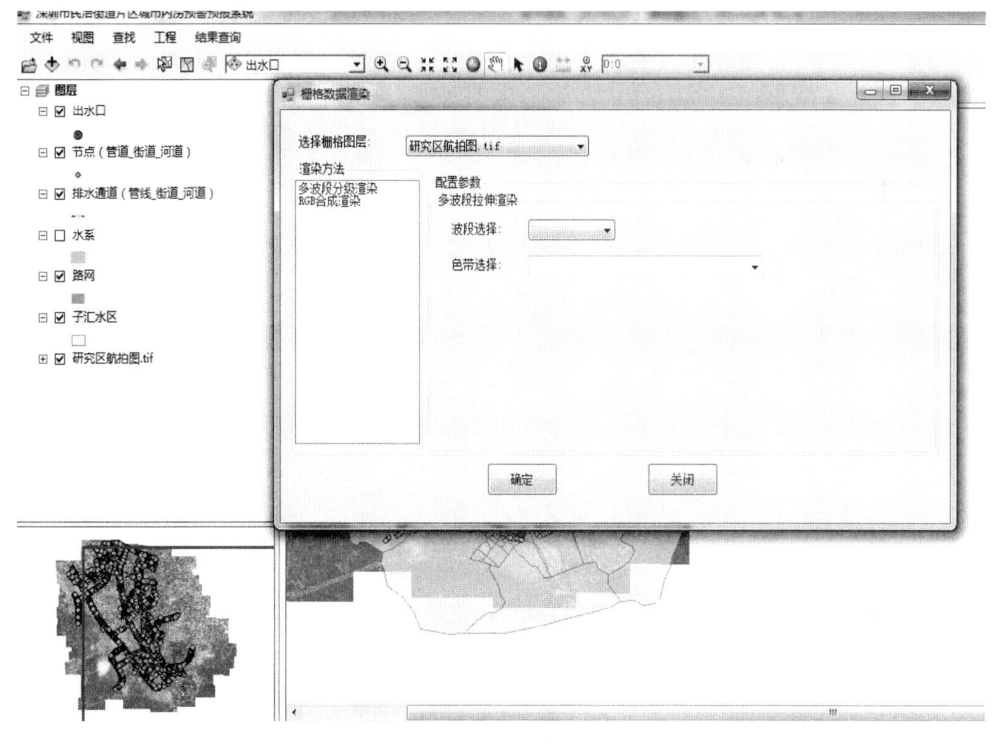

图 5-34　栅格数据渲染窗口

4. 查找对象

查找是用来查询具体某个出水口、节点和管网等对象在地图上的位置；点击“查找”菜单，出现如图 5-35 所示的查找窗口，选择查找图层，输入需要查找的对象名称，即出现如图 5-36 所示的结果。

图 5-35　查找对话框

图 5-36　对象查找位置

5. SWMM 模型运行

系统集成了与 SWMM 模型相关的各种功能，包括降雨数据输入窗口、模型参数设置窗口及模型运行控制窗口。降雨数据窗口可选择历史暴雨数据、设计暴雨数据，还设置了未来实际暴雨数据输入、导入窗口。

点击“工程”菜单后，系统出现“降雨设置”“参数设置”和“运行”3 个子项，这些子项是运行 SWMM 模型必备的条件。

选择“降雨设置”，出现“实际暴雨”“设计暴雨”和“历史暴雨”。“实际暴雨”主要用于未来实际暴雨数据输入，主要用于预报未来降雨内涝模拟分析。点击“实际暴雨”项，出现如图 5-37 所示的实际暴雨设置窗口，可以根据未来预报降水量在该窗口中设置，为了设置方便起见，可以随意选择降雨时间间隔，系统可以自动调整降雨序列时长，且可以用 excel 导入已经设置好的降水量数据。

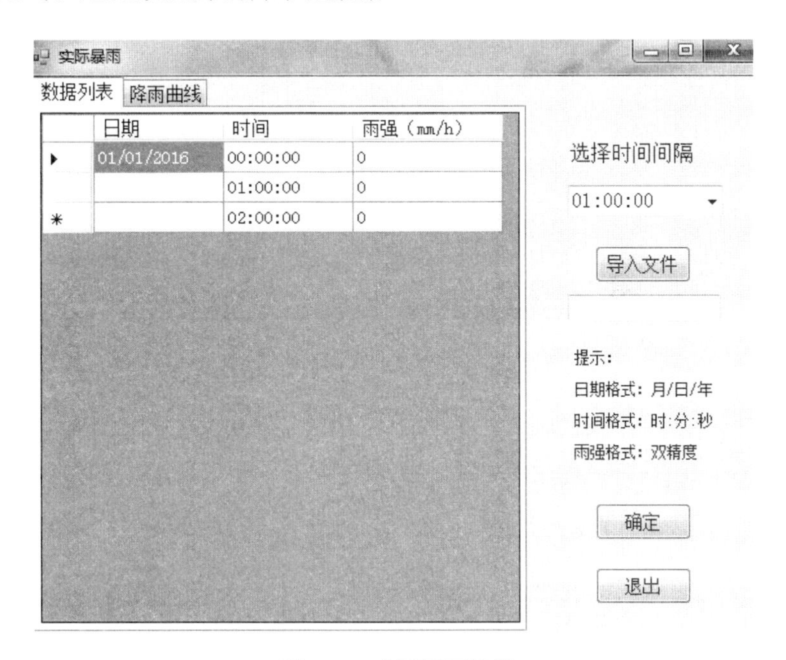

图 5-37　实际暴雨设置

“设计暴雨”主要用于分析各种重现期下设计暴雨内涝模拟情形，点击“设计暴雨”项，出现如图 5-38 所示的设计暴雨设置窗口。

“历史暴雨”主要用于模拟近年发生的几场大暴雨模拟情形，点击“历史暴雨”项，出现如图 5-39 所示的历史暴雨设置窗口。

降雨设置好后，选择“参数设置”，出现参数设置窗口（图 5-40），包含一般设置、时间设置、步长设置和动力波设置等选项，系统已经默认参数取值，一般情况下不需要再行设置即可运行。

降雨和参数设置好后，选择“运行”，出现运行 SWMM 窗口（图 5-41），点击“计算”，即可生成 SWMM 数据文件，即把管网资料、模型运行所需的基本参数设置及降雨数据生成数据文件，开始计算，计算成功后提示“计算成功”（图 5-41）。

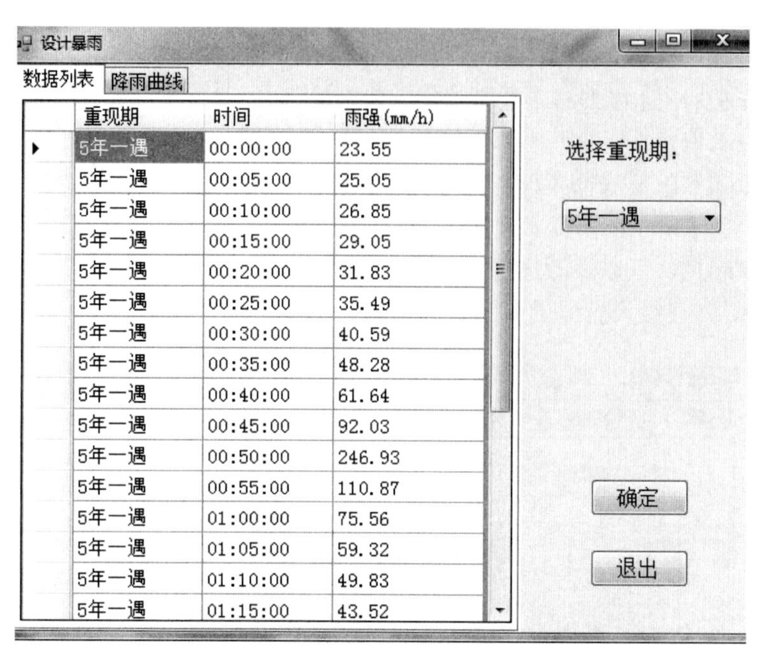

图 5-38　设计暴雨设置

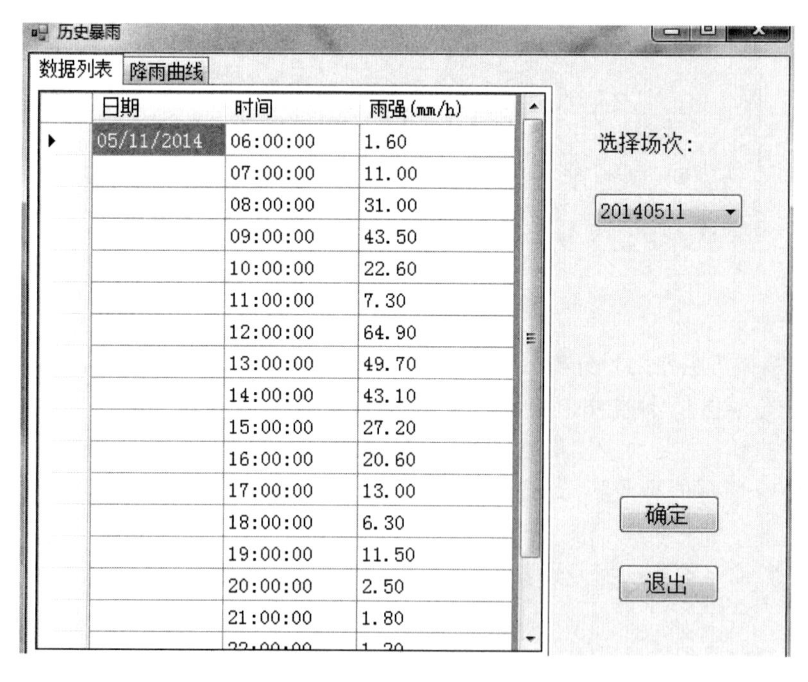

图 5-39　历史暴雨设置

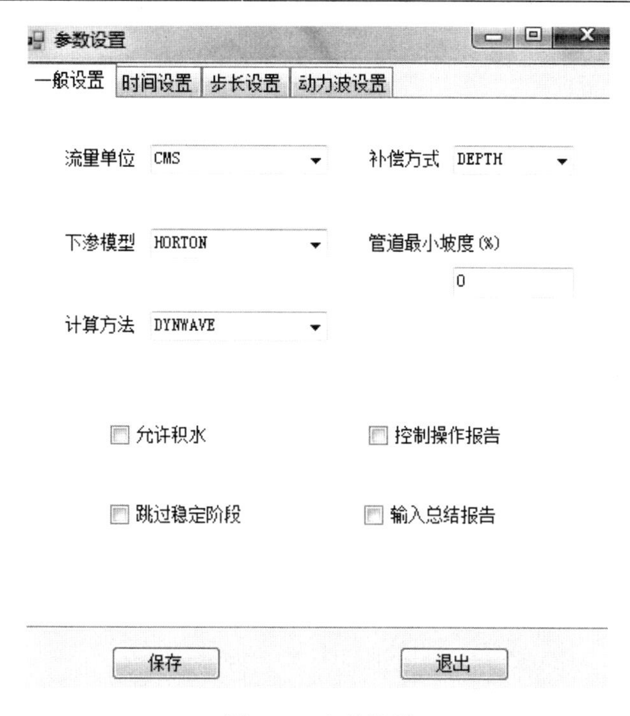

图 5-40　参数设置

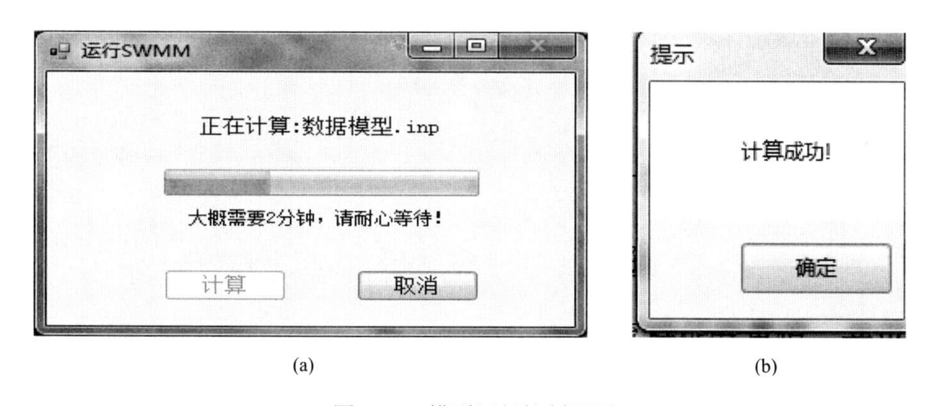

图 5-41　模型运行控制界面

6. 计算结果查询

系统具备较全面的计算结果查询功能，查询包括结果积水显示和结果列表查询，渲染查询能将溢涝节点、街道进行可视化，列表查询能获取各节点、管道、街道的水流特征变量值，并可对结果的水深、流速变量值进行统计。

点击“结果查询”菜单后，系统出现“积水显示”“出水口流量”“节点信息”“街道信息”“统计分析”“点选查询”“设计暴雨”“历史暴雨”等子项。

选择“积水显示”，系统将计算得到的结果进行处理，出现积水显示窗口（图 5-42），显示该场暴雨洪水内涝情形，不同颜色代表不同淹没深度。

图 5-42　积水显示

选择“出水口流量”，系统将计算得到的研究区域出口流量（民治河河口和上芬水河口）显示出现（图 5-43），并给出统计值。

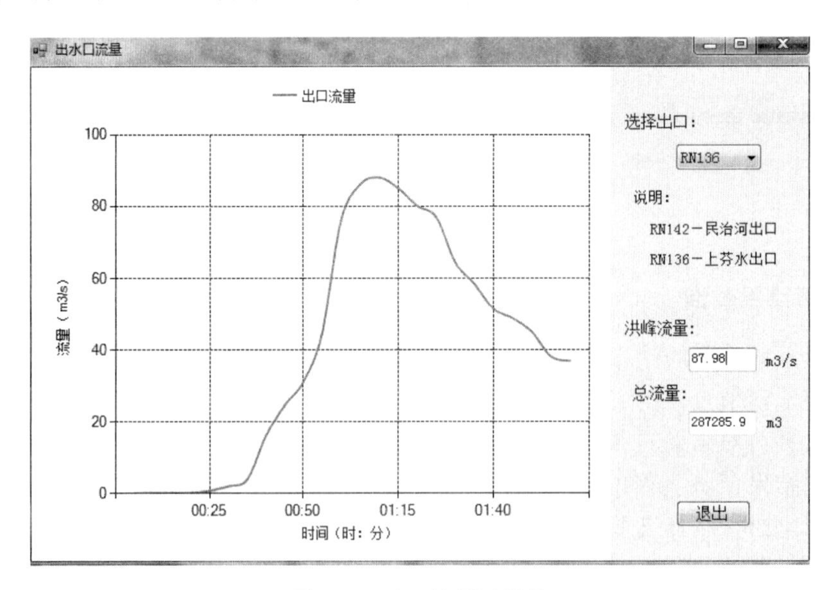

图 5-43　出口流量过程线

选择“节点信息”，出现“涝点位置”“涝点信息”子项，点击“涝点位置”，系统调用计算结果后显示涝点分布位置图（图 5-44），点击工具栏的点读识别工具 ❶，在涝点分布图中点击要查询的点要素，即可获取相应的淹没信息（图 5-44）。

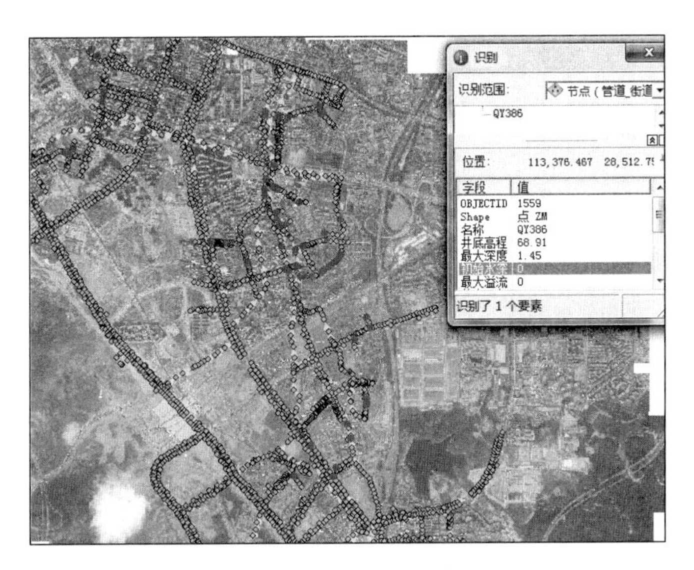

图 5-44　涝点分布位置及淹没情况

点击“涝点信息”，出现溢流节点信息窗口（图 5-45），可以看出任何节点的溢流情况。

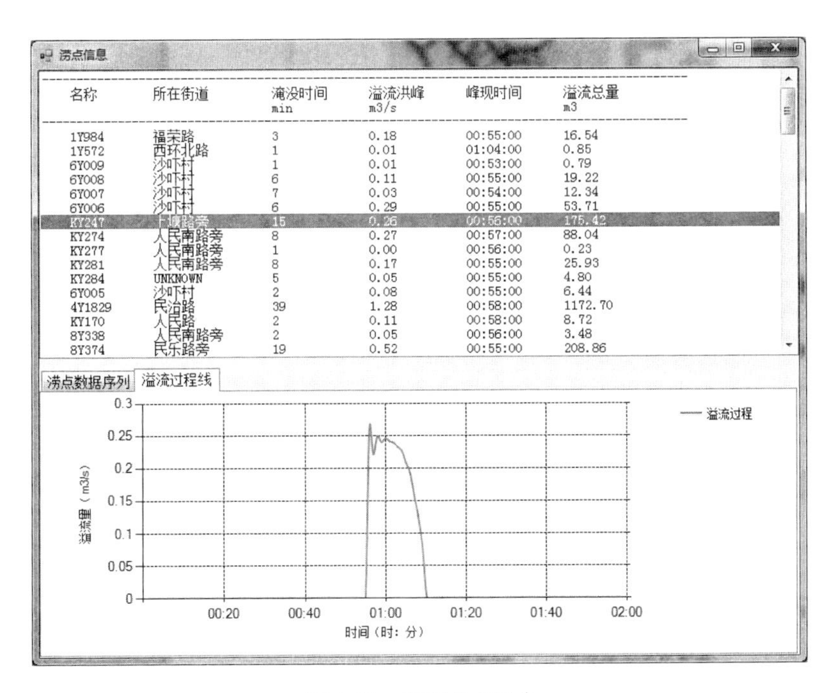

图 5-45　溢流节点信息

选择“街道信息”，出现“淹没位置”“淹没信息”子项，点击“淹没位置”，系统调用计算结果后显示街道淹没位置分布图（图 5-46），点击工具栏的点读识别工具，在涝点分布图中点击要查询的点要素，即可获取相应的淹没信息。

图 5-46　街道淹没位置分布

点击“淹没信息”，出现街道淹没信息窗口（图 5-47），可以看出街道的淹没情况。

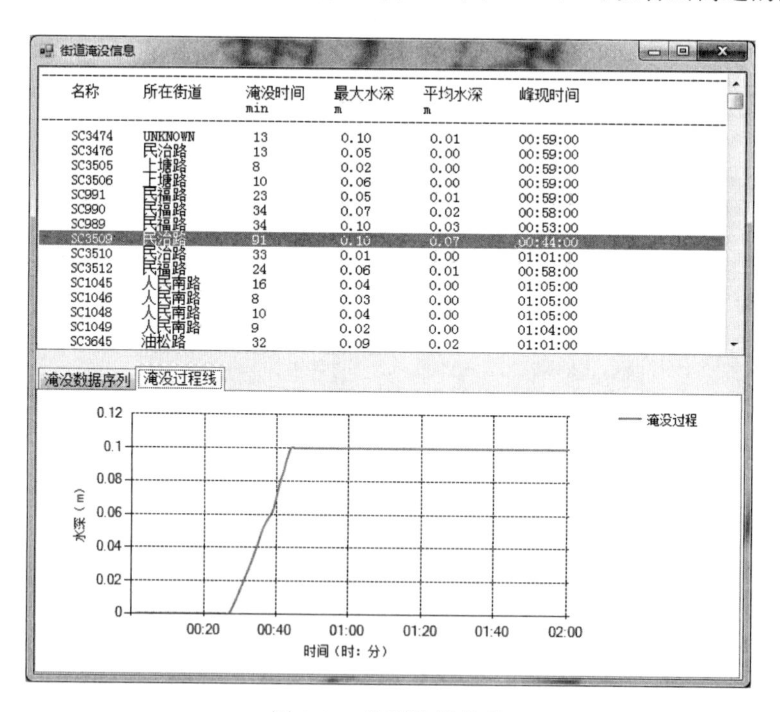

名称	所在街道	淹没时间 min	最大水深 m	平均水深 m	峰现时间
SC3474	UNKNOWN	13	0.10	0.01	00:59:00
SC3476	民治路	13	0.05	0.00	00:59:00
SC3505	上塘路	8	0.02	0.00	00:59:00
SC3506	上塘路	10	0.06	0.00	00:59:00
SC991	民福路	23	0.05	0.01	00:59:00
SC990	民福路	34	0.07	0.02	00:58:00
SC989	民福路	34	0.10	0.03	00:53:00
SC3509	民治路	91	0.10	0.07	00:44:00
SC3510	民治路	33	0.01	0.00	01:01:00
SC3512	民福路	24	0.06	0.01	00:58:00
SC1045	人民南路	16	0.04	0.00	01:05:00
SC1046	人民南路	8	0.03	0.00	01:05:00
SC1048	人民南路	10	0.04	0.00	01:05:00
SC1049	人民南路	9	0.02	0.00	01:04:00
SC3645	油松路	32	0.09	0.02	01:01:00

图 5-47　街道淹没信息

选择“统计分析”，出现统计分析窗口（图 5-48），系统调用计算结果后统计分析内涝结果。

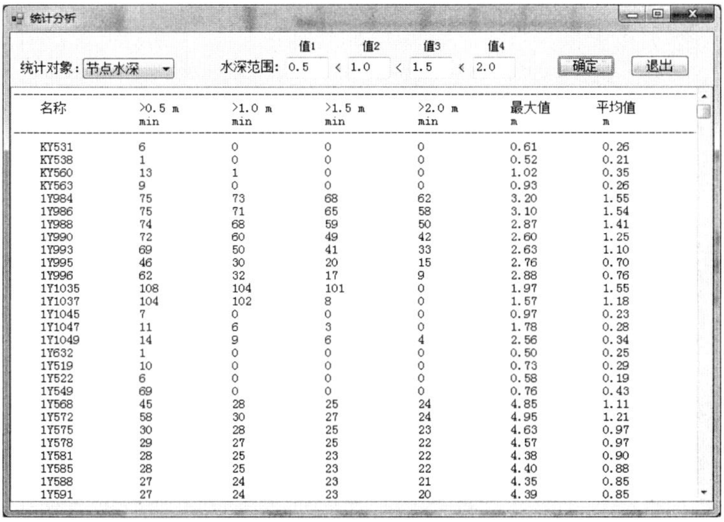

统计分析

统计对象：节点水深　水深范围：值1 0.5 < 值2 1.0 < 值3 1.5 < 值4 2.0　确定　退出

名称	>0.5 m min	>1.0 m min	>1.5 m min	>2.0 m min	最大值 m	平均值 m
KY531	6	0	0	0	0.61	0.26
KY538	1	0	0	0	0.52	0.21
KY560	13	1	0	0	1.02	0.35
KY563	9	0	0	0	0.93	0.26
1Y984	75	73	68	62	3.20	1.55
1Y986	75	71	65	58	3.10	1.54
1Y988	74	68	59	50	2.87	1.41
1Y990	72	60	49	42	2.60	1.25
1Y993	69	50	41	33	2.63	1.10
1Y995	46	30	20	15	2.76	0.70
1Y996	62	32	17	9	2.88	0.76
1Y1035	108	104	101	0	1.97	1.55
1Y1037	104	102	8	0	1.57	1.18
1Y1045	7	0	0	0	0.97	0.23
1Y1047	11	6	3	0	1.78	0.28
1Y1049	14	9	6	4	2.56	0.34
1Y632	1	0	0	0	0.50	0.25
1Y519	10	0	0	0	0.73	0.29
1Y522	6	0	0	0	0.58	0.19
1Y549	69	0	0	0	0.76	0.43
1Y568	45	28	25	24	4.85	1.11
1Y572	58	30	27	24	4.95	1.21
1Y575	30	28	25	23	4.63	0.97
1Y578	29	27	25	22	4.57	0.97
1Y581	28	25	23	22	4.38	0.90
1Y585	28	25	23	22	4.40	0.88
1Y588	27	24	23	21	4.35	0.85
1Y591	27	24	23	20	4.39	0.85

图 5-48　统计分析窗口

5.5　深圳市民治片区城市化对洪水的影响分析

5.5.1　城市化对洪水影响的影响因子

城市化对洪水的影响主要表现在气象条件（主要是降雨情况）对洪水的影响及产汇流条件对洪水的影响等方面，下面分别予以介绍。

1. 气象条件对洪水的影响

一般情况下，降水量大，洪量也大；降水量相同，降雨强度越大，所产生的洪峰流量也越大，流量过程线越尖瘦。降雨的空间分布对洪水也有影响，空间分布均匀的降雨，产流量相对较小。暴雨中心位置向下游移动，与洪水汇流方向一致，洪峰流量则较大；暴雨中心位置向上游移动，与洪水汇流方向相反，洪峰流量就要小些。对于多支流的较大流域，如果暴雨中心沿着有利于支流洪水与干流洪水遭遇的方向移动，则会在下游产生更大的洪水，其危害性也较大。

2. 产汇流条件对洪水的影响

产汇流条件主要包括流域的地理位置、地形地貌、河道特征、土壤、植被、流域的形状和大小，以及湖泊、沼泽等，它们从不同角度对洪水产生影响。土壤、植被主要影响雨水下渗和植被截流过程，流域地形和形状影响产汇流速度和时滞过程，河道特性、湖泊等影响水流输送和调蓄能力。

由于城市发展，大面积天然植被和农业耕地被住宅、街道、公共设施、商业用地及厂房等建筑物代替，下垫面的滞水性、渗透性、降雨径流关系等均发生明显变化。城市地区降雨后，截留填洼，下渗损失量很小，加之城市道路、边沟及下水道系统的完善，使城市集水区天然调蓄能力减弱，汇流速度明显加快，径流系数明显增大，城市化所及地区的产汇流过程发生显著变化，结果导致雨洪径流及洪峰流量增大，峰现时间提前，行洪历时缩短，洪水总量增加，洪水过程线比相似的农村地区明显变得峰高坡陡。

5.5.2　民治片区城市化对洪水影响特征分析

随着国民经济的迅速发展，深圳市民治片区城市化程度有了显著提高，城市化程度的提高改变了城区的自然地理条件及排水体系，影响了水文要素的变化规律。民治市区原有的大片水田、低洼湿地陆续被开发，转化为大片的城区，其原先所具有的滞洪调蓄功能基本丧失，这些变化使城市面临的排水防洪压力不断增大。

经过 30 多年的快速发展，民治城区的沟道形态发生了改变，低洼地的改造利用降低了原来城市水文系统的滞洪调蓄功能。改造前的天然冲沟横截面多呈 V 字形，沟道曲折且支流众多，遇有洪水发生时，沟内水位上涨，沟道能够滞蓄大量洪水。这些沟道经人为改造后，横截面形态多为矩形、梯形，沟坡变陡，过水断面面积缩小，加上裁弯取直影响，减少了河槽蓄水量。

原先民治河两岸分布有较大面积的洼地和湖泊，对民治河洪水起着很大的自然调蓄作用，现在这些滞洪区、低洼地纷纷被填垫占用，调蓄功能大大削弱。另外，人工排水系统与天然河道相比糙率减小，排水速度提高，使增加的地表径流以高速流出城区，从而使城区下游河段的暴雨洪水流量增大，滞后时间缩短，洪水过程陡涨，更容易造成洪涝灾害发生。这一变化导致雨洪径流及洪峰流量增大，峰现时间提前，洪水陡涨陡落，行洪时间缩短。发生大暴雨时，洪峰常在暴雨发生后 1~2h 内出现，对于一般暴雨而言，峰现时间也只有 2h，洪水总量增加，洪水过程线比城市化前明显变得峰高坡陡，给民治片区及下游的防洪造成极其不利的影响。

上述定性分析了深圳市民治片区城市化对洪水的影响特征，为了能较为清晰地确定城市化对洪水的影响，利用前述已经构建的城市雨洪模型进行对比分析，定量地给出民治片区城市化前后暴雨洪水特征值的变化规律，以此判别城市化对洪水的影响。

5.5.3　城市化对实测暴雨洪水的影响

民治片区城市化以前以乡村为主，不透水地面很少，下垫面类型主要以透水性的绿地为主。由于该地区缺乏洪水资料，以民治片区城市化以前及现状的 1∶10000 地形图为主，结合遥感影像图、河道地形资料、路网资料及地下排水管网资料等，利用前述已经构建的 SWMM 模型，模拟计算各种暴雨情况下的洪水过程，定量评估城市化对洪水的影响。

利用近年来发生的几场大暴雨，如 20080613、20090523、20100728、20110522、20120419、20130830 和 20140511，分析这 7 场暴雨城市化前后的洪水特征，计算结果见表 5-13~表 5-16。

表 5-13　不同场次洪水实测暴雨条件下上芬水河口洪水特征变化情况

特征量		20080613	20090523	20100728	20110522	20120419	20130830	20140511
降水量/mm		261.8	155.3	90.8	78.2	71.8	122.7	359.1
径流量/mm	城市化前	110.0	66.8	31.8	24.2	24.4	61.4	247.8
	城市化后	157.1	97.8	50.9	40.7	42.4	81.0	276.5
径流系数	城市化前	0.42	0.43	0.35	0.31	0.34	0.50	0.69
	城市化后	0.60	0.63	0.56	0.52	0.59	0.66	0.77
洪峰流量/(m^3/s)	城市化前	45.20	32.08	18.25	22.97	29.97	55.3	75.72
	城市化后	62.92	48.24	26.56	50.59	50.93	77.36	85.48
峰现时间	城市化前	22:05:00	10:05:00	16:10:00	13:05:00	14:10:00	7:05:00	13:10:00
	城市化后	22:05:00	7:55:00	15:15:00	13:05:00	14:05:00	7:00:00	13:05:00

表 5-14　不同场次洪水实测暴雨条件下民治河河口洪水特征变化情况

特征量		20080613	20090523	20100728	20110522	20120419	20130830	20140511
降水量/mm		261.8	155.3	90.8	78.2	71.8	122.7	359.1
径流量/mm	城市化前	99.5	63.7	32.7	25.8	24.4	60.1	258.6
	城市化后	149.2	97.8	49.0	39.9	42.4	82.2	290.9
径流系数	城市化前	0.38	0.41	0.36	0.33	0.34	0.49	0.72
	城市化后	0.57	0.63	0.54	0.51	0.59	0.67	0.81
洪峰流量/(m^3/s)	城市化前	83.09	59.1	30.05	40.9	53.12	103.68	158.99
	城市化后	110.59	83.86	42.67	89.9	87.77	134.49	170.12
峰现时间	城市化前	22:25:00	10:05:00	16:05:00	13:20:00	14:15:00	7:15:00	14:15:00
	城市化后	22:10:00	8:05:00	15:20:00	13:05:00	14:05:00	7:05:00	14:05:00

表 5-15　不同场次洪水实测暴雨条件下民治片区节点溢流情况

特征量		20080613	20090523	20100728	20110522	20120419	20130830	20140511
降水量/mm		261.8	155.3	90.8	78.2	71.8	122.7	359.1
涝点数/个	城市化前	7	3	0	3	3	21	43
	城市化后	44	10	2	16	12	80	103
溢流峰值/(m^3/s)	城市化前	0.49	0.21	0	0.06	0.21	0.48	1.20
	城市化后	0.73	0.52	0.06	0.64	0.56	0.90	1.63
最长溢流时间/h	城市化前	2.45	1.61	0	0.3	0.56	1.35	4.91
	城市化后	3.84	2.81	0.58	1.03	1.77	2.33	7.96

表 5-16　不同场次洪水实测暴雨条件下民治片区排水通道满流情况

特征量		20080613	20090523	20100728	20110522	20120419	20130830	20140511
降水量/mm		261.8	155.3	90.8	78.2	71.8	122.7	359.1
最长满流时间/h	城市化前	7.36	4.02	1.65	0.87	1.7	3.64	10.52
	城市化后	10.28	5.41	3.83	1.46	2.39	4.34	11.59

续表

特征量		20080613	20090523	20100728	20110522	20120419	20130830	20140511
满流数量/个	城市化前	237	109	36	79	102	428	772
	城市化后	487	255	66	337	290	777	1002
满流率/%	城市化前	6.6	3	1	2.2	2.8	11.9	21.2
	城市化后	13.5	7	2	9	8.1	21.6	27.8

从表 5-13~表 5-16 可以看出，城市化前后洪水有一定程度变化，但各场次洪水变化幅度不同。径流系数有一定程度增加，如民治河口 20080613 场次洪水从城市化以前的 0.38 增加到 0.57，20140511 场次洪水从城市化以前的 0.72 增加到 0.81；洪峰流量也有一定程度增加，如民治河口 20080613 场次洪水从城市化以前的 83.09m^3/s 增加到 110.59m^3/s，20140511 场次洪水从城市化以前的 158.99m^3/s 增加到 170.12m^3/s；峰现时间略有提前；涝点数、溢涝流量、最长溢流时间、满流数等均有不同程度增加。

5.5.4　城市化对设计暴雨洪水的影响

利用深圳市暴雨公式计算得到设计重现期分别为 1 年、2 年、5 年、10 年和 20 年一遇设计暴雨，分析这 5 种设计暴雨城市化前后的洪水特征，计算结果见表 5-17~表 5-20。

表 5-17　不同设计重现期设计暴雨条件下上芬水河口洪水特征变化情况

特征		1 年	2 年	5 年	10 年	20 年
降水量/mm		78.49	89.35	103.72	114.59	125.46
径流量/mm	城市化前	22.8	27.7	35.3	41.3	46.4
	城市化后	44.7	51.8	60.2	65.3	70.3
径流系数	城市化前	0.29	0.31	0.34	0.36	0.37
	城市化后	0.57	0.58	0.58	0.57	0.56
洪峰流量/(m^3/s)	城市化前	46.72	56.93	70.63	77.5	83.87
	城市化后	85.45	92.21	98.29	100.81	102.71
峰现时间	城市化前	1:11:00	1:11:00	1:11:00	1:17:00	1:17:00
	城市化后	1:10:00	1:11:00	1:11:00	1:07:00	1:06:00

表 5-18　不同设计重现期设计暴雨条件下民治河河口洪水特征变化情况

特征		1 年	2 年	5 年	10 年	20 年
降水量/mm		78.49	89.35	103.72	114.59	125.46
径流量/mm	城市化前	22.8	27.7	34.2	39.0	42.7
	城市化后	42.4	48.2	56.0	60.7	66.5
径流系数	城市化前	0.29	0.31	0.33	0.34	0.34
	城市化后	0.54	0.54	0.54	0.53	0.53
洪峰流量/(m^3/s)	城市化前	102.92	122.9	143.74	158.82	173.33
	城市化后	144.22	158.4	175.32	184.99	194.04
峰现时间	城市化前	1:21:00	1:21:00	1:21:00	1:20:00	1:20:00
	城市化后	1:15:00	1:15:00	1:14:00	1:13:00	1:14:00

表 5-19　不同设计重现期设计暴雨条件下民治片区节点溢流情况

特征		1 年	2 年	5 年	10 年	20 年
降水量/mm		78.49	89.35	103.72	114.59	125.46
涝点数/个	城市化前	52	81	131	160	199
	城市化后	123	171	235	290	357
溢流峰值/（m^3/s）	城市化前	0.64	0.96	1.37	1.67	1.93
	城市化后	2.52	2.94	3.42	4.42	4.90
最长溢流时间/h	城市化前	0.58	0.8	1.04	1.12	1.30
	城市化后	1.37	1.52	1.61	1.67	1.71

表 5-20　不同设计重现期设计暴雨条件下民治片区排水通道满流情况

特征		1 年	2 年	5 年	10 年	20 年
降水量/mm		78.49	89.35	103.72	114.59	125.46
最长满流时间/h	城市化前	1.27	1.3	1.37	1.43	1.48
	城市化后	1.76	1.79	1.81	1.82	1.84
满流数量/个	城市化前	514	716	983	1206	1450
	城市化后	1420	1638	1921	2078	2216
满流率/%	城市化前	14.2	19.8	27.2	33.4	40.3
	城市化后	39.4	45.4	53.3	57.7	61.5

由表 5-17~表 5-20 可以看出，城市化前后洪水有一定程度变化，但各设计重现期洪水变化幅度不同。径流系数有一定程度增加，如民治河口 1 年一遇设计暴雨从城市化以前的 0.29 增加到 0.54，20 年一遇设计暴雨从城市化以前的 0.34 增加到 0.53；洪峰流量也有一定程度增加，如民治河口 1 年一遇设计暴雨从城市化以前的 102.92m^3/s 增加到 144.22m^3/s，20 年一遇设计暴雨从城市化以前的 183.33m^3/s 增加到 194.04m^3/s；峰现时间略有提前；涝点数、溢涝流量、最长溢流时间、满流数等均有不同程度的增加。

5.6　民治片区内涝整治效果评估

5.6.1　工程措施

1. 河涌整治

民治片区民治河布龙公路下游河段、上芬水、牛咀水等正在进行或已完成河道综合整治工程设计工作，亟需尽快推进工程进度，以尽早发挥其防洪排涝效益。

（1）防洪整治

根据排涝和排洪标准、汇水面积确定设计流量，并根据实际情况采取河涌拓宽、裁弯取直、堤岸加高、改善护坡等方法对河涌进行整治，以解决洪涝问题。堤岸防护可以采用混凝土、钢筋混凝土或钻（冲）孔灌注桩，如条件允许，也可采用一些新型、生态材料，根据河道设计断面不同，可做成挡墙、护壁桩或护坡的结构型式，部分河段由于用地条件受限做成钢筋砼箱涵结构。

近期正在规划设计民治河布龙路下游段综合整治工程，该工程的主要任务是：①通过河道防洪整治，确保全河段达到规划的 50 年一遇防洪标准，减小对上游河段的防洪压力，消除相关区域，特别是沙吓村经常发生的洪涝灾害；②通过沿河截污工程，有效截排入河污水，并确保现阶段沿河漏排旱流污水 100%收集；③通过堤岸绿化工程提升油松河景观。主要工程包括：

1）暗涵改造：工业东路—布龙公路段暗涵长约 984m，经对此段暗涵结构潜在的安全隐患进行调查及复核，此段暗涵主要存在的问题为过流能力不足，拟恢复明渠结构并拓宽以满足河道过流要求，并新建巡堤路。

2）明渠拓宽：改造全长约 893m，河道单侧拓宽为 2～6.8m，改造后河道断面宽度为 18.5～20.0m。除松和小学正门口段（长约 93m）为四孔矩形箱涵外，其余均为矩形断面。

3）改建桥涵共两座：①下游油松科技大厦桥，桥梁原跨度为 3m×5m，新建一孔箱涵宽度为 5m。设计荷载为：公路—Ⅱ级。②民清路桥涵，原为 3 孔 5m 宽箱涵，新建一孔箱涵宽度为 5m。设计荷载为：公路—Ⅱ级。

4）沿河截污工程规模：根据调查，对沿河污水 74 个排放口进行截污，减少入河污水，保证旱流污水 100%收集，污水就近接入市政管网转输至龙华污水处理厂处理后排放。本次设计截污管道分为 10 段，沿河左右岸布置，管径为 DN300~DN1200，共计 3507m（包括收集支管、溢流管及预留管，其中，DN300 管道 1286m，DN400 管道 1253m，DN500 管道 783m，DN600 管道 87m，DN800 管道 30m，DN1000 管道 35m，DN1200 管道 33m）。沿河排水口共 74 个，设计截流井 53 座，限流井 9 座，拍门 70 套。

本工程管道主要附属构筑物包括 Φ1000 圆形混凝土污水检查井、Φ1000 圆形混凝土污水沉泥井、河内检查井及竖槽式混凝土跌水井。其中，Φ1000 圆形混凝土污水检查井 33 座，Φ1000 圆形混凝土沉泥井 24 座，河内检查井 30 座，竖槽式混凝土跌水井 1 座。

5）绿化工程规模：绿化工程包括新建及改造明渠段沿河堤顶道路两侧种草植树绿化、栏杆内侧花槽绿化、常水位以上岸坡绿化；总绿化面积约 4800m^2，其中，堤顶绿化带面积约 3020m^2，乔木约 150 棵，灌木 160 棵，地被 3000m^2；花槽绿化长 3508m，绿篱绿化长度约 2742m。

（2）生态整治

生态袋边坡系统、植被和石笼三种河涌生态整治措施适用性广，土质或岩石边坡、挖方或填方、旱地或水地均可采用，结构稳定，一次完成永久使用，免维护。生态袋边坡系统、植被和石笼作为一种生态边坡系统，具有生态、环保、节能等优点，避免因大量使用现浇砼、砼板、浆砌石等阻断水和空气交换的硬质护坡材料而破坏原有生态环境。由于生态袋边坡系统、植被和石笼具有施工简单快捷、地基要求较低和工期短等特点，可以对工人进行短时间培训即可进入场地进行施工。

2. 增设排水管渠

根据《室外排水设计规范》(GB 50014—2006)(2014 年版)，结合《深圳市排水(雨水)防涝综合规划—观澜河流域》(2014 年 10 月)，和平西路和布龙路以南、民治大道以西片区为中心城区，雨水管渠设计重现期标准为 5 年一遇，其中，深圳火车北站片区为特别重要地区，取 10 年一遇，其他区域则为 3 年一遇。根据排涝和排洪标准、汇水面积确定设计流量，并根据实际情况确定采用增设箱涵还是管道的措施解决内涝问题。

排水体制采用完全分流制，对现状为雨污合流的，应结合城市建设与旧城改造，加快雨污分流改造，规划远期实现完全分流制排水。结合《深圳市排水(雨水)防涝综合规划》(2014 年 10 月)，民治片区雨水管渠主要分布如下。

1) 民治大道：南段西侧新增 d600mm~d800mm 雨水管，北段西侧新增 d600mm~d800mm 雨水管。

2) 临龙路：民治河以西南侧新建 d800mm~d1000mm 雨水管，民治河以东南侧新建 d1000mm~d1400mm 雨水管。

3) 留仙大道：南侧新增 d1200mm~d1500mm 雨水管，北侧原 d1400mm 雨水管扩建为 A2.0m×1.4m~A2.4m×1.8m 暗涵。

4) 民塘路：两侧新建 d800mm 雨水管道。

5) 金龙路：原南侧 d1000mm 雨水管扩建为 d1200mm 雨水管，北侧原 A0.6m×0.6m 边沟改扩建为 d1000mm 雨水管。

6) 布龙公路：环城东路交汇处路段新建 d1200mm~d1800mm 和 A2.0m×2.0m 雨水管渠。

7) 中梅路：南侧新建 d1000mm-A2.0m×2.0m 雨水管渠。

8) 民塘路：上芬水以北两侧新建 d1000mm 和 d1500mm 雨水管，上芬水以南两侧新增 d800mm 雨水管。

另外，前述通过对研究区进行实地调研，总结出民治内涝严重片区分布，并提出了一些整治措施，具体措施详见该部分相关内容。

3. 新建泵站

内涝整治方案总体采用以自排为主、抽排为辅原则，当区域地势低洼、受外江洪(潮)水顶托、排水排洪不畅时采取新建小型泵站方法进行内涝整治。

近年已在民治片区建设沙吓村泵站，该泵站位于沙吓村桥与新一代酒店之间，布设泵站进水池、泵室，采用收集管将沙吓村内雨水收集至泵站进水池，由水泵将雨水排至民治河，泵站设计抽排流量为 1.19m^3/s。建议在内涝容易发生且严重的片区，建设排涝泵站，以减缓暴雨内涝程度。目前，拟在民治片区的梅花新村、绿景香颂等处增设排涝泵站。

另外，针对地势低洼、易涝片区及竖向规划不合理区域进行建设用地竖向高程调整，竖向调整范围参照《深圳市城市总体规划(2010-2020)》城市更新规划，如民治的沙吓村片区随城市更新抬高地坪高程，由现状 55.0~58.5m 调整为 58.0m 以上，面积为 10.8hm^2。

4. 清疏畅通

河涌、管道及箱涵清淤清障包括清除河涌、管道和箱涵内淤泥、垃圾、杂草杂物、枯枝等一切障碍物。河涌清淤清障时拟采用人工结合机械开挖，有条件时可采用抽泥船泵吸抽泥，箱涵、桥涵及机械无法施工的地方应采用人工清淤。管道清淤清障时拟采用人工结合高压水开挖，然后采用自卸汽车运至指定的弃土场。管道的清淤清障应根据管道的管径进行，当管道管径≥1.0m 时，建议采用人工清淤，清淤前建议委托环境监测站进行甲烷、H_2S 等有害气体检测，预测有害气体对施工人员可能造成的危害性，同时清淤人员还应配备照明灯、氧气罩等材料通过检查井进入管道清淤。当管道管径＜1.0m 时，建议采用人工结合高压水箱压力水进入管道清淤。另外，河涌清淤必须保护原有挡墙墙趾，如清淤过程中不慎将墙趾破坏，应立即修复，以防由于清淤不当造成挡墙不稳定。

若箱涵建设年代较为久远，对箱涵结构形式和尺寸不明确时，对箱涵清淤采用每隔 200m 从箱涵旁边修建沉井，然后连通原箱涵，通过人工清淤和机械吊运，从而解决清淤问题。

5. 低影响开发

根据 2013 年 3 月国务院办公厅发布的《国务院办公厅关于做好城市排水防涝设施建设工作的通知》（国办发〔2013〕23 号），加快设施建设，需积极推行低影响开发建设模式。各地区旧城改造与新区建设必须树立尊重自然、顺应自然、保护自然的生态文明理念；要按照对城市生态环境影响最低的开发建设理念，控制开发强度，合理安排布局，有效控制地表径流，最大限度地减少对城市原有水生态环境的破坏；要与城市开发、道路建设、园林绿化统筹协调，因地制宜配套建设雨水滞渗、收集利用等削峰调蓄设施，增加下凹式绿地、植草沟、人工湿地、可渗透路面、砂石地面和自然地面，以及透水性停车场和广场。新建城区硬化地面中，可渗透地面面积比例不宜低于 40%；有条件的地区应对现有硬化路面进行透水性改造，提高对雨水的吸纳能力和蓄滞能力。

深圳市雨水径流控制执行表 5-21 和表 5-22 的标准，同时，开展雨水径流控制的地区，不应降低雨水管（渠）、泵站的设计标准。

表 5-21　建设项目综合径流系数控制目标

区域名称	商业区	住宅区	学校	工业区	市政道路	广场、停车场	公园
新建区	≤0.45	≤0.40	≤0.40	≤0.45	≤0.60	≤0.30	≤0.20
城市更新区	≤0.50	≤0.45	≤0.45	≤0.50	≤0.70	≤0.40	≤0.25

注：①该目标为建设项目的综合径流系数规划控制目标，非市政排水系统设计标准；

②径流系数设计取值可参考《室外排水设计规范》等规范取值。

对民治片区的新建片区或城市更新片区，推荐采用低影响开发建设模式，源头分散控制雨水径流污染；对现状建成区，结合公园、河湖水体、湿地滞洪区等建设雨水滞蓄设施，在调蓄雨水的同时，实现雨水的沉淀和生态净化。具体整治措施如下。

表 5-22　建设项目低影响开发控制指标推荐值

LID 控制指标	居住类（R）	商业类（C、GIC）	工业类（M、W）	道路广场类（S、G_4）	公园类（G_1、C_5）
下沉式绿地建设比例	≥60%	≥40%	≥60%	≥80%	≥20%
绿色屋顶覆盖比例	20%~50%	20%~30%	30%~60%	—	—
人行道、停车场、广场透水铺装比例	≥90%	≥30%	≥60%	≥90%	≥50%
不透水下垫面径流控制比例	≥40%	≥20%	≥80%	≥80%	100%

1）结合河道蓝线绿地，有条件的雨水排放口地区修建人工湿地、净化雨水；新建区域积极推行低影响开发建设模式，分散净化雨水径流，削减面源污染。在民治河汇入观澜河口处、河道上游民康路至平南铁路段之间的空地，以及塘水围民治公园段、牛咀水上游段建设雨水调蓄设施。

雨水调蓄池是雨水收集的设备，在拟建区域内有池塘、洼地、湖泊、河道等天然水体时应优先考虑利用它们来调蓄雨水。雨水调蓄池位置一般设置在雨水干管（渠）或有大流量交汇处，或靠近用水量较大的地方，尽量使整个系统布局合理，减少管（渠）系的工程量。可以是单体建筑单独设置，也可是建筑群或区域集中设置。设计地表调蓄池时尽量利用天然洼地或池塘，减少土方，减少对原地貌的破坏，并应与景观设计相结合。

一般情况下，将雨水调蓄池分为三类：地下封闭式调蓄池、地上封闭式调蓄池、地上开敞式调蓄池。三种雨水调蓄池雨水收集作用不一，因此，需要依据建筑或者工程的特定情况来选择。

a. 地下封闭式调蓄池

目前地下调蓄池一般采用钢筋混凝土或砖石结构，其优点是节省占地；便于雨水重力收集；避免阳光直接照射，保持较低水温和良好水质，藻类不易生长，防止蚊蝇滋生；安全。由于该调蓄池增加了封闭设施，具有防冻、防蒸发功效，可常年蓄水，也可季节性蓄水，适应性强。可以用于地面用地紧张、对水质要求较高的场合，但施工难度大，费用较高。

b. 地上封闭式调蓄池

地上封闭式调蓄池一般用于单体建筑屋面雨水集蓄利用系统中，常用玻璃钢、金属或塑料制作。其优点是安装简便，施工难度小；维护管理方便；但需要占地面空间，水质不易保障。该方式调蓄池一般不具备防冻功效，季节性较强。

c. 地上开敞式调蓄池

地上开敞式调蓄池属于一种地表水体，其调蓄容积一般较大，费用较低，但占地较大，蒸发量也较大；地表水体分为天然水体和人工水体。一般地表敞开式调蓄池体应结合景观设计和小区整体规划及现场条件进行综合设计。设计时往往要将建筑、园林、水景、雨水的调蓄利用等以独到的审美意识和技艺手法有机地结合在一起，达到完美效果。作为一种人工调蓄水池，一般不具备防冻和减少蒸发的功能。对数十座城市 200 多个住宅小区景观水池的调研表明，渗漏率超过 50%，因此，在结构选择、设计和维护中注意采取有效的防渗漏措施十分重要。一旦出现渗漏，修复将是非常困难和昂贵的工作，尤其对较大型的调蓄池。

2）将民治片区城市更新片区作为低影响开发重点区域，重点推动低影响开发实践。采用新建雨水收集利用设施、透水地面改造与建设、滞渗工程（包括下凹式绿地、植草沟、人工湿地等设施）改造与建设、道路排水设施（指道路绿化带改造为LID设施）改造与建设、绿色屋顶改造与建设等工程措施，适宜的低影响开发设施主要为雨水花园、绿化屋顶、透水铺装地面、植被草沟、下凹式绿地、雨水湿地、雨水滞留塘、雨水流塘、雨水储水模块等。

5.6.2　工程整治措施对实测暴雨洪水的影响

前述已经介绍了民治片区城市内涝整治的工程措施，如民治河河道整治、管道改造、泵站建设及低影响开发措施等，这些措施均会对洪水过程产生一定影响，利用已经构建的城市雨洪模型模拟这些措施建设前后的洪水情况，以便评估内涝整治工程措施的效果。

利用近年来发生的几场大暴雨，如20080613、20090523、20100728、20110522、20120419、20130830和20140511，分析工程措施前后这7场实测暴雨的洪水特征，计算结果见表5-23~表5-26。

表5-23　不同场次洪水实测暴雨条件下上芬水河口洪水特征变化情况

特征量		20080613	20090523	20100728	20110522	20120419	20130830	20140511
降水量/mm		261.8	155.3	90.8	78.2	71.8	122.7	359.1
径流量/mm	整治前	157.1	97.8	50.9	40.7	42.4	81.0	276.5
	整治后	144.0	90.1	44.5	34.1	37.3	76.1	247.8
径流系数	整治前	0.60	0.63	0.56	0.52	0.59	0.66	0.77
	整治后	0.55	0.58	0.49	0.44	0.52	0.62	0.69
洪峰流量/（m^3/s）	整治前	62.92	48.24	26.56	50.59	50.93	77.36	85.48
	整治后	57.94	44.33	25.18	42.41	45.23	71.49	81.55
峰现时间	整治前	22:05:00	7:55:00	15:15:00	13:05:00	14:05:00	7:00:00	13:05:00
	整治后	22:05:00	8:00:00	15:15:00	13:05:00	14:05:00	7:05:00	13:10:00

表5-24　不同场次洪水实测暴雨条件下民治河河口洪水特征变化情况

特征量		20080613	20090523	20100728	20110522	20120419	20130830	20140511
降水量/mm		261.8	155.3	90.8	78.2	71.8	122.7	359.1
径流量/mm	整治前	149.2	97.8	49.0	39.9	42.4	82.2	290.9
	整治后	133.5	85.4	42.7	33.6	36.6	74.9	265.7
径流系数	整治前	0.57	0.63	0.54	0.51	0.59	0.67	0.81
	整治后	0.51	0.55	0.47	0.43	0.51	0.61	0.74
洪峰流量/（m^3/s）	整治前	110.59	83.86	42.67	89.9	87.77	134.49	170.12
	整治后	103.04	76.19	38.98	78.66	79.15	127.68	162.61
峰现时间	整治前	22:10:00	8:05:00	15:20:00	13:05:00	14:05:00	7:05:00	14:05:00
	整治后	22:10:00	8:10:00	15:25:00	13:05:00	14:05:00	7:05:00	14:05:00

表 5-25　不同场次洪水实测暴雨条件下民治片区节点溢流情况

特征量		20080613	20090523	20100728	20110522	20120419	20130830	20140511
降水量/mm		261.8	155.3	90.8	78.2	71.8	122.7	359.1
涝点数/个	整治前	44	10	2	16	12	80	103
	整治后	24	5	0	6	5	48	79
溢流峰值/（m^3/s）	整治前	0.73	0.52	0.06	0.64	0.56	0.90	1.63
	整治后	0.69	0.49	0	0.59	0.53	0.81	1.32
最长溢流时间/h	整治前	3.84	2.81	0.58	1.03	1.77	2.33	7.96
	整治后	3.03	2.2	0	0.91	1.15	1.41	6.65

表 5-26　不同场次洪水实测暴雨条件下民治片区排水通道满流情况

特征量		20080613	20090523	20100728	20110522	20120419	20130830	20140511
降水量/mm		261.8	155.3	90.8	78.2	71.8	122.7	359.1
最长满流时间/h	整治前	10.28	5.41	3.83	1.46	2.39	4.34	11.59
	整治后	8.33	3.99	2.15	1.1	1.77	3.59	10.86
满流数量/个	整治前	487	255	66	337	290	777	1002
	整治后	408	216	54	258	239	688	938
满流率/%	整治前	13.5	7	2	9	8.1	21.6	27.8
	整治后	11.3	5.9	1.4	7.1	6.6	19.1	26

由表 5-23~表 5-26 可以看出，工程整治前后洪水有一定程度变化，但各场次洪水变化幅度不同。径流系数有一定程度减少，如民治河口 20080613 场次洪水从城市化以前的 0.57 减少到 0.51，20140511 场次洪水从城市化以前的 0.81 减少到 0.74；洪峰流量也有一定程度减少，如民治河口 20080613 场次洪水从城市化以前的 110.59m^3/s 减少到 103.04m^3/s，20140511 场次洪水从城市化以前的 170.12m^3/s 减少到 162.61m^3/s；峰现时间略有变化；涝点数、溢涝流量、最长溢流时间、满流数等均有不同程度减少。

5.6.3　工程整治措施对设计暴雨洪水的影响

利用深圳市暴雨公式计算得到设计重现期分别为 1 年、2 年、5 年、10 年和 20 年一遇设计暴雨，分析工程整治措施前后这 5 种设计暴雨的洪水特征，计算结果见表 5-27~表 5-30。

表 5-27　不同设计重现期设计暴雨条件下上芬水河口洪水特征变化情况

特征量		1 年	2 年	5 年	10 年	20 年
降水量/mm		78.49	89.35	103.72	114.59	125.46
径流量/mm	整治前	44.7	51.8	60.2	65.3	70.3
	整治后	40.0	47.4	56.0	61.9	67.8
径流系数	整治前	0.57	0.58	0.58	0.57	0.56
	整治后	0.51	0.53	0.54	0.54	0.54

续表

特征量		1年	2年	5年	10年	20年
洪峰流量/（m^3/s）	整治前	85.45	92.21	98.29	100.81	102.71
	整治后	77.71	84.62	92.42	98.27	100.54
峰现时间	整治前	1:10:00	1:11:00	1:11:00	1:07:00	1:06:00
	整治后	1:12:00	1:11:00	1:13:00	1:12:00	1:08:00

表 5-28　不同设计重现期设计暴雨条件下民治河河口洪水特征变化情况

特征量		1年	2年	5年	10年	20年
降水量/mm		78.49	89.35	103.72	114.59	125.46
径流量/mm	整治前	44.7	51.8	60.2	65.3	70.3
	整治后	40.0	47.4	56.0	61.9	67.8
径流系数	整治前	0.54	0.54	0.54	0.53	0.53
	整治后	0.49	0.50	0.50	0.50	0.50
洪峰流量/（m^3/s）	整治前	144.22	158.4	175.32	184.99	194.04
	整治后	132.49	147.21	164.16	176.16	185.12
峰现时间	整治前	1:15:00	1:15:00	1:14:00	1:13:00	1:14:00
	整治后	1:16:00	1:16:00	1:16:00	1:15:00	1:15:00

表 5-29　不同设计重现期设计暴雨条件下民治片区节点溢流情况

特征量		1年	2年	5年	10年	20年
降水量/mm		78.49	89.35	103.72	114.59	125.46
涝点数/个	整治前	123	171	235	290	357
	整治后	74	120	174	220	278
溢流峰值/（m^3/s）	整治前	2.52	2.94	3.42	4.42	4.9
	整治后	1.53	2.03	2.57	3.1	3.79
最长溢流时间/h	整治前	1.37	1.52	1.61	1.67	1.71
	整治后	1.21	1.26	1.33	1.38	1.43

表 5-30　不同设计重现期设计暴雨条件下民治片区排水通道满流情况

特征量		1年	2年	5年	10年	20年
降水量/mm		78.49	89.35	103.72	114.59	125.46
最长满流时间/h	整治前	1.76	1.79	1.81	1.82	1.84
	整治后	1.43	1.65	1.7	1.73	1.75
满流数量/（m^3/s）	整治前	1420	1638	1921	2078	2216
	整治后	1169	1435	1711	1949	2089
满流率/%	整治前	39.4	45.4	53.3	57.7	61.5
	整治后	32.4	39.8	47.5	54.0	57.9

由表 5-27~表 5-30 可以看出，工程整治前后洪水有一定程度变化，但各设计重现期洪水变化幅度不同。径流系数有一定程度减少，如民治河口 1 年一遇设计暴雨从城市化以前的 0.54 减少到 0.49，20 年一遇设计暴雨从城市化以前的 0.53 减少到 0.50；洪峰流量也有一定程度减少，如民治河口 1 年一遇设计暴雨从城市化以前的 144.22m^3/s 减少到 132.49m^3/s，20 年一遇设计暴雨从城市化以前的 194.04m^3/s 减少到 185.12m^3/s；峰现时间略有变化；涝点数、溢涝流量、最长溢流时间、满流数等均有不同程度减少。

5.7　小　　结

本章主要介绍了深圳市民治片区基本概况，分析了造成近年来城市暴雨内涝的主要因素，构建了基于 SWMM 模型的研究区域城市雨洪模型和预警预报系统，分析了城市化对洪水的影响，研究了城市内涝整治工程效果，所得到的主要结果如下。

1）基于 ArcGIS Engine 组件和 SWMM 模型计算核心构建民治片区城市内涝模型，采用 7 场实测降雨和 5 种重现期设计暴雨作为模型输入条件，进行排水管网水力模拟计算，实测降雨模拟结果表明本模型能较好地反映城市雨洪基本规律，且模拟结果与实际调研情况较为相符，说明模型具有一定的可靠性。设计暴雨模拟结果则较好地校核了该片区排水管网的排水能力，说明该区管网的设计标准较低。

2）采用提出的淹没水深计算方法，分析计算了 20130830 场次及 20140511 场次实测暴雨的积水水深分布图，并与实际调研情况进行对比，发现积涝位置与实际调研情况基本相符。同时计算了 1 年、2 年、5 年、10 年设计暴雨条件下的积水水深，能较好地反映暴雨规律及易涝点位置。

3）以 Visual Studio 2010 为开发平台，以 ArcEngine 为 GIS 二次开发组件，建立了基于 ArcGIS 的民治片区暴雨内涝预警预报系统，该系统采用数字化、可视化显示结果，动态地模拟民治片区各个节点的淹没水深、流速、流量变化过程，统计受淹节点，确定易淹范围，分析受淹情况，使结果表达更为直观，为城市防汛决策和防洪规划设计提供科学依据。

4）利用构建的城市雨洪模型定量地给出城市化前后暴雨洪水特征值变化规律，以此判别城市化对洪水的影响。各场次洪水城市化前后变化幅度不同，径流系数有一定程度增加，如民治河口 20080613 场次洪水从城市化以前的 0.38 增加到 0.57，20140511 场次洪水从城市化以前的 0.72 增加到 0.81；洪峰流量也有一定程度增加，如民治河口 20080613 场次洪水从城市化以前的 83.09m^3/s 增加到 110.59m^3/s，20140511 场次洪水从城市化以前的 158.99m^3/s 增加到 170.12m^3/s；峰现时间略有提前；涝点数、溢涝流量、最长溢流时间、满流数等均有不同程度增加。

5）各设计重现期洪水城市化前后变化幅度不同，径流系数有一定程度增加，如民治河口 1 年一遇设计暴雨从城市化以前的 0.29 增加到 0.54，20 年一遇设计暴雨从城市化以前的 0.34 增加到 0.53；洪峰流量也有一定程度增加，如民治河口 1 年一遇设计暴雨从城市化以前的 102.92m^3/s 增加到 144.22m^3/s，20 年一遇设计暴雨从城市化以前的 183.33m^3/s 增加到 194.04m^3/s；峰现时间略有提前；涝点数、溢涝流量、最长溢流时间、满流数等均有不同程度增加。

6）提出民治片区城市内涝综合整治工程措施，基于已经构建的城市雨洪模型，采用 7 场实测暴雨和 5 种不同重现期设计暴雨评估工程措施的实施效果。工程整治前后洪水有一定程度变化，但各场次洪水变化幅度不同。径流系数有一定程度减少，如民治河口 20080613 场次洪水从城市化以前的 0.57 减少到 0.51，20140511 场次洪水从城市化以前的 0.81 减少到 0.74；洪峰流量也有一定程度减少，如民治河口 20080613 场次洪水从城市化以前的 110.59m^3/s 减少到 103.04m^3/s，20140511 场次洪水从城市化以前的 170.12m^3/s 减少到 162.61m^3/s；峰现时间略有变化；涝点数、溢涝流量、最长溢流时间、满流数等均有不同程度减少。

7）工程整治前后洪水有一定程度变化，但各设计重现期洪水变化幅度不同。径流系数有一定程度减少，如民治河口 1 年一遇设计暴雨从城市化以前的 0.54 减少到 0.49，20 年一遇设计暴雨从城市化以前的 0.53 减少到 0.50；洪峰流量也有一定程度减少，如民治河口 1 年一遇设计暴雨从城市化以前的 144.22m^3/s 减少到 132.49m^3/s，20 年一遇设计暴雨从城市化以前的 194.04m^3/s 减少到 185.12m^3/s；峰现时间略有变化；涝点数、溢涝流量、最长溢流时间、满流数等均有不同程度减少。

第 6 章　珠三角城市内涝成因及解决对策

6.1　珠三角城市内涝成因分析

6.1.1　自然原因

1. 暴雨强度大是城市内涝发生的主要原因

珠三角地处亚热带海洋季风气候区，降雨充沛且相对集中，暴雨非常频繁，该地区是国内暴雨日数最多的地区之一，且降雨集中在每年 4～9 月，汛期降雨强度较大。近年来，在全球极端气候事件频繁发生的大背景下，加之城市建设带来的“雨岛效应”，珠三角城市暴雨呈上升趋势。城区发生城市内涝的降雨强度一般都达到暴雨至大暴雨，甚至特大暴雨的强度，最大 1 小时雨强在 30mm 以上。根据有关研究成果，广州多年平均降水量为 1736mm，分别约为纽约和上海的 1.5 倍多，北京、巴黎的 2 倍多，莫斯科的近 3 倍。

广州市 2010 年“5.7”暴雨雨量之多和雨强之大均为历史所罕见，全市有 128 个站点录得降水量超过 100mm，市区平均降水量近 130mm，均超过特大暴雨标准，最大 1 小时降水量和最大 3 小时降水量均超过了有资料可查的极值。深圳市 2014 年 5 月 11 日遭遇了有气象记录以来最强的特大暴雨袭击，暴雨从早上 6 时开始，暴雨持续了 22 小时，龙华站为暴雨中心点，最大 6 小时降水量为 310mm，最大 24 小时降水量为 458.2mm，均超 100 年一遇。这两场暴雨内涝均对广州市和深圳市造成了重大损失。

珠三角地区不仅年降水总量大，而且降雨较为集中，易发生致涝暴雨，据统计，广州近 30 年来的致涝强暴雨次数平均为每年 6 次，远大于一般城市，广州先天性致涝暴雨多发特点使广州易发暴雨内涝，故广州自古以来就有“落雨大，水浸街”的民谣，形象地反映了广州城市内涝的成因，珠三角其他城市也有类似的现象。

2. 外江洪水及潮水顶托加剧了城市内涝的严重程度

除本地暴雨强度大的因素外，外江洪水和潮水顶托也是造成珠三角城市城区内涝的重要因素。以广州为例，“2005.6”西、北江特大洪水期间，中大水文站潮位为 2.72m，城区发生严重内涝；2008 年“黑格比”和 2009 年“巨爵”台风登陆时，中大水文站最高潮位分别为 2.73m 和 2.55m，超过 50 年一遇。沿江路天字码头、沙基涌河水漫过堤岸，沙面地区遭遇大面积水浸。这种由于珠江河水暴涨而导致地势低洼地区出现河水倒灌，与外江洪水和潮水顶托时间长短基本是相对应的，一般当中大水文站超过 2.1m 时就有可能出现（陈刚，2010）。

近些年来，广州市岗顶出现水浸的频率很高，其中，外江潮位顶托也是重要原因，即当本区域暴雨达 80mm/h 以上（相当于流域发生大于 5 年一遇洪水）时，只要猎德涌口遭遇外江 0.8m 以上潮位，岗顶便会遭受水浸；当外江潮位超过多年平均高潮位 2.12m 时，只要流域遭遇暴雨达 55mm/h 以上（相当于流域发生大于 2 年一遇以上洪水），岗顶也会遭受水浸。深圳市 2014 年 5 月 11 日暴雨过程，民治河和上芬水皆出现顶托作用，导致排水口的水难以排出，进而加大暴雨内涝影响。

6.1.2 人为原因

1. 暴雨临近定量预报技术不完善

天气系统具有各种大小不同的尺度，所造成天气现象分布区的尺度也各不相同。天气系统的水平空间尺度越大，时间尺度越长；反之，水平空间尺度越小，时间尺度也越短。从可预报性上看，暴雨作为中尺度系统，水平空间尺度很小，这种尺度天气系统的可预报性非常低。现有的数值预报模式由于初始场存在误差，而且对暴雨本身的物理过程只能做参数化模拟，其中的微小差别有时会带来巨大的连锁反应，造成预报上较大的误差，而天气雷达是监测强风暴进行 0~3 小时临近预报的最佳手段。由于强对流天气系统结构复杂，发展变化快，雷达在风暴系统形成之初仍然不能充分提供初始信息，并且珠三角城市最近几年才开始进行多普勒雷达预报，因此，开展雷达定量测量降水和强降水落区预报技术应用于定时、定点、定量预报业务还有待于进一步研究与检验（陈刚，2010）。

2. 热岛效应对城区气候的影响

根据 IPCC 第三次评估报告，全球气候变化成为不争的基本事实。随着工业化的进程和发展，最近 20 年珠三角城市出现了不同程度的增温。尤其近十几年来随着珠三角城市的迅猛发展，城市热岛效应现象十分明显，市中心气温比周边地区普遍高 3~5℃。林立的高楼、密集的建筑影响和改变了暴风雨的风场，增强了气流的紊动性，增加了暴雨滞留和降雨的可能性；汽车尾气排放造成的环境污染令悬浮颗粒密度增大，一定程度上起到人工降雨的作用，导致暴雨形成的概率和降水量增大；城区高温高湿的空气积累了大量的不稳定能量，只要天气环流形势合适，降雨云团一旦进入市区上空就迅速发展加强，往往就会变成“暴雨岛”（陈刚，2010）。

气候变化导致一些地区极端天气事件出现频率与强度都相应增加，各种极端气候和灾害事件中，从城市角度考虑，极端降水事件发生最为频繁、影响最为严重。极端强降水事件因其降水时段集中，降水强度大，常引起城市内涝灾害。

研究发现，全球气候变暖使得强降水事件在美国、中国、澳大利亚、加拿大、挪威、墨西哥、波兰和俄罗斯均有所增加，进入 20 世纪 90 年代，全国降水量呈增加趋势，同时暴雨频率和强度全国也呈上升趋势，即日数增多、强度增大，其中，以华南、江南更为明显。进入 21 世纪后，广州大雨、暴雨和大暴雨等年强降水日数相比于 1960~1979 年分别增加了 6%、11%和 23%，这一影响使广州暴雨发生的强度和烈度均呈上升趋势，增加了广州城市内涝的发生概率。

研究表明，广州市区年降水量逐年增加，暴雨中心由市郊向市中心转移，降雨时段更为集中，从 20 世纪 80 年代中期开始，位于广州市区的中大站年降水量和汛期降水量皆呈上升趋势，靠近广州市区的黄埔站也呈上升趋势，但南沙站、三善滘站、新家埔站、太平场站等观测站的数据则呈现不同程度的下降趋势，表明近年降雨呈现由市郊向市中心区域集中的趋势。从 1984~2010 年，广州每年最大 1 小时降水量也呈现出不断增加的发展趋势，与此同时，短时暴雨的频率也呈现增加的趋势（郑杰元等，2011）。

深圳市极端气温呈现出较为稳定显著的变化，极端高温事件不断显著增加，极端低温事件不断显著减少。大多气温指标均呈现非常显著的增加趋势，且呈现稳定的变化规律，反映了深圳市气温显著增加的特点，与全球气温升高、炎热天气加剧状况相符。深圳市极端气候条件演变规律与深圳市近年来飞速发展的社会经济导致的下垫面剧烈改变和人工热源大量增加有关，也与全球气温升高有较为密切的联系（黄国如和冼卓雁，2014）。在广州和珠三角其他城市市区，短时且集中的暴雨正在向“常态化”发展，而这也造成了大城市更加严峻的排涝压力。

3. 城市扩张改变了水文产汇流规律

城市下垫面变化是大城市内涝不断加剧的主要原因，主要表现在随城市扩大，土地利用方式发生了结构性改变，原来的农村郊区变为城区，即不透水面积增加，透水面积缩小，蓄、滞、渗水能力减退。以前经泥土净化而补充为河道径流的有用的水资源，现在城区地表径流加大，地下水补给减少，加剧了地面沉降，使原来设计就已偏低的排涝标准和排水能力的地下排水渠道更难以适应，加剧了排涝压力。

城市化导致产流系数增大，产汇流时间缩短，洪峰流量也随之增大，加剧了暴雨洪水形成。以广州为例，广州市城区的天然河道经过整治、疏浚和裁弯取直，并兴建雨水管网、排洪沟和抽水泵站，导致地面径流系数增大了约 1 倍，由 0.3~0.5 增大到 0.6~0.9。城市雨水排泄加快，归槽洪水增加，使得暴雨时城区河涌流速增大，河道水位不断提高，洪峰流量提前出现，峰型越来越呈现尖瘦形状。相反，枯季时，下渗量减少使含水层水量减少，城市河道基流有下降的趋向。

广州主城区暴雨内涝点在时间和空间尺度上呈现出显著的扩张，20 世纪 80 年代，严重城市暴雨内涝点有 7 个，主要集中于越秀区长堤大马路附近；90 年代，内涝事件点增加到 51 个，绝大部分集中在越秀区，少量分布在其他区域；2000 年以后，内涝事件点达到 113 个，相比于前两个时期，内涝事件在越秀、天河、海珠、白云等主要区域都有发生。研究表明，内涝分布呈现出“先增后减”的倒“U”形集聚性特征，说明暴雨内涝点不仅数量在增多，而且呈现出从区域集聚到逐渐扩散的变化特征（李彬烨等，2015）。

根据广州市不同时间点的土地利用图像分类结果，1990 年以来，广州市主城区的城乡建设用地发生了快速的扩张，1990 年、1999 年和 2010 年城乡建设用地所占比例分别为 17.3%、30.67%和 41.76%，与此同时，3 个时相占有较大比例的植被与农业用地面积分别为 71.02%、51.38%和 48.32%，显著减少，减少的植被与农业用地多转化为新增的城乡建设用地。广州城乡建设用地的快速扩张与道路设施、公共设施项目的建设是紧密相关的，20 世纪 80 年代以来，广州城市发展都伴随着重大设施项目建设。首先，1987

年第六届全国运动会建设的一系列城市设施奠定了广州由老中心区域（主要为越秀、荔湾）向其北部、东部和西南的城市扩张；20 世纪 90 年代末，广州市又借势第九届全国运动会进行了一系列交通基础设施建设，主城区进一步向东部扩张；至 2010 年广州亚运会举办前，“两心四城”的空间概念基本确立，以天河区为中心的亚运服务设施建设也带动了白云区、荔湾西南部（旧为芳村区）等区域的发展。伴随着城乡建设用地的快速扩张，区域的不透水面密度也不断升高，3 个时期高密度建设用地在空间上不断外扩（李彬烨等，2015）。

广州市城市不透水面密度与暴雨内涝点呈现出正相关，说明城市不透水面密度高的区域有着较高的城市暴雨内涝发生概率，这种正相关关系随着时间的变化呈现出增强的趋势。

4. 排水排涝标准不衔接

城市排水是指汇集小面积雨水，并利用排水设施（雨水管道、污水管道）将其排入支、干流河道，建设内容包括城市各小区的排水管网建设，主管部门为市政、城建部门（实现水务一体化的地区为水务部门），计算内容侧重于小汇流面积（2km^2）雨水管渠的流量计算，执行《室外排水设计规范》（GB 50014—2006）（2014 年版），暴雨强度采用年多个样法或年最大值法选样，年多个样法选样每年各历时选择 6~8 个最大值，然后统一排序，取资料年数 3~4 倍的最大值作为统计的基础。城市排涝是排除正常排水标准以外的产流问题，即汇集大面积地面径流利用河道直接排水，建设内容包括内河、排水沟渠整治和排涝泵站、水闸的建设，主管部门为水利部门，计算内容以水文计算为主，设计暴雨多采用年最大值法选样，频率曲线一般采用 P-Ⅲ曲线，通过产、汇流计算推求设计流量，执行《农田水利工程设计规范》（后更名为《灌溉与排水工程设计规范》（GB 50288—1999））。

暴雨强度公式是城市进行雨水排水和防洪工程规划与设计的基本依据之一，是计算暴雨地面径流和确定工程设计流量的重要依据，它的正确性直接关系到工程建设的科学性。由上述概念可以看出两者的基本区别：城市排水是解决小区域地面雨水的排放问题，设计的重现期一般小于雨量资料的年数，频率曲线主要用于内插；而城市排涝则是解决大区域河网排水问题，设计的重现期往往比实测资料年数长得多，因此，频率曲线主要用于外延。由于市政的降雨样本选择方法与水利部门不同，设计暴雨历时存在一定差异，因此，造成城市管道排水与河道排涝设计标准之间不一致，两者存在重现期的衔接问题。

5. 城市地下排水管网标准偏低

大多城市发生内涝的主要原因是城市排水管网的排水能力不足。由于历史原因，珠三角城市中心城区排水系统防洪排涝标准偏低：中心城区现有排水管道达到 1 年一遇标准的排水管网占总量的 83%，达到 2 年一遇标准的排水管网仅占总数的 9%，雨污分流任务仅完成 9%。城区原来标准较低的排水系统，随着城市大规模地扩张建设，其排涝能力可能进一步降低。新城区大多属于原来地势相对低洼的农业用地，排涝标准低，以往城外的行洪排涝河道变成了城区的排水沟渠，一旦发生强降雨就容易出现中心城区大面积水浸。

6. 城市蓄洪能力减弱

过去城市河网纵横交错，城市内存在不少农田、水塘甚至湖泊，是天然的洪水调蓄池，滞蓄洪能力强，具有减少或减缓城市内涝发生的作用。在城市开发中，这些农田、水塘和湖泊大部分被填平，基本转变为工商业土地，大量河滩被占用，天然河道被封盖，城市滞蓄洪能力大幅度减小，洪水径流不能在本地储存，使城市失去了原有的调蓄能力，城市的自然抗内涝能力被弱化，结果增加了城市内涝灾害概率。

7. 地势低洼导致内涝易发

珠三角地区城市强降雨引发的内涝主要发生在城市中心地区的地势低洼处，包括三种类型，一是局部低地，是天然形成的地势低洼处；二是立交桥的桥底；三是交通隧道。后两者主要是道路建设形成的，是人类剧烈活动的结果。

珠三角地区天然低地多，易发内涝。珠三角城市地处珠江三角洲的下游，部分区域四面环水，地势相对较低，城区部分地区的自然标高低于珠江防洪水位，城市改造过程中，随着周边新建筑物的建成，部分内街巷地势变得相对低洼，地面标高低于防洪标高，当遇大暴雨排水不畅时，就会在这些天然低地严重积水、引发内涝。由于这些天然低地多位于老城区，而这些区域的排水系统多不健全，已有排水系统年久失修，再加上维修和改造困难，这些区域的内涝不仅非常严重，而且防治的难度也大，往往是逢雨必涝，成为内涝防治的难题。城市建设形成的立交桥底和隧道处易发内涝。珠三角城市近年来城市发展与建设的速度位居全国城市前列，并建设了一大批立交桥和交通隧道，在这些立交桥底和交通隧道处形成了人工低地。由于道路的建设一般超前于城市的发展，而在道路建设的规划阶段没有考虑到道路周边的后续发展对排水系统的影响，因此，大多数建设在人口稠密和建筑物密集区域的立交桥底因地势相对于周边较低而成为了新的内涝点，由于这些区域排水系统改造困难，立交桥底就成为了新的较为严重的内涝黑点。

交通隧道处形成的内涝主要是由隧道内的排水设施故障而致内涝时不能正常工作而引起的，这部分内涝可通过加强排水设施的管养，扩建排水能力等措施得到较大改善，但立交桥底排水系统改造的难度则较大。

8. 排水系统维护不到位

随着城市建设力度加大，各楼盘建筑工地、电信电缆、自来水管、排水管道、煤气等部门进行路面开挖、管道铺设，暴雨期间水面飘浮物和施工余泥被雨水冲入地下排水渠道，堵塞河涌涵管、闸口，日积月累使得排水系统严重堵塞，不能把暴雨后发生的内涝积水及时排出，从而导致城区水浸街或者加重城区水浸街。同时，在面对超排涝体系的强暴雨时，防内涝抢险能力不足，人员、设备不到位，无法及时将内街涝水强排往河涌。

排水设施破坏严重，管理维护不到位，影响排水顺畅。市政工程建设中不文明施工，杂物乱堆乱放；排水户随意将各种垃圾排放到下水管；城市道路清扫时，随意将垃圾扫入雨水口。这些行为，一方面堵塞下水口（井）或淤塞雨水口；另一方面，大量的建筑余泥和垃圾随雨水流入排水管网，日积月累，造成管网淤积堵塞，影响排水设施正常排水，极易形成内涝。在城市排水设施破坏严重的情况下，排水设施维护管理不到位、投入不足，未能建立排水管道清疏的长效机制，加剧内涝程度。

9. 防洪非工程措施有待加强

防洪工程措施与非工程措施紧密结合，能有效避免和减少内涝损失，大大降低自然洪涝灾害的损失，而珠三角城市目前防洪非工程措施建设较为薄弱。从珠三角城市历史内涝灾害情况来看，由于缺乏总体城市洪涝预警预报系统和应急预案，内涝形成前不能点对点及时预警，导致内涝防御部署工作不够精细精准。

6.2 国内外城市内涝控制标准比较

随着城市化进程的不断加快和社会经济的快速发展，维持城市安全高效运行、确保人民生命财产安全的城市排涝系统其重要性也逐步凸显。近年来，受全球气候变暖、城市热岛效应、局地气候变化等多方面因素的影响，极端降雨事件的强度和频率明显增加，城市内涝问题已成为城市发展的软肋，通过对比国内外排水标准和防治措施，为珠三角城市内涝控制提供可资借鉴的经验和启示。

6.2.1 国内城市排水防涝标准

目前，国内城市排水系统除河道、蓄滞洪区以外，主要由排水管道系统组成，在中华人民共和国国家标准《室外排水设计规范》(GB 50014—2006)（2014 年版）中，明确规定了雨水管渠设计重现期，见表 6-1。

表 6-1 不同城区类型国内雨水管渠设计重现期 （单位：年）

项目	中心城区	非中心城区	中心城区的重要地区	中心城区地下通道和下沉式广场等
特大城市	3~5	2~3	5~10	30~50
大城市	2~5	2~3	5~10	20~30
中等城市和小城市	2~3	2~3	3~5	10~20

注：1.表中所列设计重现期均为年最大值法；

2.雨水管渠应按重力流、满管流计算；

3.特大城市指市区人口在 500 万以上的城市；大城市指市区人口在 100 万~500 万的城市；中等城市和小城市指市区人口在 100 万以下的城市；

4.中心城区的重要地区主要指行政中心、交通枢纽、学校、医院和商业聚集区等。

具有 20 年以上自动雨量记录的地区，排水系统设计暴雨强度公式应采用年最大值法。雨水管渠设计重现期应根据汇水地区性质、城镇类型、地形特点和气候特征等因素，经技术经济比较后按表 6-1 的规定取值，并应符合下列规定。

1）经济条件较高，且人口密集、内涝易发的城镇，宜采用规定的上限。

2）新建地区应按本规定执行，既有地区应结合地区改建、道路建设等更新排水系统，并按本规定执行。

3）同一排水系统可采用不同的设计重现期。

内涝防治设计重现期应根据城镇类型、积水影响程度和内河水位变化等因素，经技术经济比较后按表 6-2 的规定取值，并应符合下列规定。

1）经济条件较好，且人口密集、内涝易发的城镇，宜采用规定的上限。

2）目前不具备条件的地区可分期达到标准。

3）当地面积水不满足表 6-2 的要求时，应采取渗透、调蓄、设置雨洪行泄通道和内河整治等综合控制措施。

4）超过内涝设计重现期的暴雨，应采取综合控制措施。

表 6-2　内涝防治设计重现期

城镇类型	重现期/年	地面积水设计标准
特大城市	50~100	1.居民住宅和工商业建筑物的底层不进水 2.道路中一条车道的积水深度不超过 15cm
大城市	30~50	
中等城市和小城市	20~30	

6.2.2　国外城市排水防涝标准

国外发达国家城市排水一般都有两套系统，即小排水系统和大排水系统。小排水系统主要针对城市常见雨情，设计暴雨重现期一般为 2～10 年一遇，通过常规雨水管渠系统收集排放；大排水系统主要针对城市超常雨情，设计暴雨重现期一般为 50～100 年一遇，由隧道、绿地、水系、调蓄水池、道路等组成，通过地表排水通道或地下排水深隧，传输小暴雨排水系统无法传输的径流，该系统也可以称为城市内涝防治体系，是输送高重现期暴雨径流的排水通道。也有些国家将大小排水系统称为“双排水系统”。

例如，欧盟标准体系中明确规定了管道排水标准和涝灾控制标准，美国和澳大利亚标准体系明确规定了小暴雨排水系统控制标准和大暴雨排水系统控制标准，我国香港特别行政区也有大小排水系统之分，但防洪、排涝和管道的标准是统一的。具体见表 6-3~表 6-5。该标准中，“小暴雨系统重现期”与我国雨水管渠设计重现期相对应，“大暴雨系统重现期”与我国的内涝防治设计重现期概念相近。

表 6-3　美国 ASCE 雨水系统设计标准

地区	小暴雨系统重现期/年	大暴雨系统重现期/年
居民区	2~5	100
高产值的商业区	2~10	
机场	2~10	
高产值的闹市区	5~10	
州际高速公路或排水河道	100	

表 6-4　欧盟 EN752 雨水系统设计标准

用地类型	小暴雨系统重现期/年	大暴雨系统重现期/年
农村郊区	1	10
居民区	2	20
城市中心、工业和商业区（有洪水监测）	2	30
城市中心、工业和商业区（无洪水监测）	5	30
地铁和地下通道	10	50

表 6-5　香港排水系统设计重现期标准

排水系统类别	重现期/年
市区排水干渠系统	200
市区排水支渠系统	50
主要乡郊集水区防洪渠	50
乡村排水系统	10
密集使用农地	2~5

6.2.3　我国与国外城市排水防涝标准比较

美国、日本等国在城镇内涝防治设施上投入较大，城镇雨水管渠设计重现期一般采用 5~10 年。美国各州还将排水干管系统的设计重现期规定为 100 年，排水系统的其他设施分别具有不同的设计重现期。日本也将设计重现期不断提高，《日本下水道设计指南》（2009 年版）中规定，排水系统设计重现期在 10 年内应提高到 10~15 年一遇。表 6-6 为我国当前雨水管渠设计重现期与发达国家和地区的对比情况。

表 6-6　我国与发达国家和地区的雨水管渠设计重现期比较表

国家（地区）	设计暴雨重现期
中国	一般地区 2~3 年；重要地区 3~5 年；特别重要地区 10~20 年
中国香港	高度利用的农业用地 2~5 年；农村排水，包括开拓地项目的内部排水系统 10 年；城市排水支线系统 50 年
美国	居住区 2~15 年，一般 10 年；商业和高价值地区 10~100 年
欧盟	农村地区 1 年；居民区 2 年；城市中心/工业区/商业区 5 年
英国	30 年
日本	3~10 年，10 年内应提高到 10~15 年
澳大利亚	高密度开发的办公、商业和工业区 20~50 年；其他地区和住宅区为 10 年；较低密度的居民区和开发地区为 5 年
新加坡	一般管渠、次要排水设施、小河道 5 年；新加坡河等主干河流 50~100 年；机场、隧道等重要设施和地区 50 年

《室外排水设计规范》（GB 50014—2006）（2014 年版）还根据我国目前城市发展现状，并参照国外相关标准，将“中心城区地下通道和下沉式广场等”单列。德国给水废水和废弃物协会（ATV-DVWK）推荐的设计标准（ATV-A118）中规定，地下铁道/地下通道的设计重现期为 5~20 年。我国上海市虹桥商务区的规划中，将下沉式广场的设计重现期规定为 50 年。由于中心城区地下通道和下沉式广场的汇水面积可以控制，且一般不能与城镇内涝防治系统相结合，因此，采用的设计重现期应与内涝防治设计重现期相协调。

城镇内涝防治的主要目的是将降雨期间的地面积水控制在可接受的范围。鉴于我国还没有专门针对内涝防治的设计标准，《室外排水设计规范》（GB 50014—2006）（2014 年版）增加了内涝防治设计重现期和积水深度标准，新增加的内涝防治设计重现期见表 6-2，用以规范和指导内涝防治设施的设计。

根据内涝防治设计重现期校核地面积水排除能力时，应根据当地历史数据合理确定用于校核的降雨历时及该时段内的降水量分布情况，有条件的地区宜采用数学模型计算。如校核结果不符合要求，应调整设计，包括放大管径、增设渗透设施、建设调蓄段或调蓄池等。

表 6-2 中“地面积水设计标准”中的道路积水深度是指该车道路面标高最低处的积水深度。当路面积水深度超过 15cm 时，车道可能因机动车熄火而完全中断，因此，表 6-2 中规定每条道路至少应有一条车道的积水深度不超过 15cm。发达国家和我国部分城市已有类似的规定，如美国丹佛市规定：当降雨强度不超过 10 年一遇时，非主干道路中央的积水深度不应超过 15cm，主干道路和高速公路的中央不应有积水；当降雨强度为 100 年一遇时，非主干道路中央的积水深度不应超过 30cm，主干道路和高速公路的中央不应有积水。上海市关于市政道路积水的标准是，路边积水深度不大于 15cm（即与道路侧石平齐），或道路中心积水时间不大于 1 小时，积水范围不超过 50m^2。

发达国家和地区的城市内涝防治系统包含雨水管渠、坡地、道路、河道和调蓄设施等所有雨水径流可能流经的地区。美国和澳大利亚的内涝防治设计重现期为 100 年或大于 100 年，英国为 30~100 年。

日本《下水道设施设计指南解说》（2001 年颁）中日本横滨市鹤见川地区的“不同设计重现期标准的综合应对措施”，反映了该地区从单一的城市排水管道排水系统到包含雨水管渠、内河和流域调蓄等综合应对措施在内的内涝防治系统的发展历程。当采用雨水调蓄设施中的排水管道调蓄应对措施时，该地区的设计重现期可达 10 年一遇，可排除 50mm/h 的降雨；当采用雨水调蓄设施和利用内河调蓄应对措施时，设计重现期可进一步提高到 40 年一遇；在此基础上再利用流域调蓄时，可应对 150 年一遇的降雨。

由上述分析可以看出，《室外排水设计规范》（GB 50014—2006，2014 年版）在制定过程中，参考了很多国外发达国家和地区的先进经验，提出按照地区性质和城镇类型，并结合地形特点和气候特征等因素，经技术经济比较后确定设计重现期，与发达国家和地区的标准基本一致（上海市政工程设计研究总院（集团）有限公司，2014）。

6.3 国内外其他城市内涝应对措施

6.3.1 美国纽约存雨桶和芝加哥深隧

在美国东部沿海的纽约，每年都可能轮番遭到地面龙卷风和海上飓风带来的大暴雨袭击。虽然纽约近海市内有河流，但是在低洼地区或者排水系统不畅时，一旦降水每小时超过 25mm，就会发生严重的城市积水现象。例如 2007 年 8 月，龙卷风造成豪雨，纽约在 2 小时内下了 80mm 雨水，街道大面积被淹，地铁受灾，关闭了几小时。为了应对城市内涝，纽约市政府从年初开始向居民免费发放存雨桶，市政管理部门在电视中教领桶人使用方法，在大雨时从房顶等处收集雨水，以减轻暴雨对城市下水系统的压力，保留的雨水可以用来浇灌花园、清洗车辆等，进而减少城市用水和居民个人生活费用。

芝加哥和周边城区长期遭受排水问题的困扰，合流制溢流造成密歇根湖水体污染，同时城区内涝灾害严重。为此，芝加哥市在城市河道下方和地表分别修建深层隧道和大型调蓄设施。因投资预算巨大，项目分为一、二期两个阶段施工，一期项目主要完成四条主隧道和配套设施的施工，通过合理设计竖井的尺寸，使得隧道一旦注满，水量将绕过隧道超越排放，以此捕获合流制溢流的初期冲刷雨水，输送至污水处理厂进行深度处理。截至项目完工，隧道系统已存储、处理约 $870\times10^4\mathrm{m}^3$ 的溢流雨污水。因隧道容积有限，为了提供更大的调蓄空间，要开展二期项目，修建大型调蓄池、支路隧道和配套设施，主要目的是减少城区内涝灾害，同时兼顾 CSO 污染控制，深隧将拦截的雨污水转移至地表调蓄池，河道洪水减退后输送至污水处理厂。目前，投入运行的部分设施已有效地控制了城区内涝风险和 CSO 污染。

6.3.2 法国巴黎下水道工程

巴黎是一座海拔较低的城市，每年平均降水量达 642mm，但因其建有规模庞大、完善的城市下水道排水系统，很少发生积水引发城市内涝。其下水道均处在地面以下 50m，前后共花了 126 年时间才修建成功，水道纵横交错，密如蛛网，总长 2347km，规模远超当地地铁，雨水到了地面便迅速下排。巴黎排水道从蒙马特高地连接塞纳河，形成一个科学的地下网络。它实际上是一个完整的排水加供水系统，其中，有两套供水系统：一套供饮用水，另一套供非饮用水，并附有一条气压传送管道。该通道十分宽敞，主要建筑部分——中间，是宽约 3m 的排水道，两旁是宽约 1m 供检修人员通行的便道。按沟道大小可分为小下水道、中下水道和排水渠三种，每天有 120 亿 m^3 的水经此净化排出。全市通道上大约有 2.6 万个下水井，平均 1 个 / 50m，有铁制立梯与地面相连，其中 1.8 万个可以进入。整个系统还有 6000 多个地下蓄水池，用于处理城市污水。有 1300 多名专业人员常年负责这条重要水利通道的运行，包括清扫坑道、修理管道，寻找、抢救掉进或迷失在下水道中的人，用水淹的方式灭鼠，监管净化站等，以保证即使暴雨如注，也不发生内涝。

这些下水道宛如这座大城市的消化系统，成为世界上最负盛名的下水道，巴黎的下水道像河一样可以行船，昼夜灯火通明，成为旅游的好去处。这样的市政工程虽然初期投资相当巨大，但是在后期的使用过程中却节省了大量的人力和物力，任何一条管线泄漏、短路或者其他故障，工人都可以随时进入地下维修。巴黎下水道既是一项伟大的工程，也是法国独特艺术和文化的混合体。从 1867 年世博会开始，就陆续有外国元首前来参观，现在每年接待十多万游客。这是一个能够完全与当地美丽市景相媲美的、充满文化气息的地下世界，已成为除埃菲尔铁塔、卢浮宫、凯旋门外的又一著名旅游项目，能容下很多游人，无比宽敞，可以行走奔跑，有通畅的排气系统、有纯净的空气，不会也不能臭气熏天，人们在这里游览，可以全面了解巴黎的地下排水系统（图 6-1）。

（a）

（b）

图 6-1　巴黎下水道工程

6.3.3　英国可持续排水系统

英国城市内涝影响较大，政府不断探索和优化洪灾预防与管理手段，形成了以及时预警和科学排水为主要特征的城市内涝预防体系。英国环境署专家认为，传统的城市排水系统旨在尽可能快地将雨水排放到河流中，但从屋顶和地面流下来的雨水会给排水系统陡增压力，容易形成城市内涝，造成一系列生态问题，因此，大力推广先进的“可持续排水系统”技术，管理地表和地下水；同时，要求所有新开发和重新开发地区既考虑建设又考虑减轻排水压力，并为此专门成立了国家级工作组。“可持续排水系统”通过四种途径“消化”雨水：一是对雨水进行收集，将从屋顶、停车场等流下来的雨水就地或在附近用水箱储存起来以便再利用；二是源头控制，新开发和重新开发的项目要确保尽可能将地表水保留在源头，方法是建设渗水坑、可渗水步道以及进行屋顶绿化等；三是指定地点管理，即把从屋顶等地方流下来的雨水引入水池或盆地；四是区域控制，利用池塘或湿地吸纳一个地区的雨水。

如果一个城市的排水系统出了问题，那么不仅是水浸街、水淹车的问题，还有可能导致流行病肆虐，这就是当年伦敦的下水道系统落后所带来的警示。伦敦如今使用的下水道系统建于 150 多年前。1856 年，英国的设计师开始研究设计伦敦的地下水道系统，150 多年前的伦敦是一个垃圾遍地、臭气冲天、霍乱横行的城市，后经查明，伦敦霍乱竟是因为水源污染。

伦敦地下排水系统改造工程 1859 年正式动工，1865 年完工，实际长度达 2000km。工程部门特地研制了新型高强度水泥，用这种水泥制造了 3.8 亿块混凝土砖，构成了坚固的下水道，全部污水都被排往大海。由于将污水与地下水隔开，伦敦下水道改造意外地解决了导致霍乱的水源问题（图 6-2）。

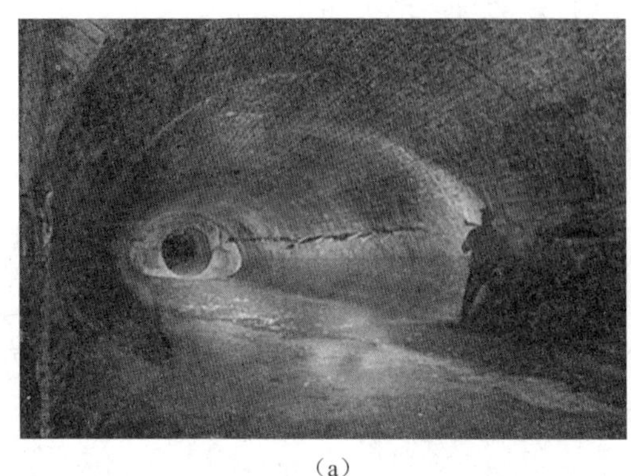
(a)

(b)

图 6-2　伦敦下水道工程

6.3.4　德国柏林分立式排水系统

德国首都柏林采用的是分立式排水系统，也就是生活污水排水管道和雨水排水管道各自独立。在东西德合并后，德国就注入大量建设资金改造柏林，使得柏林成为一个巨大的建筑工地。柏林的下水道系统是 1873 年由詹姆斯·赫波克设计兴建的，当时就已经采用了分立式。在柏林改造时，建设者除了修建新的大型办公和商业区以及翻修居民住宅外，更小心保护并加固原有的下水系统，而且把新旧城区的两个系统连通起来使用。这种分立式系统的优点是，污水管道将居民、商业和企业等处的脏水送到区间污水站，经过加压，再输送到市郊的污水处理厂净化处理。雨水系统则以应急迅速、排放量大为特点，它不与生活排水系统争管道空间，而且将收集的雨水在简单处理后，存入蓄水池或排入河流，不会在城市遇大雨时造成泛滥。柏林共有 4100km 长的污水管道、3166km 长的雨水管道、1894km 长的综合排水管道和 68km 长特殊用途的排水管道，还连接有雨水防溢装置、涵洞和储存池等。

6.3.5　日本东京地下河道

日本是个台风多发国家，东京地区的地下排水系统主要是为避免受到台风雨水的侵袭而建的，该系统于 1992 年开工，2006 年竣工，堪称世界上最先进的下水道排水系统（图 6-3），主要由一条深达 60m 的外围地下分洪暗河和一连串混凝土立坑构成，排水标准按 5~10 年一遇设计。当东京周边河流水位超过一定高度时，洪水会自然通过引水设施流入暗河沿线的立坑，再汇入一个底面积相当于两个足球场、深约 20m 的“调压水池”，当其蓄水超过一定深度后，多个水泵会立即启动，将水排入附近的大河。东京的雨水疏通有两种渠道，靠近河渠地域的雨水一般会通过各种建筑的排水管以及路边的排水口直接流入雨水蓄积排放管道，最终通过大支流排入大海。其余地域的雨水会随着每栋建筑的排水系统进入公共排雨管，再随下水道系统的净水排放管道流入公共水域。为了保证排水道的畅通，东京下水道局从污水排放阶段就开始介入。他们规定，一些不溶于水的洗手间垃圾不允许直接排到下水道，而要先通过垃圾分类系统进行处理。此外，烹饪产生的油污也不允许直接导入下水道中，因为油污除了会造成邻近的下水道口恶臭外，还会腐蚀排水管道。

（a）

（b）

图 6-3　东京地下河工程

另外，东京建立了降雨信息系统来预测和统计各种降雨数据，并依此进行各地的排水调度；利用统计结果，在一些容易浸水的地方采取特殊的处理措施。例如，东京江东区南沙地区建立了雨水调蓄池，其中最大的一个池一次可以最多存储 2.5 万 m^3 的雨水。

6.3.6　深层隧道排水系统

深层隧道排水系统（简称深隧）是指相对于浅层排水管网系统而言，修建于地下几十米深处的具有较大调蓄能力的人工排水隧道。当流域遭遇暴雨强度过大，浅层排水系统的负荷能力不足时，可通过深隧系统将部分降雨产生的雨水暂时储存起来，等暴雨过后再通过提升泵站排除或者输送到污水处理厂进行处理。

深层隧道技术已广泛应用于巴黎、伦敦、芝加哥、东京、新加坡和香港等大城市，并取得了较好效果，根据收集水体类型可以分为雨洪排放型隧道、污水输送型隧道和合流调蓄型隧道三类。

1. 雨洪排放型隧道

雨洪排放型隧道主要用于收集城市地表因降雨产生的径流，水体经过简单的过滤处理便可直接输送、排放至海域、河道，或者做景观用水、灌溉回用等。通过雨洪排放型隧道能够减缓城市遭遇极端暴雨天气泵站无法增大规模或河道无法拓宽的防洪排涝压力。

雨洪排放型隧道以香港雨水排放隧道为典型代表。香港山多平地少，山洪是导致城市内涝的主要原因之一。港岛北部城区地势低洼，且受气候条件、城市快速发展和排水管道老化等因素影响，极易发生内涝灾害。为了减少内涝带来的严重影响和经济损失，香港特别行政区渠务署早期开展了“香港岛北雨水排放整体计划研究”，对“传统雨水系统扩大及改善工程”“蓄洪计划”“雨水截流隧道”等多个方案加以严格论证，综合考虑土地、环境、交通、地下空间、投资等因素后采用了隧道截流的方案，即在半山修建港岛西雨水排放隧道。该工程在港岛半山修建多个进水口、竖井和连接隧道，将半山汇水区的雨水截流，经主隧道排入数码港附近的海域，极大地缓解了下游城区的内涝风险，相对于其他隧道埋深较大、一般需要提升排放的特点，港岛西雨水排放隧道可利用自身竖向条件重力排水，节省能耗。这类拓宽或开辟新的上游汇水区排水通道、提高排水标准的隧道类似于新建较粗的雨水干管，是一种典型的直接排放式隧道。除此之外，香港还在西九龙、荃湾地区修建了荔枝角雨水排放隧道、荃湾雨水排放隧道用来截流山洪。

香港荔枝角雨水排放隧道系统将西九龙腹地集水区的雨水通过全长约 3.7km、直径 4.9m、约 40m 深的雨水深层隧道排入维多利亚港，分流高地雨水，减少上游高地雨水流入市区排水系统，有效降低了荔枝角、荃湾等区域的内涝风险，减少了强降雨对公众生活、城市交通和商业活动的影响。

福州江北城区山洪防治和生态补水工程在福州北面山区开挖引水隧洞，主隧洞全长约 30km，高 6~9.2m，堪称福州的“地下长城”，该项目可提升主城区的防洪排涝功能，防山洪标准为 50 年一遇，排涝标准为 20 年一遇。山洪暴发时，在城区北面通过隧洞将水排进闽江，实现外水不进城。工程在西面，即闽江北港北岸文山里上游设五矿泵站，洪水先后流经八一水库、登云水库，在东面，即魁岐汇入闽江，沿线设 5 个补水支洞、12 座截洪坝以及 12 个排洪支洞、6 座控制闸。福州市的这一高水高排项目尝试将山洪防治、生态补水结合起来考虑，在发挥防洪排涝作用的同时，该项目还可对江北主城区的内河进行生态补水，着力改善城区内的河水环境，主城区东侧的 46 条内河水环境可望得到极大改善。

2. 污水输送型隧道

污水输送型隧道主要用于收集城市污水管网中的生产、生活污水，统一输送到大型污水处理厂进行处理达标后排放。通过污水输送型隧道系统能够实现跨区域或者长距离的污水输送，有效解决城市发展过程中城市生活污水量增加而污水处理厂由于用地紧张无法扩建提升处理能力的矛盾。

污水输送型隧道以新加坡深层隧道污水系统为典型代表。新加坡是一个完全雨污分流的城市，为置换市中心城区原有分散的污水处理厂和泵站用地，建设了深隧系统用于收集、输送城市污水。已建设 1 条长 48km、直径 6m、埋深 20～55m 的污水隧道和 50km 的污水连接管，将所有污水收集输送到污水处理厂进行处理。

3. 合流调蓄型隧道

合流调蓄型隧道主要用于对合流污水、初期雨水的收集、调蓄和输送，最终送到污水处理厂来处理，其主要功能是实现对合流污水的收集，控制合流制排水系统的溢流污染（CSO），缓解初期雨水面源污染，遭遇暴雨时则可作为一个巨大调蓄池进行错峰、削峰，也可作为临时的排洪通道，防止区域内合流制溢流污染事件发生。

采用合流制排水管网系统的城市众多，深隧系统的应用对许多无法进行彻底雨污分流的区域具有重要意义。合流调蓄型隧道以美国芝加哥合流隧道系统为典型代表。为有效减轻芝加哥的城市内涝和水体污染，保护密西根湖等水体环境，芝加哥实施了深层隧道系统工程，建设了 1 条长 176km、直径 2.5～10m、埋深 45～106m 的隧道。目前正在建设与深隧相连的 3 座调蓄水库，建成后将更大幅度提升城市防洪排涝标准。实践证明，芝加哥深隧系统既减轻了城区内涝，又降低了水体污染，保护了密西根湖。

此外，还有巴黎、伦敦、谢菲尔德、纽约、墨西哥城等多个城市在深层隧道技术的探索和应用上都取得了不少实践经验，值得国内参考借鉴。

6.4　珠三角城市内涝解决对策

珠三角城市内涝解决对策主要包括工程措施和非工程措施两方面，分别介绍如下。

6.4.1　工程措施

1. 设置强排泵站

随着城市建设发展，许多城市道路越建越高，形成了“洼地”，强排是解决问题的有效途径。珠三角各地都在建设两级强排系统，第 1 级是在珠江边建外江排水泵站，第 2 级是在各水浸点建设强排泵站，将积水抽到附近河涌。

广州岗顶强排泵站建成投入使用后，附近区域的水浸大为缓解。岗顶过去的排水标准为 2 年一遇，可以抵御 58mm/h 的短时强降雨；泵站建成后排水标准提高到 5 年一遇，可以抵御 69mm/h 的暴雨。

深圳市民治片区过去内涝十分严重，2014 年开工建设沙吓村泵站，该泵站位于沙吓村桥与新一代酒店之间，布设泵站进水池、泵室，采用收集管将沙吓村内雨水收集至泵站进水池，由水泵将雨水排至民治河，泵站设计抽排流量为 1.188m^3/s，取得了良好效果。目前，深圳市在民治片区的梅花新村、绿景香颂处增设排涝泵站，以减缓暴雨内涝程度。

2. 合理提高城市雨水系统设计标准

沿用至今的城市排水防涝标准所依赖的统计基础是 20 世纪的资料，很少反映近期的水文气象变化，与目前状况不相适应。国外的大型城市，城市排水标准普遍比国内高，而且更加注重城市短历时暴雨。例如，纽约是“10~15 年一遇”，东京是“5~10 年一遇”，在东京，用于排水的地下河深达 60m。根据珠三角城市实际的防洪标准和经济社会发展情况，河涌、排水管道的建设应合理提高设计标准，城市排水系统一方面考虑防洪要求，另一方面考虑排涝需要。

目前珠三角各地市城区防洪标准大多按照不低于 100 年一遇水平建设，而雨水、污水排放管道一般只是根据汇水面积、暴雨强度和多年气象条件计算出管径大小，这样不匹配，需要配套。因此，在研究城市雨水系统设计标准前，首先应将城市化可能带来的雨水增量提出，并寻找相应的解决方案，从规划上有效减小内涝的可能，就地消化雨洪；其次应该着手研究并编制市区内涝规划，合理提升城市排涝标准，避免各地自行建设而导致一系列的不协调问题。

珠三角发达地区中心城区现有排水管道达到 1 年一遇标准的排水管网占总量的 83%，达到 2 年一遇标准的排水管网仅占总量的 9%，应根据雨量、人口、经济发展等，增大雨水管渠设计重现期，特别是一些重要干道、重要地区和排水终端等，要提高排涝设计标准，完善城市排涝体系。城市排水管网建设是一个功在当代、利在千秋的事情，其建设和受益均是一个长期过程，需要加大对地下排水系统的资金投入和技术支持，逐步解决城市内涝问题。

3. 兴修人工调洪工程

城市内部蓄水工程可以提高雨洪调蓄能力，减少地面径流和洼地积水造成的损失。由于城市建有大量混凝土或沥青等不透水路面，一般情况下，洪水过程为陡涨陡落型。经人工调洪工程调控后，洪水过程变成矮胖型，人工调洪工程具有显著的调峰作用，减轻城市内涝程度。

珠三角城市的城市公园、公共绿地等地块面积分散，而且逐步增多，可充分发挥它们的自身条件，通过水量分析论证、开展模型模拟计算确定可行性后，修建一些可蓄水滞水的小型工程或者亲水公园。新建开发区内设立雨洪调节池，降低操场、公园的高程，降雨时作为临时蓄水池，雨后排水恢复原有功能。有条件的地方也可建设一些大型的城市蓄水设施，例如，修建调节湖泊、水塘、地下河，修筑大型地下水库、双层河道，设立分洪绿地，减少城市暴雨洪水峰值，延长洪水汇流时间，甚至就地消化雨洪。

4. 适时建设深隧工程

广州作为国内第一个建设深层隧道排水系统的城市，对国内雨洪调控技术的推进具有划时代的意义。我国许多老城区早期管线规划混乱，不沿道路铺设，浅层地下空间有限，再加上建筑密度较大，地表施工空间有限，雨污分流改造因为拆迁成本高昂且施工难度太大往往不能彻底实现。修建深层隧道排水系统就现有成熟盾构技术而言具有可行性，深层地下空间充足，没有拆迁之忧，具有较高的经济性和可操作性。经过多次专家咨询和论证会议，结合广州当地的实际情况，广州最终确定“一主六副一厂”的规划布局，即包括一条临江主隧道、六条分支隧道（具体为东濠涌、猎德涌、西濠涌、荔湾涌、司马涌和沙基涌）和一座初雨污水处理厂。

东濠涌作为深隧工程的试验段工程，服务整个东濠涌流域，能够收集雨季合流溢流污染，降雨期间起调蓄错峰作用，缓解东濠涌流域的防洪排涝压力。东濠涌深隧工程起点位于东风路东濠涌高架桥桥底西侧，往南依次沿着越秀北路、越秀中路和越秀南路，最终抵达珠江边的江湾泵站（江湾大桥西侧）。东濠涌深层隧道全长 1.77km，设计内直径为 5m（外径 6m），沿途修建东风路、中山三路、玉带濠和沿江路 4 宗竖井，连通东濠涌作为污水收集口。4 宗竖井距离下游江湾泵站距离分别为 1.77km、1.4km、0.9km 和 0.1km，最大设计入流量分别为 $31m^3/s$、$4.8\ m^3/s$、$4.8\ m^3/s$ 和 $23\ m^3/s$。

此外，东濠涌深层隧道还包括一条内直径为 3m 的新河浦涌截污管道，全长约 1.39km，起点为百子涌，沿西南方向抵达江湾泵站。新建江湾泵站由排洪泵组、污水排空泵组和景观补水泵组组成，最大设计流量分别为 $48m^3/s$（共八台排洪机组）、$0.89m^3/s$ 和 $1.65m^3/s$，其中，东濠涌试验段（不包括新河浦涌截污管道）的设计排量为 $30m^3/s$。整个东濠涌深隧系统共可提供 6.3 万 m^3 的调蓄空间，东濠涌主隧道提供约 3.47 万 m^3，新河浦截污管提供约 0.99 万 m^3，其余 1.84 万 m^3 的调蓄空间由 4 宗竖井及其与深隧的“衔接”部分组成。

5. 加强海绵城市建设

海绵城市是指城市能够像海绵一样，在适应环境变化和应对自然灾害等方面具有良好的“弹性”，下雨时吸水、蓄水、渗水、净水，需要时将蓄存的水“释放”并加以利用。根据《国务院办公厅关于推进海绵城市建设的指导意见》（国办发[2015]75 号），海绵城市建设应遵循生态优先原则，将自然途径与人工措施相结合，在确保城市排水防涝安全的前提下，最大限度地实现雨水在城市区域的积存、渗透和净化，促进雨水资源的利用和生态环境保护。在海绵城市建设过程中，应统筹自然降水、地表水和地下水的系统性，协调给水、排水等水循环利用各环节，并考虑其复杂性和长期性。

深圳市光明新区近年来开展了大量海绵城市建设与低影响开发技术研究和应用工作，在“海绵城市”被提升为国家战略之前，光明新区已经开展了低影响开发雨水综合利用示范区工作。2011 年新区正式取得住房和城乡建设部批复，成为全国首个，也是唯一的低影响开发雨水综合利用示范区，这为新区建设“海绵城市”提供了很好的基础。近年来，光明新区加强组织领导、创新工作机制、开展课题研究、制订政策法规、启动示范项目，形成了两个实施方案、两个专项规划、1 个规划设计导则、1 个实施办法和 18 个示范项目，在低影响开发雨水综合利用中实现“4 个率先”：率先在雨洪利用规划中明确低影响开发的建设要求，率先强制一定规模建设项目配套建设雨洪利用设施，率先将低影响开发控制指标纳入规划“两证一书”中，率先对各类建设用地控制指标进行细化。通过引进低影响开发理念，开创城市建设转型发展的新思路，走出了具有示范推广意义的城市建设与生态文明建设和谐发展的新路子，逐步建设“自然积存、自然渗透、自然净化”的海绵城市。

光明新区通过编制《深圳市光明新区再生水及雨洪利用详细规划》《高铁光明城站低影响开发详细规划》《光明凤凰城开发指导规划研究》等不同层次的规划，将海绵城市生态空间保护和修复、建设低影响开发的要求和指标落实到水系、公园、道路和地块，从而发挥联动协同效应。截至目前，新区已完成 18 项低影响开发示范项目，占地面积约 155 万 m^2，覆盖了公共建筑、住宅小区、市政道路、公园绿地、水系湿地等。其中，公共建筑项目 2 个、市政道路项目 5 个、公园绿地项目 3 个、水系湿地项目 2 个、居住小区（保障性住房）项目 4 个、工业园区项目 2 个。目前示范项目以政府投资为主，通过示范效应逐步引导社会投资项目参与低影响开发的建设。

此外，深圳市光明新区还在全国率先提出将低影响开发指标纳入土地出让和规划“两证一书”，引导同步规划、同步设计、同步建设低影响开发设施。光明新区先后与深圳市规划与国土资源委员会、深圳市水务局等多部门联合颁布《光明新区建设项目低影响开发规划设计导则》《光明新区建设项目低冲击开发雨水综合利用规划设计导则实施办法（试行）》《低影响开发雨水综合利用技术规范》等规范性文件，从制度上对示范区的创建提供保障。

6.4.2　非工程措施

1. 加强城市排水设施管理

（1）建立精干高效的城市排水管理体制

高效的城市排水管理体制应充分体现“责任权利相统一、建设管理相分离、统筹协调与分级负责相衔接、综合管理与专业管理相补充”的原则。

1）健全管理体制，推进管理重心下移

根据珠三角城市的发展特点，继续推动管理重心下移，建立“统一领导、各司其职、规范管理、强化基层”的管理格局，形成上下衔接、左右联系的网格化管理体制，形成既有分工、又有综合协调的分层管理模式。加大综合协调力度，建立高层次的协调机构，增强对综合性、突发事件的调控能力，保证城市排水管理系统的正常运行。同时，积极建立排水管理现代化、资料信息化、装备科技化、建设现代化的城市排水管理体系，提高办事效率，降低管理成本，不断提高管理人员的综合素质和业务能力，逐步达到发达国家的城市排水管理水平。建立健全市、区、镇（街）、村（社区）四级排水管理机构，逐步加大对基层的服务和督促力度，对部门设置、管理制度、工作流程、办事程序等方面进行全面规范，通过树立典型，积极推动城管系统各基层单位开展信息化建设。同时开展专题调研，深入学习，为深化城市管理体制改革提供理论基础。

2）引入竞争机制，推进排水管理多元化

适当考虑采用特许经营、适度竞争的方式，积极推进城市排水管理领域的招投标，鼓励社会企业、个人兴建城市污水处理设施。通过有序竞争，促进城市排水行业的发展和完善，实现建设资金来源多样化、公用服务供给多元化、有限财政资金效益最大化，推动城市排水设施建设管理的健康发展。

（2）建设城市排水长效管理机制

1）全面落实排水许可审批管理

2006 年 12 月，住建部颁布实施《城市排水许可管理办法》，东莞市城市管理局率先根据实际情况制定了《东莞市城市排水管理办法》，并于 2007 年 10 月由市人民政府正式发文，在全市范围内实施城市排水许可管理。

根据珠三角城市的现状，推进排水许可应分阶段实施，首先对新建楼盘、餐饮业、汽车服务业等实施排水许可审批，逐步总结管理经验；其次对工厂企业等排水大户实施审批，确保有效控制城市污水的达标排放；最后通过和工商、规划、建设部门的联动，出台一些强制政策，对历史排水户进行整改，实现排水户的许可审批全覆盖。另外，在各阶段实施的同时，要不断总结，进一步完善排水管理办法的可操作性，推广在各区、镇、街全面实施。同时，还要同步促进执法工作，针对排水许可管理过程中容易出现的问题进行深入研究，形成一套完善的管理、执法程序，保障城市排水管理工作的正常开展。

2）大力推进排水设施市场化维护

根据可持续发展的指导思想，为促进珠三角城市排水管理跃上新台阶，大力提倡排水设施市场化维护，研究制定出一系列管理制度和标准，如制定相关应急预案、排水管渠清淤维护标准、排涝泵站隧道监管制度等，提高维护工作门槛，通过市场化模式实现排水设施维护的制度化、常态化、合同化、标准化、专业化、机械化及精细化，确保管理维护工作的统一、到位，保障城市排水设施安全、正常运行。

3）健全城市排水管道检测验收制度

参考国内外先进城市排水管道日常检测和工程竣工验收等工作经验，制定珠三角城市《城镇排水管道检测与评估技术规程》及相关规范性文件，建立健全城市排水管道检测验收制度，统一对新建排水管道工程实行检测及竣工验收，提升城市公共排水管道的工程质量，保证排水设施雨季的正常排水。

2. 完善城市雨洪管理政策法规建设

城市内涝防治和雨洪管理是一项跨部门、跨行业的系统工程，需要通过法律、行政和经济等多种手段对城市暴雨洪水进行统筹规划和管理，建立责权统一、运行有效的城市雨水管理体制，加强城市雨水资源利用，制定城市雨水利用和管理的法律法规和条例，规范相关利益主体的行为，调整相关部门的利益冲突。

目前国外已出台政策法规，规定新建城市小区或开发区不能使所在区域的洪水总量增加，这就需要在城市建设过程中，采取新的措施，使城市建设过程中因硬底化程度提高而增加的洪水就地消化，实现径流零增长，使城市范围内的水量平衡尽量接近城市化之前的降雨径流状况，减少城市化对城市内涝灾害的影响。因此，建议对此开展调查研究，制定相应的政策法规，在城市建设过程中，推广采用海绵城市建设与低影响开发方法，避免城市新建区发生严重内涝灾害。

目前我国城市内涝防治方面的法律法规几乎空白，在立法方面，可借鉴国外城市内涝防治的立法经验。日本的《下水道法》对下水道的排水能力和各项技术指标都有严格规定，对日本城市的防洪起到了重要作用。法国巴黎城市的排水法律体系相对完善，专门制定了《城市防洪法》，对城市内涝预防、规划及政府责任进行了全方位立法。因此，需要在吸收国外先进经验的基础上，制定出适合珠三角城市实际情况的防御城市内涝的法律法规。

建设用地雨洪零增量控制是当前发达国家为了防御或减轻城市内涝而在规划期间就采取的一种政策，建设用地雨洪零增量控制是指当某一块地被用于城市建设时，城市建设完成后必须保证在发生降雨时产生的雨洪径流总量、峰值较城市建设前不增加，城市建设前的雨洪量计算宜按照非硬底化地面或有较好蓄滞能力的下垫面来考虑。实质是在计划建设用地内利用各种相关措施就地消化因城市建设而额外增加的雨洪量，这样既可以不增加周边地区的内涝压力，也可以减轻已建城区管网改造的工作量。目前珠三角城市面临经济转型、旧城改造等建设任务，从目前情况来看，首先必须出台建设用地雨洪零增量控制等法律法规。旧城改造项目必须要求改造建设后雨洪增量不仅为零，而应降低至天然流域情况下的雨洪产生量，这样既可以大大减少洪涝灾害影响，还能对地下水资源进行有效补给。

2014 年 7 月 28 日，广州市人民政府讨论通过《广州市建设项目雨水径流控制办法》，并于 2014 年 11 月 1 日起颁布施行。该办法引入目前国际上较为先进的“低影响开发”城市雨水管理理念，着手解决“水浸街”问题。今后广州市内建设项目主体工程应当与雨水径流控制设施同时设计、同时施工、同时使用，进一步明确了广州市建设项目应采取的具体雨水径流控制措施。

3. 完善城市防洪应急预案体系

城市防汛指挥部、有防汛任务的行业主管部门、企事业单位应组织编制城市防洪应急预案，完善城市防洪应急预案体系，包括总体预案、专题预案和重点防护对象专项预案；建立防洪应急预案演练与培训制度；适时组织应急演练和预案培训，使有关人员熟练掌握应急预案内容，熟悉应急管理职责、应急处置程序和应急响应措施；采取适当形式开展城市防洪应急预案宣传，普及洪涝灾害预防、避险、自救、互救和应急处置的知识和技能，提高从业人员、群众的安全意识和应急处置能力。

城市防汛指挥部组织编制城市总体预案以应对不同类型洪涝灾害，明确城市概况、组织体系与职责、预防与预警、应急响应、应急保障、后期处置、城市洪涝灾害风险图和避险转移路线图等。其中，城市概况包括自然地理、社会经济、洪涝灾害风险区域划分、洪涝灾害防御体系及重点防护对象等；组织体系与职责包括指挥机构及成员单位职责办事机构等；预防与预警包括预防预警发布、预警级别划分、预防预警行动及主要防御措施等；应急响应包括应急响应的总体要求、应急响应分级与行动、主要响应措施、应急响应的组织工作及应急响应启动与终止等；应急保障包括通信与信息保障、避险与安置保障、抢险与救援保障、治安与医疗保障、物资与资金保障、社会动员保障、宣传、培训和演练等；后期处置包括灾后救援、抢险物资补充、水毁工程修复、灾后重建、保险与补偿、调查与总结等。

城市相关行业主管部门针对可能遭遇的江河洪水灾害、内涝灾害、台风灾害和洪涝灾害交通管理，负责编制城市防洪专题应急预案，包括城市江河洪水防御专题预案、排水除涝专题预案、台风灾害防御专题预案、洪涝灾害交通管理专题预案等。

城市重点防护对象管理单位针对城市重点防护对象在应对防洪排涝、抢险应急等方面制定专项预案，重点防护对象包括学校、医院、养老院、商业中心、机场、火车站、长途汽车站、旅游休闲场所等重点单位或部门；对城市防洪排涝影响较大的水库、电站、拦河坝等工程；地下交通、地下商场、人防工程及供水、供电、供气、供热等设备；重要有毒有害污染物、易燃易爆物生产或仓储地，城市易积水交通干道、在建项目驻地、简易危旧房屋和稠居民区，以及其他重要工程和目标。

4. 综合分析城市暴雨内涝成因

城市内涝现象是由多种因素共同作用产生的灾害现象，其中，暴雨是城市内涝发生的最主要，也是最直接的因素，暴雨时空分布特征对于城市内涝的时空分布情况具有重要影响，另外，下垫面变化、绿地分布、城市内湖与内河分布、地下管网分布与排水能力等均对城市内涝的发生与时空分布具有重要影响。因此，需研究以下几个方面的问题：①从宏观的角度研究珠三角城市暴雨发生规律，探讨区域暴雨规律对全球气候变化响应，分析珠三角各城市降水变化对东南亚气候变化的区域响应机制与机理；②从较为微观的角度研究暴雨成因，揭示城市化对暴雨时空分布的影响；③暴雨发生与内涝的关系；④城市下垫面特征对城市内涝发生的影响；⑤地下排水管网分布与排水能力、内河和内湖等水体水位变化对城市内涝发生的影响。具体如下。

1）宏观意义上的暴雨成因分析：大尺度水汽循环对区域暴雨发生的影响

从宏观和微观两个层次对暴雨成因进行全面分析，宏观分析是研究整个珠三角地区气候变化（主要是降水变化）对东南亚气候变化的区域响应机制与机理。通过对NCAR/NCEP 再分析资料，对区域水汽通量与水汽收支进行分析，研究该区域水汽通量与水汽收支的变化特征及其与区域暴雨发生规律的相关性与一致性，主要研究方法包括趋势分析、周期震荡特征和突变特征分析等。

2）微观意义上的暴雨成因分析：城市化对暴雨时空分布的影响

主要通过对城市不同区域（如接近市区、接近郊区、城乡结合部及郊区等区域位置）降水资料的系统搜集与分析，利用数理统计和时间序列分析等方法，研究城市化对降水影响的方式、程度及时空变化特征。通过暴雨变化趋势、暴雨过程的年内分配、暴雨与气温的关系、城市化前后降水量对比、城区与郊区同期降水分析、城区与郊区暴雨重现期对比研究深入探讨城市化对暴雨时空分布的影响。

3）暴雨发生与城市内涝的关系

利用GIS空间分析技术及数理统计与概率论的理论和方法对上述宏观和微观层次的暴雨研究结果进行空间分析，研究城市各区域暴雨发生的趋势、周期变化、突变特征和概率特征，通过该研究成果描述暴雨时空分布。在此基础上，依据搜集到的城市各区域内涝点的内涝特征（包括内涝发生频次、积水历时、积水深度等）数据，对城市内涝区域的内涝特征的时空变化进行系统分析。将降雨和内涝两者的分析结果进行空间叠加，探讨两者的空间相关关系。同时，将城市 DEM 图叠加到暴雨与内涝点空间分布图上，进一步研究内涝与地势之间的关系。

4）城市下垫面特征对城市内涝发生的影响

搜集研究区绿地面积、水体面积（如内河水系、内湖等水体）、硬路面面积、高架桥、楼房建筑面积等数据，做详细统计与分析，并将下垫面属性序列变化与城市内涝发生频次做时间相关分析，通过下垫面特征属性与城市内涝发生之间的相关程度，确定城市下垫面特征对城市内涝的影响。

5）管网排水能力和内河潮位顶托对城市内涝的影响

地下管网排水能力是影响城市内涝发生的重要因素，另外，珠三角城市均不同程度受到潮流顶托的影响，从而抬高城市内河水位，进而影响城市内积水外排，依靠 GIS 空间信息技术与统计分析，将城市内涝点在空间上表达出来，并叠加地下管网空间分布图与内河分布图，同时，将地下管网的功能与排水能力等属性在图上表达出来，从空间上分析三者之间的关系。综合研究城市内涝发生频率、积水深度及积水历时等变化与该区域内河水位变化之间的关系，辨识地下管网排水能力、内河水位变化与城市内涝发生特征三者的相关关系，研究内涝发生的原因。

5. 推进城市暴雨内涝预警预报系统建设

建立城市暴雨内涝预警预报系统，根据上游雨水情、本地降雨及潮位预报易内涝点的洪涝信息，并设定不同洪涝级别发布相应警报，提前部署城市抗洪抢险工作。

由于城市洪涝水汇流时间通常较短，仅依赖水文学或水力学方法所能获得的预见期不够，主要通过精细化定量降水预报延长预见期。继续加强气象预测预警预报能力建设，加强城市暴雨规律研究，进一步提高气象预报准确率和精细化水平，开展气象灾害分区预警，提高预警的针对性。完善突发事件预警信息发布体系，使各类重要预警信息第一时间发送至各级防灾责任人和广大人民群众，特别是外来务工人员、老人、儿童等群体手中。

目前我国城市内涝预警预报系统多为各个部门独立开发，而内涝灾害预警涉及多方面因素，因此，开发多部门协作的综合实时预警系统显得十分必要。城市内涝灾害综合实时预警系统可包括 5 个方面：①内涝灾害监测。利用遥感、雨量计的监测设施实时监测气象数据；②内涝灾害风险评估。将实时气象数据作为驱动数据与参数集一起输入内涝灾害风险评估模型，对内涝灾害进行风险评估和区划；③内涝灾害风险预警。对评估结果进行分析，将预警信息与媒介对接，及时有效地将风险预警信息发布给相关部门和群体；④救灾减灾方案。对产生积水的道路或立交桥提出防灾与减灾方案，及时、有效地采取相关措施；⑤灾后评估。对灾害系统进行误差估计，及时更新参数集，不断完善系统。通过多部门合作，形成统一的综合数据观测、信息发布，以及减灾和救援的实时预警系统。

6. 逐步建设排水系统信息化管控平台

珠三角城市的城区排水管网建设年代不一、结构复杂，老城区和城中村特别明显，这些区域的排水管网错综复杂，当发生内涝灾害时很难找到症结根源，也阻碍了城市内涝洪水预警预报系统的开发应用，所以有必要搞清管网分布、排水管网长度、管径和相关连接方式。

目前珠三角很多城市内涝监测系统包括了排水系统 GIS 数据库，具有对城区排水系统空间及属性数据的加工处理、数据导入、属性数据的在线修改、空间及属性数据的查询检索 4 个功能。由于数据收集时间较短、收集方式复杂，系统内的排水管网数据来自规划局、水务局、城市住建部门以及各相关区、街道办事处等，收集的资料很多为纸质文件，使用非常不便；从收集的管网资料看，不同单位掌握的管网数据存在不少问题，如管网出现有头无尾、没有出口、管径大小不一等问题，在数据化时需要人为改动，而且近年来内涝整治及管网建设已逐步实施，系统并未能及时更新，与实现实时监控等专业服务的目标还有一定差距。

因此，为更好地实现监测、维护、抢险及相关的规划设计建设等工作，建立详细的排水管网数据库并实时监控成为当务之急。目前，国内外很多城市已构建了基于 GIS 系统的城市排水管网系统，这为珠三角地区实施该项工程提供了很好借鉴。GIS 系统与分布在管网内的传感系统结合，当暴雨发生时，实时监测排水管网的水压异常并报警，为排水管网抢修提供宝贵时间，从而避免了洪涝灾害的进一步扩大。

鉴于各市排水除涝设施普查工作进展不一的现状，根据普查数据标准要求，对城市排水除涝基础设施、受纳水体、泄洪河道、严重积水与内涝易发地点等情况进行全面普查，系统开展城市排水除涝设施普查工作，形成排水除涝基础信息数据库。重视信息化平台建设，构建城市排水管网水力模型，逐步建立、完善覆盖整个城市排水除涝体系的信息化管控平台，充分发挥数字信息技术在排水除涝工程规划、设计和运行调度等方面的支撑作用。

7. 加强宣传教育提高公众防灾救灾意识

灾害致灾的轻重不仅取决于灾害源的强弱，而且还取决于灾区人类社会经济系统对灾害承受和调整能力的大小，在同等灾害源强度条件下，社会经济系统易损性越强，承受功能越脆弱，灾害造成的损失越大。防灾救灾意识包括对民众进行防灾知识的科普宣传，安全教育，加强人们对各种灾情的警觉程度，提高处理灾情和自救的能力，以及有效制定防灾规划，并能保证在救灾行动中有效地实施等。显然，减少各种灾害对城市的破坏，提高城市防灾救灾意识和能力，无疑是城市安全能力建设的重中之重。

把宣传对象辐射到各单位、学校和家庭，可将城市内涝防御知识列入中小学的教科书中予以普及，宣传教育形式包括电话宣传、节目制作、举办展览、开展讲座、实施演练、出版刊物、公益广告宣传和网络等。对地下车库管理员、地铁管理员等防御城市内涝的敏感和关键岗位的人员，通过讲座、演练等形式进行专门培训。通过加强宣传教育，加强城市排水管理部门与市民的沟通，使广大市民自觉维护城市排水设施，创造一个全民齐参与、共创文明排水的城市氛围。

6.5 小　　结

本章主要论述了珠三角城市暴雨内涝成因，介绍了国内外城市内涝防治标准，提出了珠三角城市暴雨内涝的解决对策，主要研究成果如下。

1）根据实地调研收集到的资料，对珠三角地区城市内涝成因进行了整理与分析，得知暴雨强度大是城市内涝发生的主要原因，另外，外江洪水及潮水顶托影响等也是造成城市内涝频发的重要因素；另外，热岛效应对城区气候的影响、城市扩张改变了水文产汇流规律、排水排涝标准不衔接、城市地下排水管网标准偏低、城市蓄洪能力减弱、排水系统维护不到位及防洪非工程措施不重视等人为因素也是造成城市内涝频繁发生的主要原因。

2）介绍了国内外发达国家和地区的排水防涝标准，并对国内外城市内涝控制标准进行了比较，得知目前我国排水标准基本达到了国外发达国家水平。论述美国、英国、法国等发达国家和地区在城市内涝治理方面的经验，为珠三角城市内涝控制提供可资借鉴的经验和启示。

3）从工程措施和非工程措施两方面分别探讨内涝防治技术，提出了珠三角城市内涝的解决对策。工程措施是解决城市内涝的重要保障，主要包括设置强排泵站、合理提高城市雨水系统设计标准、重视地下排水系统的建设、加强海绵城市建设等；另外，分析了解决城市内涝问题的非工程措施，在综合分析城市暴雨内涝成因的基础上，大力推进城市暴雨内涝预警预报系统建设、重视宣传教育、加强城市雨洪管理政策法规建设、完善防御城市内涝的应急处置预案和决策机制等，为珠三角城市内涝防治提供参考。

参 考 文 献

曹利军, 徐曙光. 2012. 城市排水与河道排涝标准的衔接计算方法探讨. 安徽水利水电职业技术学院学报, 12(3): 16-18

岑国平. 1999. 暴雨资料的选样与统计方法. 给水排水, 25(4): 1-4

岑国平, 沈晋, 范荣生. 1998. 城市设计暴雨雨型研究. 水科学进展, 9(1): 41-46

车伍, 杨正, 赵杨, 李俊奇. 2013. 中国城市内涝防治与大小排水系统分析. 中国给水排水, 29(16): 13-19

车伍, 张鹍, 张伟, 赵杨. 2016. 初期雨水与径流总量控制的关系及其应用分析. 中国给水排水, 32(06): 9-14

车伍, 张伟, 李俊奇. 2011. 城市初期雨水和初期冲刷问题剖析. 中国给水排水, 27(14): 9-14

陈刚. 2010. 广州市城区暴雨洪涝成因分析及防治对策. 广东水利水电, 7: 38-41

陈能, 施蓓琦. 2005. AutoCAD 地形图数据转换为 GIS 空间数据的技术研究与应用. 测绘通报. 8: 11-14, 34

陈庆沙, 黄友谊, 戴贤波, 刘俊, 朱靖, 张彬. 2014. 厦门市管网排水与河道排涝标准关系分析. 水电能源科学, 32(10): 60-62, 122

陈小龙, 赵冬泉, 盛政, 罗睿, 张俊. 2015. DigitalWater 在城市排水防涝规划中的应用. 中国给水排水, 31(21): 105-108

陈鑫, 邓慧萍, 马细霞. 2009. 基于 SWMM 的城市排涝与排水体系重现期衔接关系研究. 给水排水, 35(9): 114-117

陈子宇. 2013. 广州市校园区降雨径流污染特征研究. 广州: 华南理工大学硕士学位论文

丛翔宇, 倪广恒, 惠士博, 田富强, 张彤. 2006. 基于 SWMM 的北京市典型城区暴雨洪水模拟分析. 水利水电技术, 37(4): 64-67

崔凤铃. 2007. 降雨入渗若干影响因素研究进展综述. 西部探矿工程, 6: 84-86

邓培德. 1992. 城市暴雨公式统计中若干问题. 中国给水排水, 8(3): 45-48

邓培德. 1998. 再论城市暴雨公式统计中的若干问题. 给水排水, 24(4): 15-19

邓培德. 2006. 城市暴雨两种选样方法的概率关系与应用评述. 给水排水, 32(6): 39-42

邓培德, 韦鹤平, 俞庭康, 高乃云. 1985. 城市暴雨公式统计方法的研究. 同济大学学报(自然科学版), 1: 17-29

范立柱, 刘晓鹏. 2012. 广州地区水利排涝标准与市政排水重现期的关系分析. 广东水利水电, 12: 17-18, 25

费鲜芸, 高祥伟. 2002. 土地利用/土地覆盖遥感分类研究综述. 山东农业大学学报(自然科学版), 33(3): 391-394

汉京超. 2014. 应用 InfoWorks ICM 软件优化排水系统提标方案. 中国给水排水, 30(11)34-38

何秋红, 赵平. 2012. 中山市白石涌排水系统设计标准匹配分析. 水利规划与设计, 1: 45-48.

胡爱兵, 任心欣, 丁年, 汤伟真. 2015. 基于 SWMM 的深圳市某区域 LID 设施布局与优化. 中国给水排水, 31(21): 96-100

户园凌. 2012. 低影响开发雨水系统综合效益的分析研究. 北京: 北京建筑工程学院硕士学位论文

华霖富水利环境技术咨询(上海)有限公司. 2014. InfoWorks 城市综合流域排水模型软件介绍. 上海: 软件使用手册

黄成君, 胡佳宁, 钱爽. 2013. 城市排水管网地理信息系统开发探讨. 测绘与空间地理信息, 36(7): 117-120

黄国如, 聂铁锋. 2012. 广州城区雨水径流非点源污染特性及污染负荷. 华南理工大学学报(自然科学版), 40(2): 142-148

黄国如, 冼卓雁. 2014. 深圳市1953-2012年极端气候事件变化分析. 水资源与水工程学报, 25(3): 8-13

黄国如, 陈子宇. 2013. 广州校园区降雨径流污染的初期冲刷效应. 华南理工大学学报(自然科学版), 41(12): 29-35

黄国如, 冯杰, 刘宁宁, 喻海军. 2013. 城市雨洪模型及应用. 北京: 中国水利水电出版社

黄国如, 黄晶, 喻海军, 杨绍沂. 2011. 基于GIS的城市雨洪模型SWMM二次开发研究. 水电能源科学, 29(4): 43-45, 195

黄国如, 黄维, 张灵敏, 陈文杰, 冯杰. 2015a. 基于GIS和SWMM模型的城市暴雨积水模拟. 水资源与水工程学报, 26(4): 1-6

黄国如, 李开明, 曾向辉, 胡海英, 任秀文. 2014. 流域非点源污染负荷核算. 北京: 科学出版社

黄国如, 张灵敏, 雒翠, 黄纪萍, 刘金鹏. 2015b. SWMM模型在深圳市民治河流域的应用. 水电能源科学, 33(4): 10-14

黄纪萍. 2014. 城市排水管网水力模拟及内涝预警系统研究. 广州: 华南理工大学硕士学位论文

黄建文. 2012. 南昌市管道排水与河道排涝设计标准衔接研究. 南昌: 南昌大学硕士学位论文

黄维. 2016. 城市排水管网水力模拟及内涝风险评估. 广州: 华南理工大学硕士学位论文

姜永发, 张书亮, 曾巧玲, 兰小机, 闾国年. 2005. 城市排水管网GIS空间数据模型研究. 自然科学进展, 15(4): 465-471

孔彦虎. 2012. 基于GIS的城市排水管网数据处理与校验. 云南大学硕士学位论文

李彬烨, 赵耀龙, 付迎春. 2015. 广州城市暴雨内涝时空演变及建设用地扩张的影响. 地球信息科学, 17(4): 445-450

梁洁, 梁虹, 朱红梅, 廖翌. 2005. 基于GIS的排水管网网络分析功能设计与实现. 计算机工程与设计, 26(3): 595-597

刘俊, 俞芳琴, 张建涛, 肖杭. 2007. 城市管道排水与河道排涝设计标准的关系. 中国给水排水, 23(2): 43-45

刘兰岚. 2013. 降雨产流计算中径流曲线法(SCS模型)局限性的探讨. 环境科学与管理, 38(5): 64-68

刘姗姗, 白美健, 许迪, 李益农, 胡卫东. 2012. Green-Ampt模型参数简化及与土壤物理参数的关系. 农业工程学报, 28(1): 106-110

刘贤赵, 康绍忠. 1999. 降雨入渗和产流问题研究的若干进展及评述. 水土保持通报, 19(2): 57-62

卢金锁, 程云, 王社平, 郑琴, 杜锐. 2010. 暴雨强度公式推求过程简化研究. Proceedings of the 3rd International Conference on Computational Intelligence and Industrial Application(PACIIA)

苗展堂. 2013. 微循环理念下的城市雨水生态系统规划方法研究. 天津: 天津大学博士学位论文

聂铁锋. 2012. 广州市城区暴雨径流非点源污染负荷核算技术研究. 广州: 华南理工大学硕士学位论文

仇保兴. 2015. 海绵城市(LID)的内涵、途径与展望. 给水排水, 41(3): 1-7

戚海军. 2013. 低影响开发雨水管理措施的设计及效能模拟研究. 北京: 北京建筑大学硕士学位论文

任伯帜. 2004. 城市设计暴雨及雨水径流计算模型研究. 重庆: 重庆大学博士学位论文

任伯帜, 邓仁建. 2006. 城市地表雨水汇流特性及计算方法分析. 中国给水排水, 22(14): 39-42

上海市政工程设计研究总院(集团)有限公司. 2014. 室外排水设计规范(GB 50014—2006, 2014年版). 北京: 中国计划出版社

邵卫云. 2010. 基于水文特性的暴雨选样方法的频率转换. 浙江大学学报(工学版), 44(8): 1597-1603

石赟赟, 万东辉, 陈黎, 郑江丽. 2014. 基于 GIS 和 SWMM 的城市暴雨内涝淹没模拟分析. 水电能源科学, 32(6): 57-60, 12
滕利强, 王亮. 2008. ArcGIS 空间分析功能在流域坡度分析中的应用. 中国水土保持, 4: 40-41
王俊萍. 2007. 推求绵阳市暴雨强度公式的问题研究. 西安: 西安建筑科技大学硕士学位论文
吴建华, 付仲良. 2007. 城市排水管网连通追踪分析算法研究与功能实现. 地理空间信息, 5(1): 60-62
吴建立. 2013. 低影响开发雨水利用典型措施评估及其应用. 哈尔滨: 哈尔滨工业大学硕士学位论文
夏宗尧. 1997. 评《城市暴雨公式统计中若干问题》. 中国给水排水, 13(5): 22-24
向元佳, 王峰. 2009. 浅谈城市排水管网 GIS 系统数据处理. 测绘与空间地理信息. 32(4): 170-171
谢莹莹. 2007. 城市排水管网系统模拟方法和应用. 上海: 同济大学硕士学位论文
邢端生. 2011. 城区排涝与管网排水问题初步探讨. 广东水利水电, 8: 15-16, 39
杨智硕, 陈明霞. 2010. 福建省城市短历时暴雨 P-III分布统计参数分布规律研究. 湖南工业大学学报, 24(5): 64-66
姚宇. 2007. 基于 GeoDatabase 的城市排水管网建模的应用研究. 上海: 同济大学硕士学位论文
余新晓. 1991. 降雨入渗及产流问题的研究进展和评述. 北京林业大学学报, 13(4): 88-94
俞孔坚. 2015. 海绵城市的三大关键策略: 消纳、减速与适应. 南方建筑, 3: 4-7
曾娇娇. 2015. 市政排水与水利排涝标准衔接研究. 广州: 华南理工大学硕士学位论文
张大伟, 赵冬泉, 陈吉宁, 王浩正, 王浩昌. 2008. 芝加哥降雨过程线模型在排水系统模拟中的应用. 给水排水, 34(增刊): 354-357
张灵敏. 2015. 排水管网水力计算及暴雨积水模拟方法研究. 广州: 华南理工大学硕士学位论文
赵冬泉, 陈吉宁, 佟庆远, 王浩正, 曹尚兵, 盛政. 2008a. 基于GIS的城市排水管网模型拓扑规则检查和处理. 给水排水, 34(5)106-109
赵冬泉, 陈吉宁, 佟庆远, 王浩正, 曹尚兵, 盛政. 2008b. 基于 GIS 构建 SWMM 城市排水管网模型. 中国给水排水, 24(7): 88-91
赵冬泉, 党安荣, 陈吉宁. 2006. 监督分类方法在图片资料专题信息提取中的应用研究. 测绘通报, 11: 32-34
郑杰元, 黄国如, 王质军, 陈其幸. 2011. 广州市近年降雨时空变化规律分析. 水电能源科学, 29(3): 5-8, 192
周玉文, 孟昭鲁, 王民. 1994. 城市雨水口流域等流时线法降雨径流模拟模型. 沈阳建筑工程学院学报, 10(4): 339-344
周玉文, 翁窈瑶, 张晓昕, 李萍, 王强. 2011. 应用年最大值法推求城市暴雨强度公式的研究. 给水排水, 37(10): 40-44
朱颖元, 米伟亚. 2005. 城市短历时暴雨的指数分布及参数估计. 福州大学学报(自然科学版), 33(3): 285-288
Djordjević S, Prodanović D, Maksimović. Č. 1999. An approach to simulation of dual drainage. Water Science and Technology, 39(9): 95-103
Jorge G, Larry A R, Jennifer D. 2008. Storm Water Management Model: Applications Manual. Cincinnati: National Risk Management Research Laboratory, U. S. Environmental Protection Agency
Mark O, Weesakul S, Apirumanekul C, Aroonnet S B, Djordjević S. 2004. Potential and limitations of 1D modelling of urban flooding. Journal of Hydrology, 299(3-4): 284-299
Rossman L A. 2008. Storm Water Management Model: User's Manual, Version 5. 0. Cincinnati: National Risk Management Research Laboratory, U. S. Environmental Protection Agency
Schmitt T G, Thomas M, Ettrich N. 2004. Analysis and modeling of flooding in urban drainage systems. Journal of Hydrology, 299(3-4): 300-311

彩　图

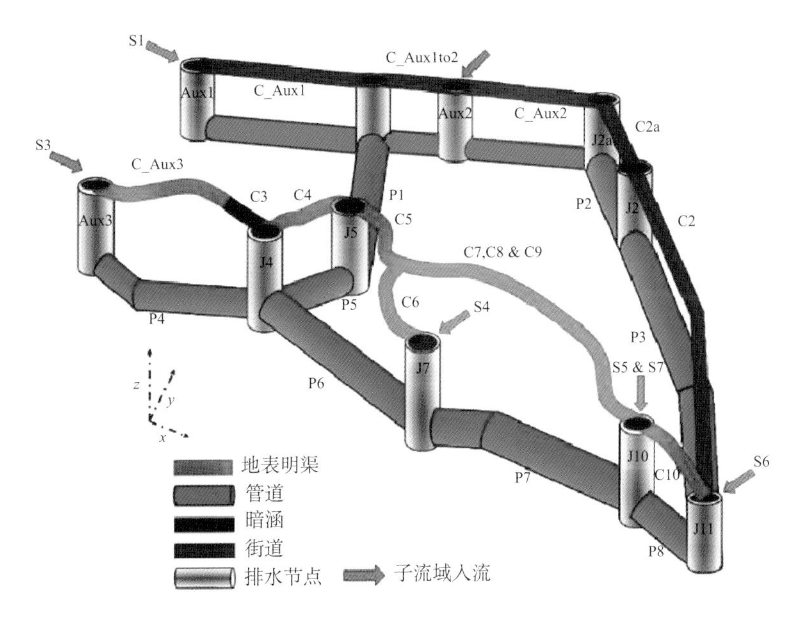

图 2-6　双层排水模型

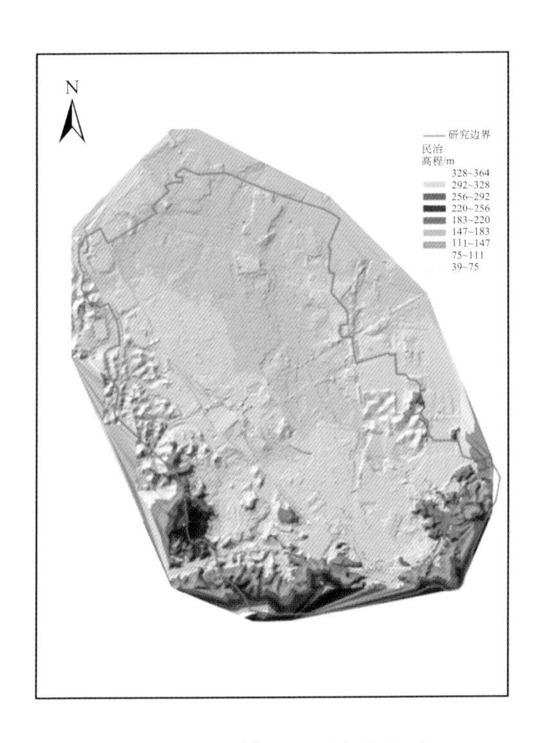

图 2-21　研究区TIN地形表面

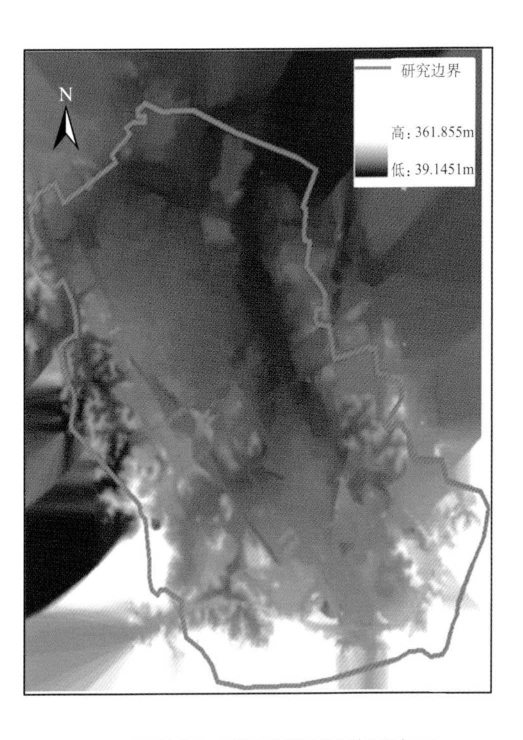

图 2-22　研究区DEM地形表面

图 2-26　遥感影像图和监督分类结果对比图

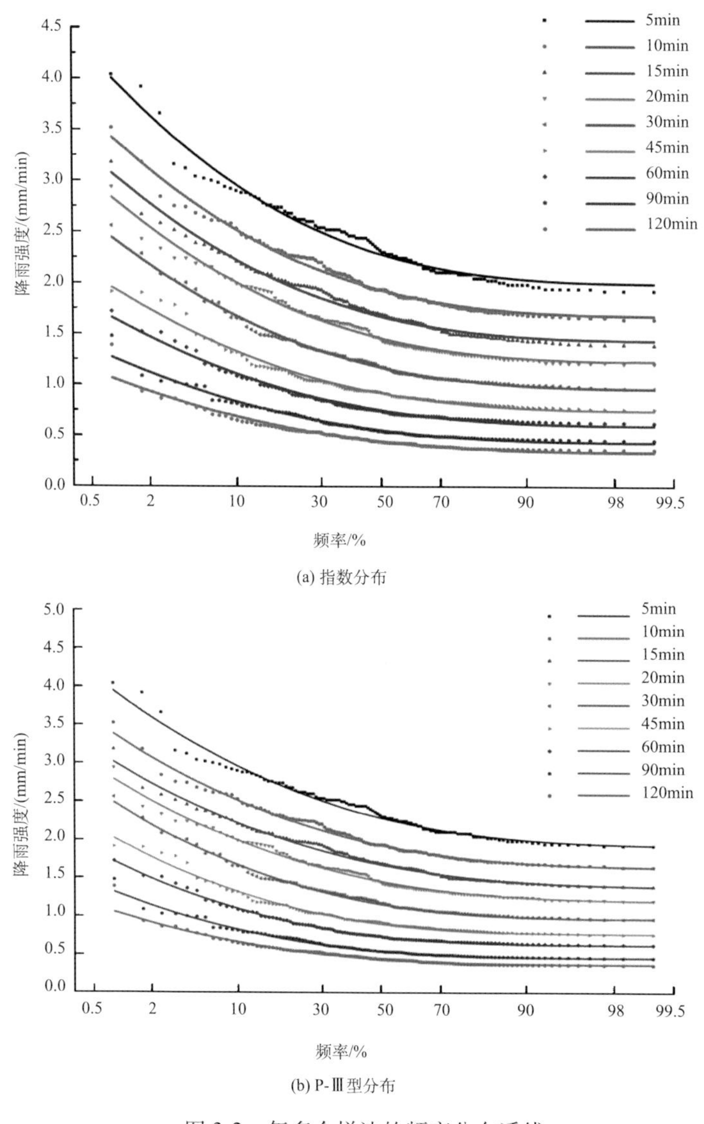

图 3-2　年多个样法的频率分布适线

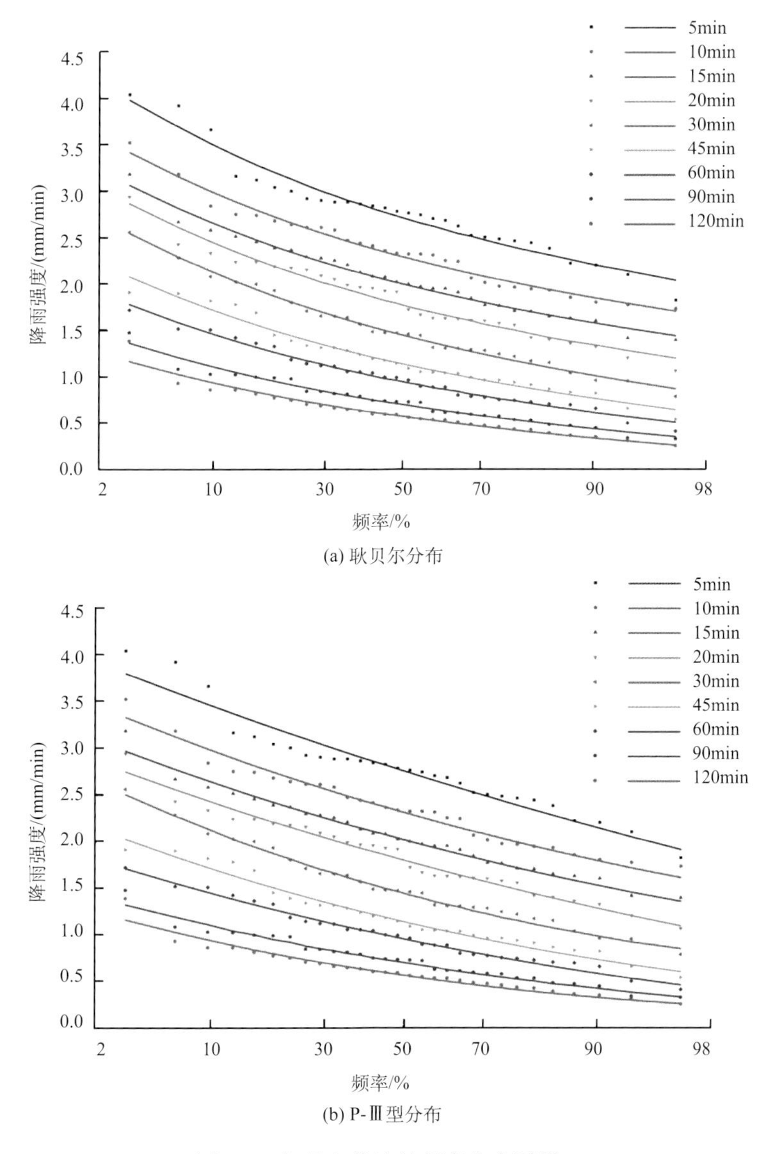

(a) 耿贝尔分布

(b) P-Ⅲ型分布

图 3-3　年最大值法的频率分布适线

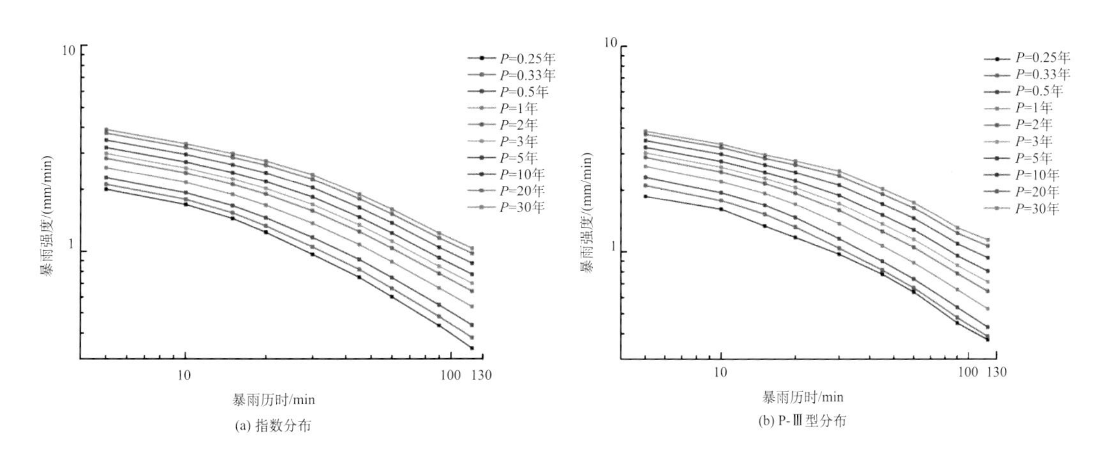

(a) 指数分布

(b) P-Ⅲ型分布

图 3-4　年多个样法i-t-P关系双对数曲线图

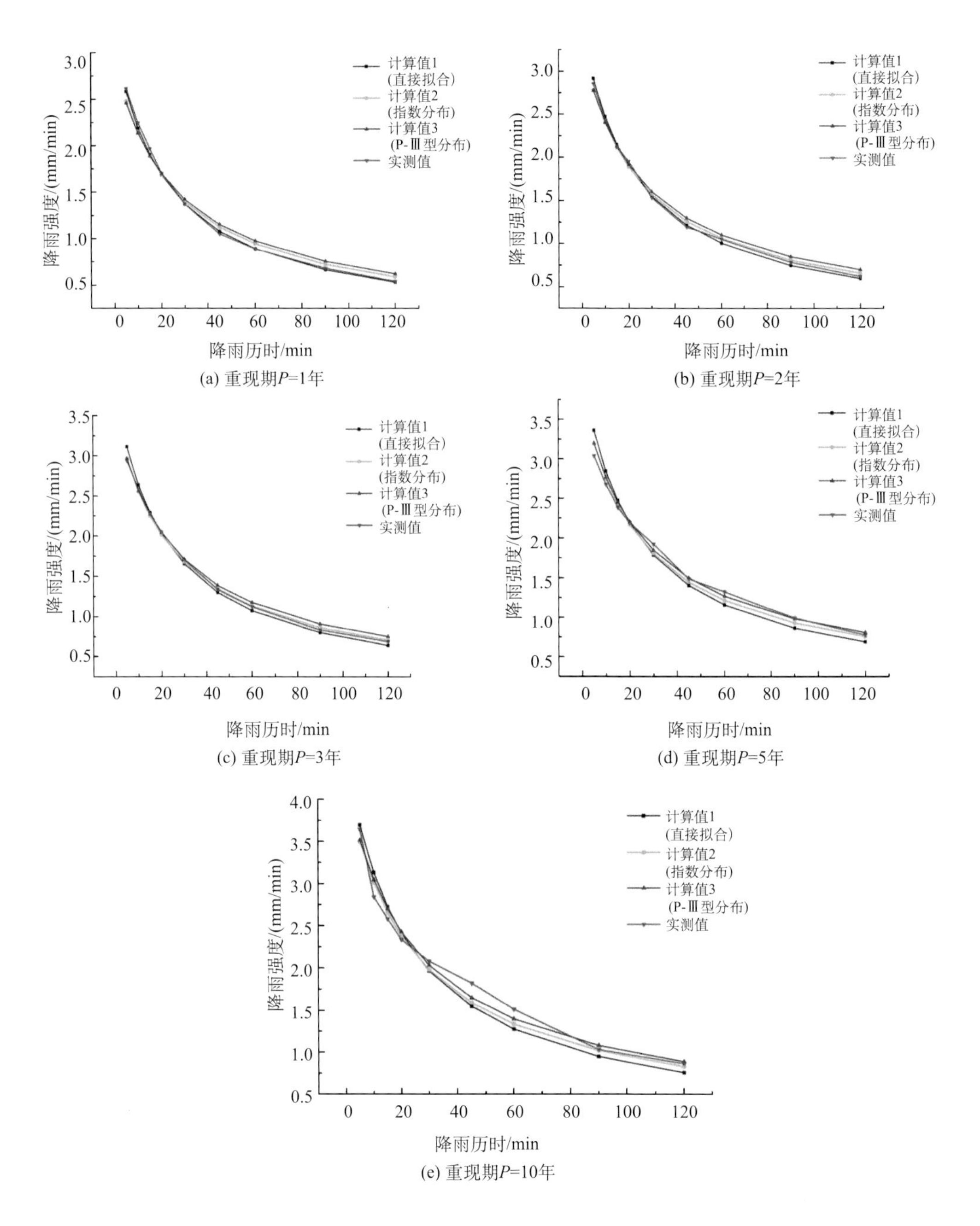

图 3-5　不同方法拟合的暴雨公式计算值与实测值对比图

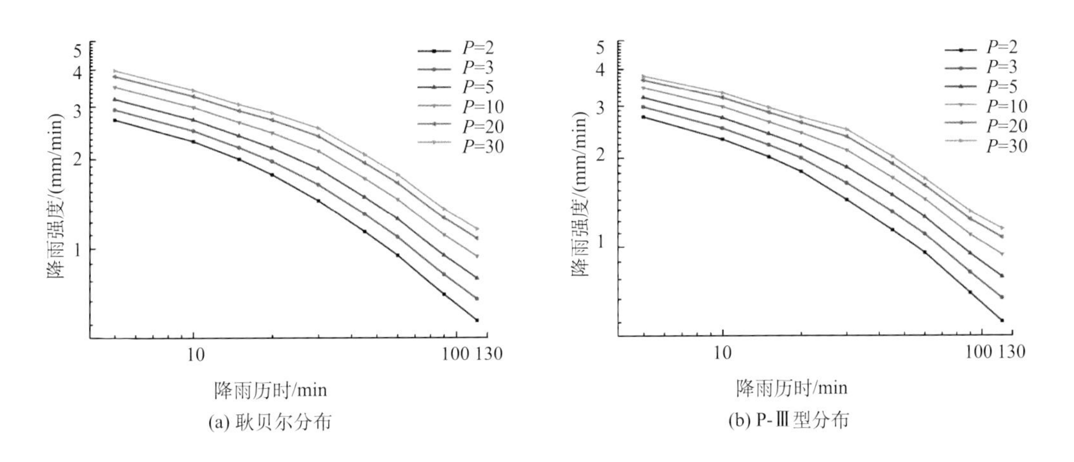

(a) 耿贝尔分布 (b) P-Ⅲ型分布

图 3-6 年最大值法i-t-P关系双对数曲线图

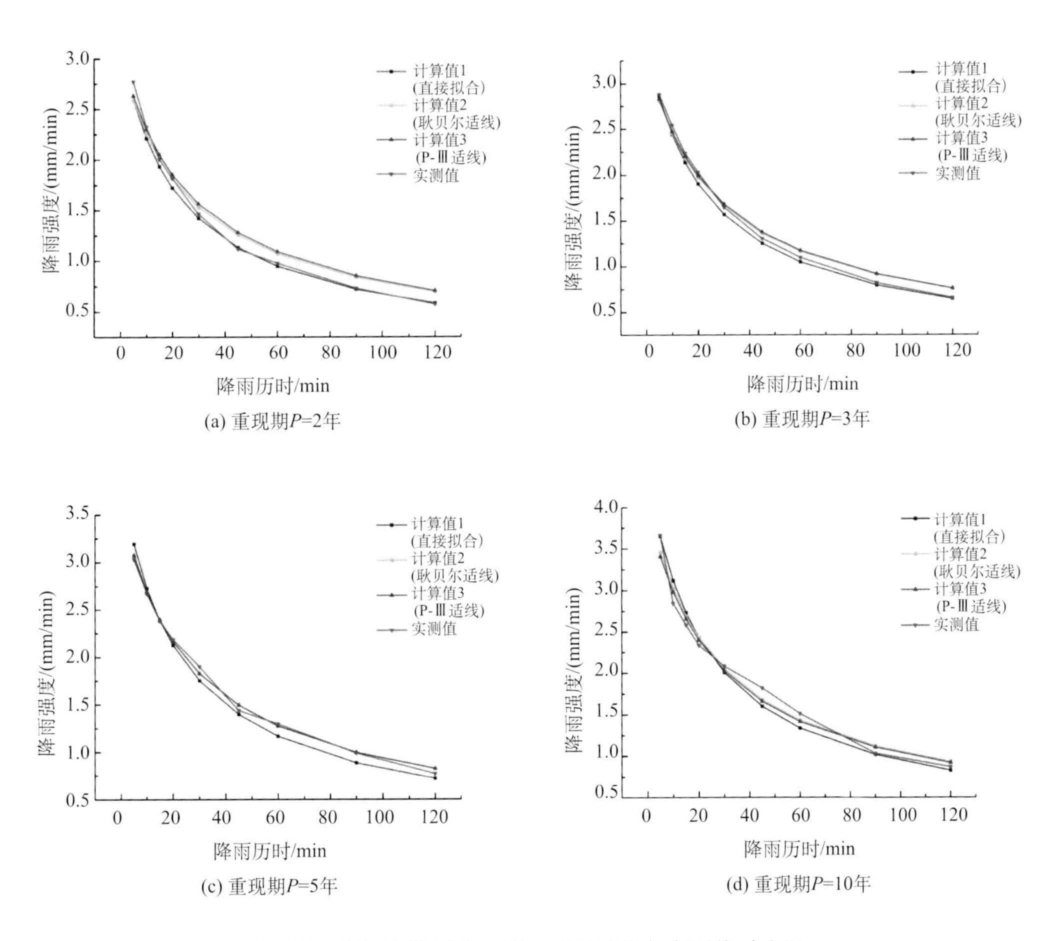

(a) 重现期P=2年 (b) 重现期P=3年

(c) 重现期P=5年 (d) 重现期P=10年

图 3-7 不同方法拟合暴雨公式计算值与实测值对比图

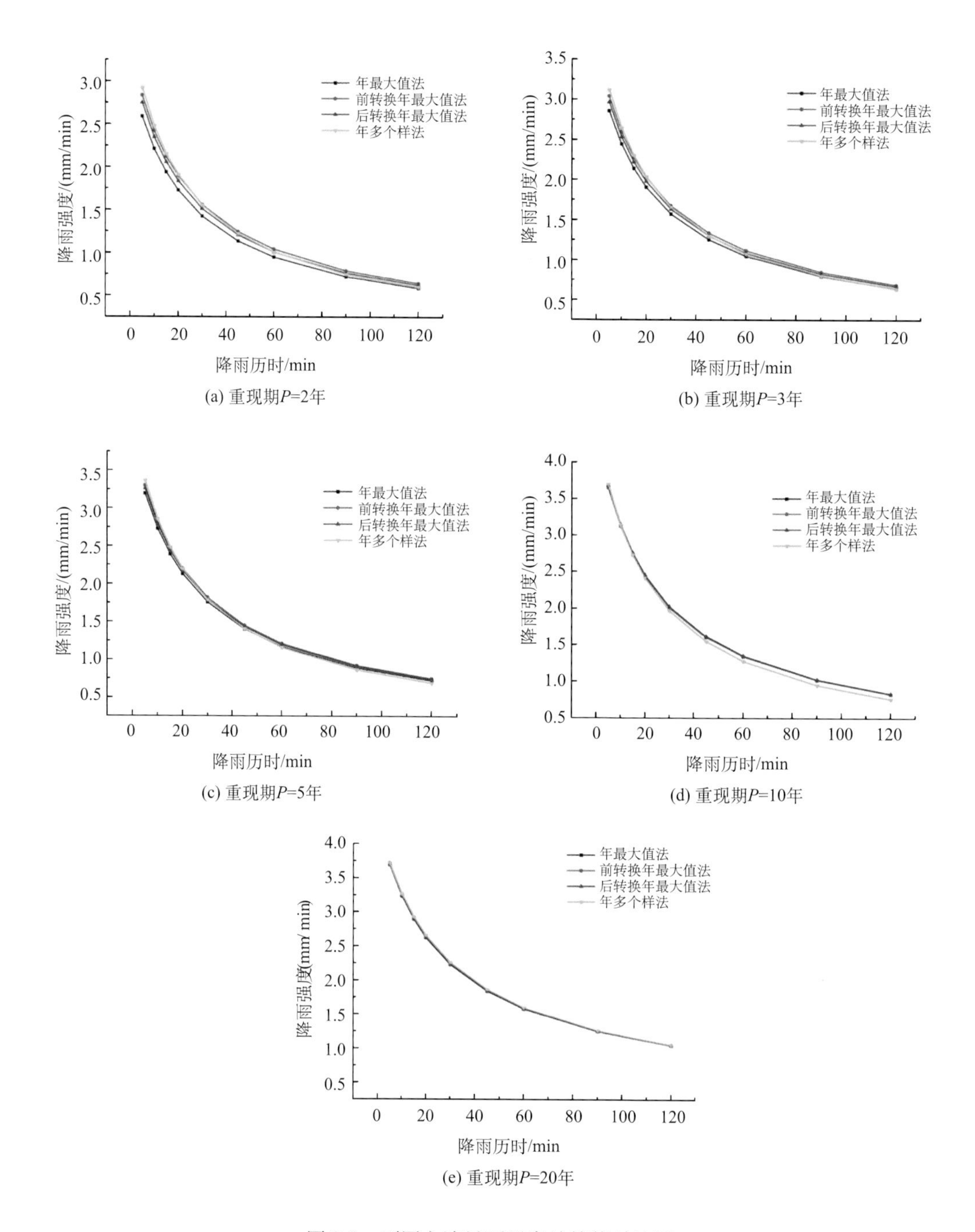

图 3-8　不同方法暴雨强度计算值对比图

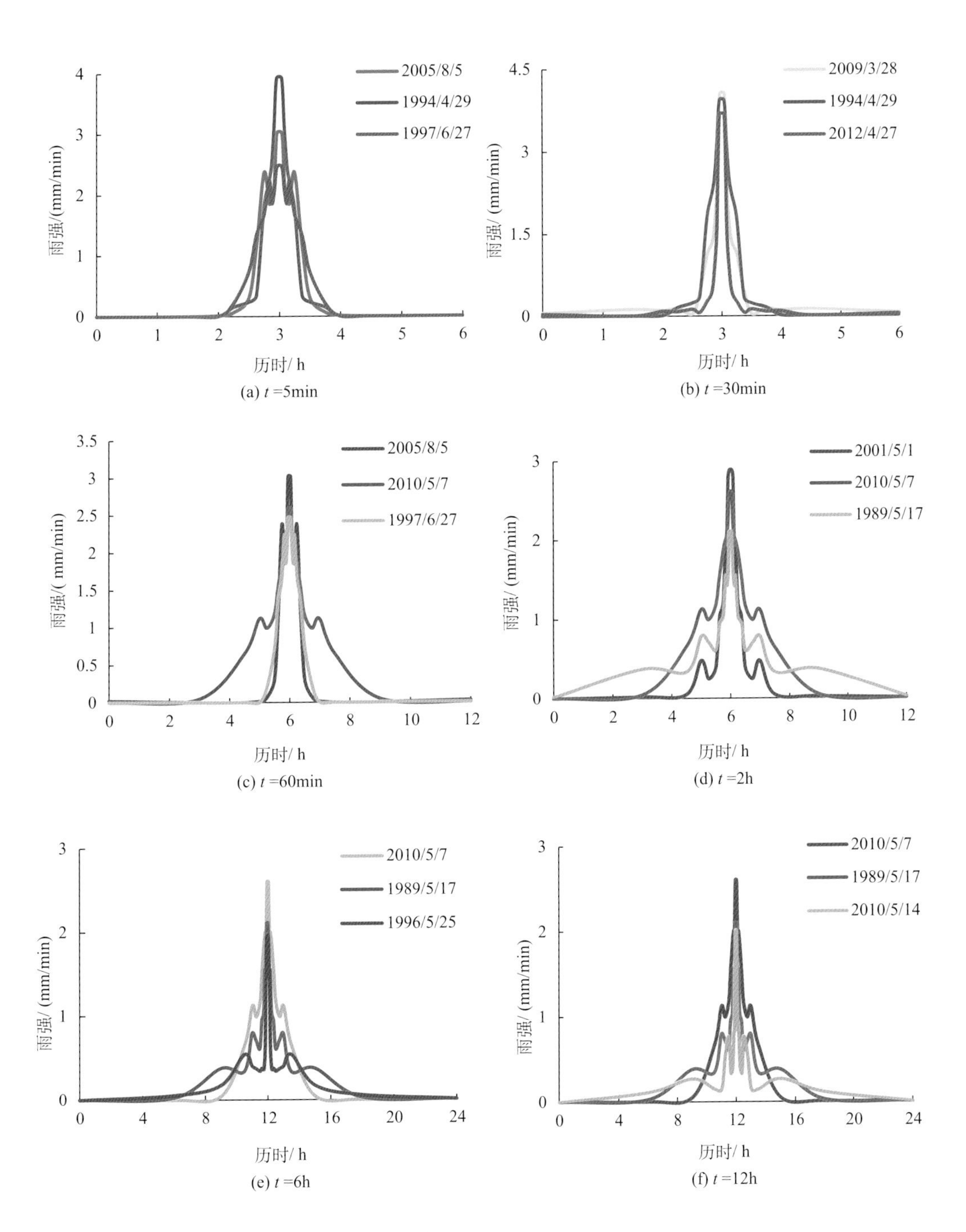

图 3-9 统计历时内降雨量较大的3场暴雨降雨过程线

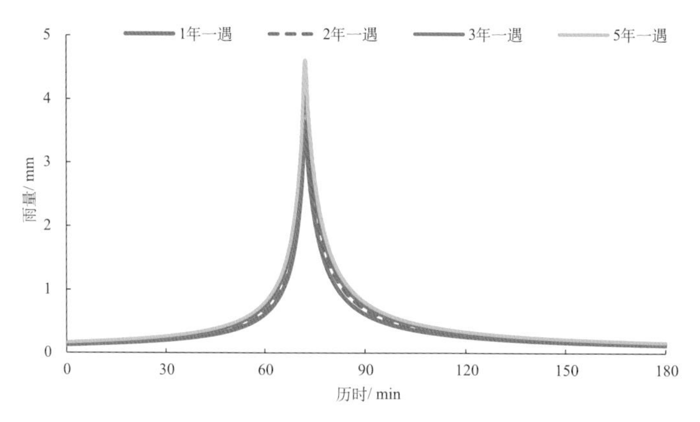

图 3-10 广州市历时180min的设计暴雨降雨过程线

图 3-12 东濠涌流域水系图

图 3-13 东濠涌流域控制断面分区图

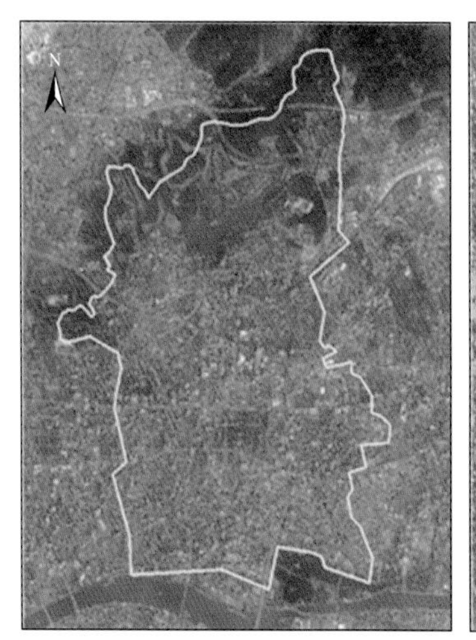

图 3-14 东濠涌流域遥感图

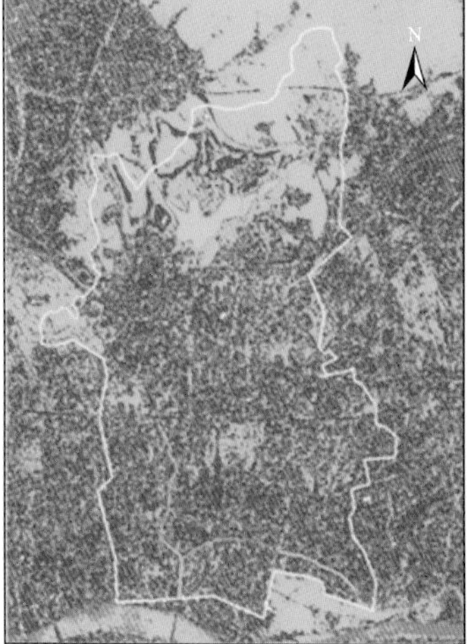

图 3-15 东濠涌流域影像分类成果

图 3-16 东濠涌流域管网概化图

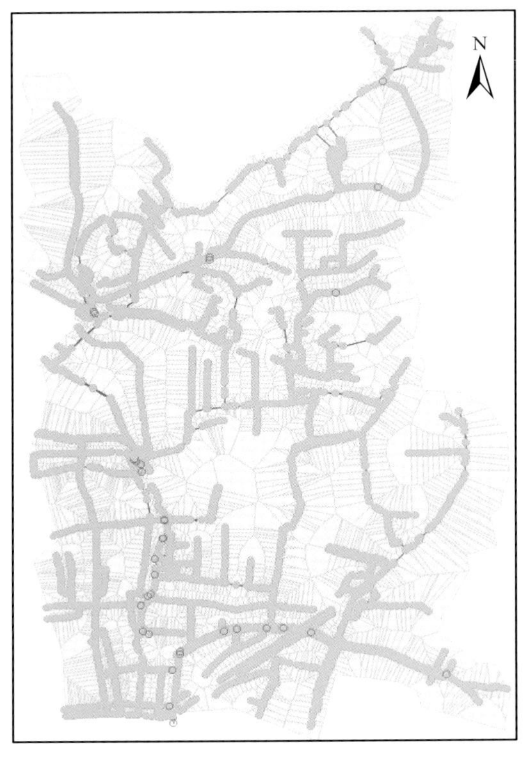

图 3-17　子汇水区划分示意图

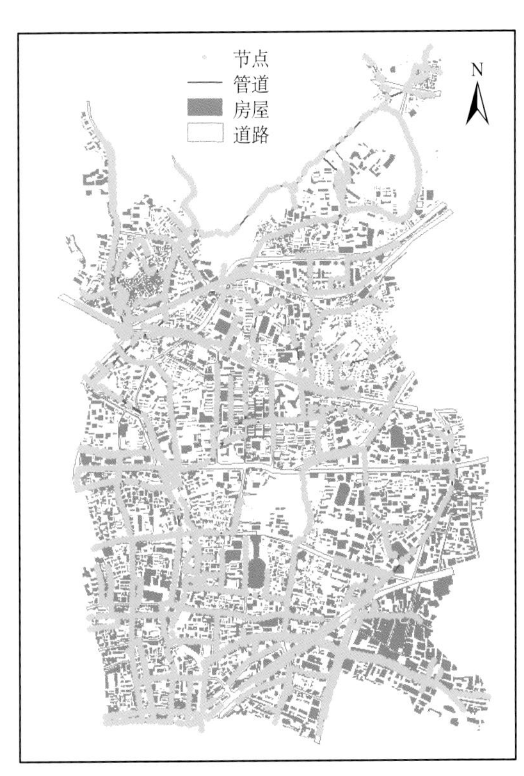

图 3-18　产流表面自动提取示意图

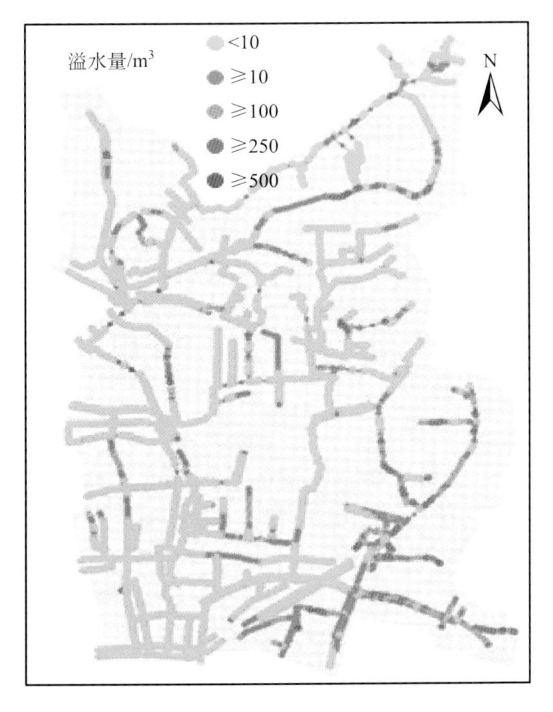

图 3-23　1年一遇设计降雨检查井淹没状况分布示意图

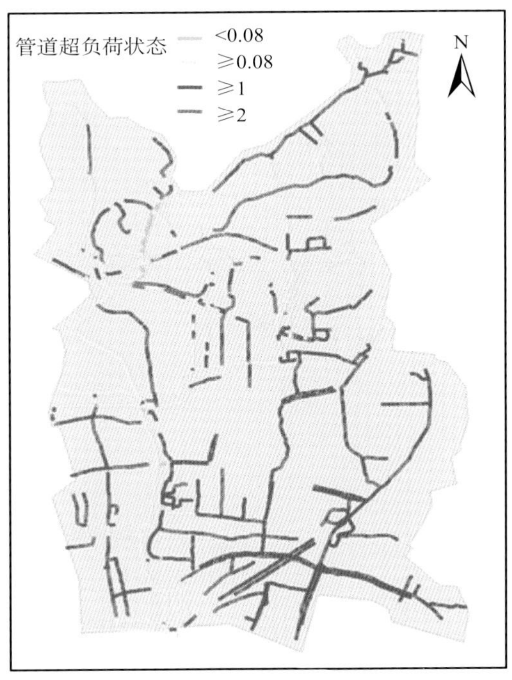

图 3-24　1年一遇设计降雨管道超负荷状态分布示意图

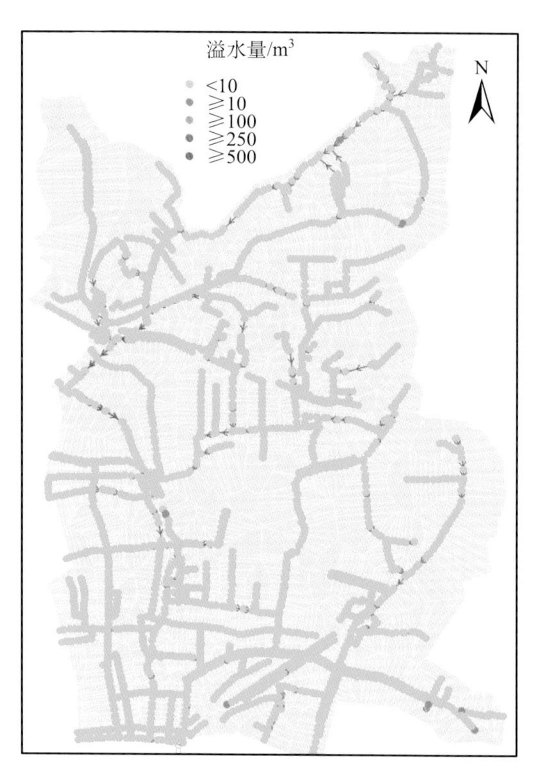

图 3-25　管网整改后1年一遇检查井淹没状况分布示意图

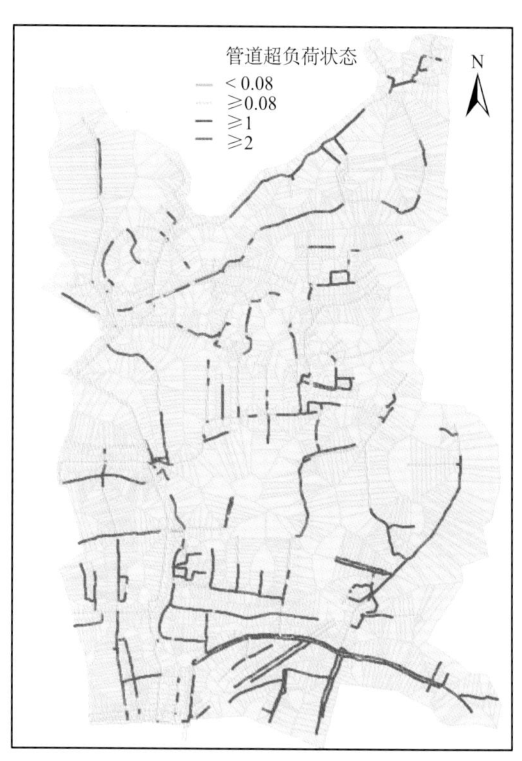

图 3-26　管网整改后1年一遇超负荷状态分布示意图

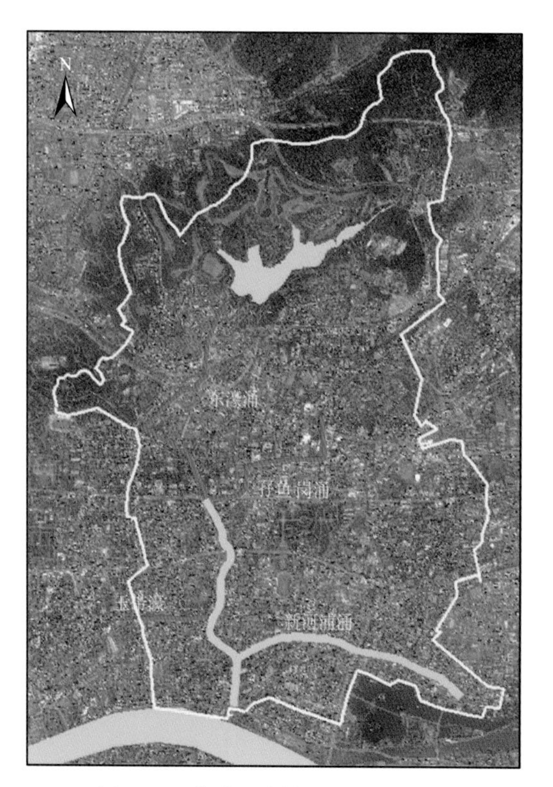

图 3-27　东濠涌主排涝河道示意图

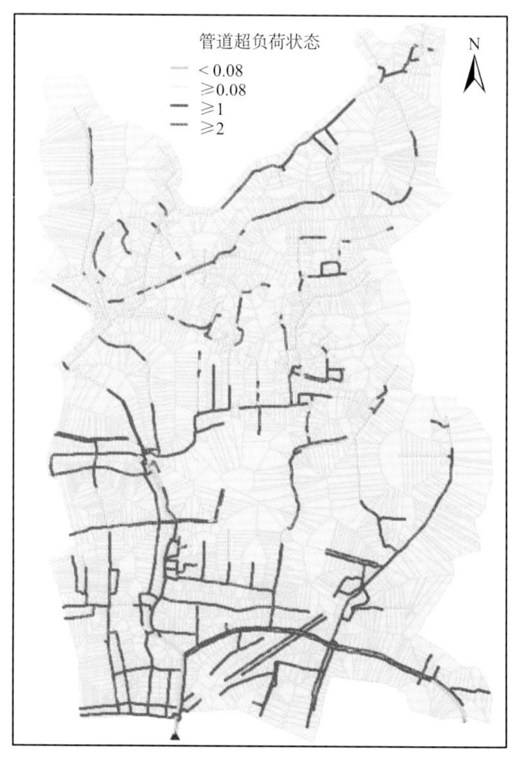

图 3-30　1年一遇管道与5年一遇河道连接的管网超负荷示意图

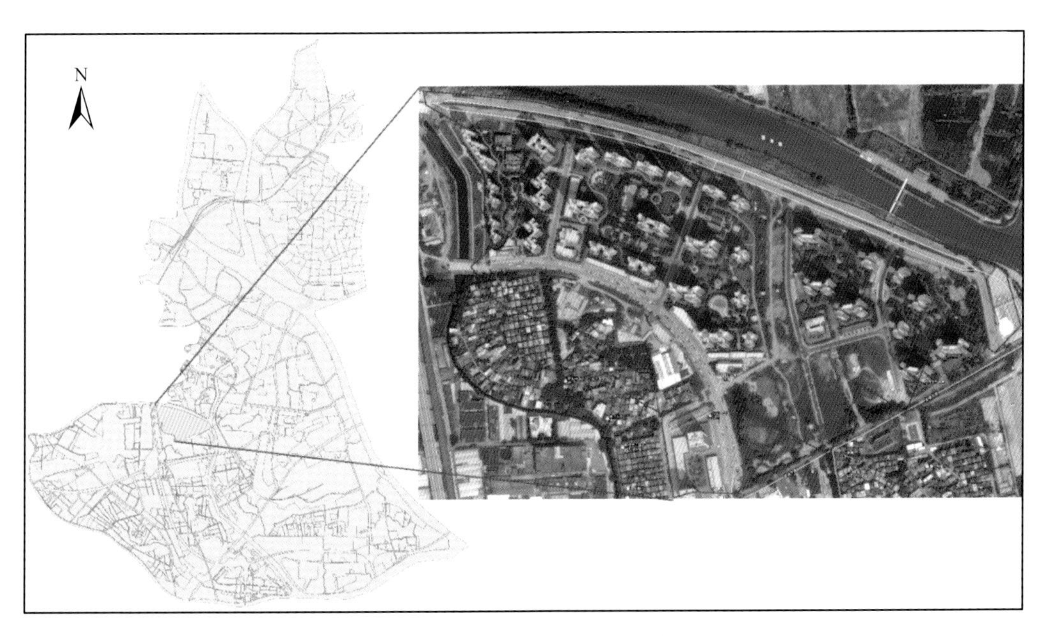

图 4-7　研究区域地理位置示意图

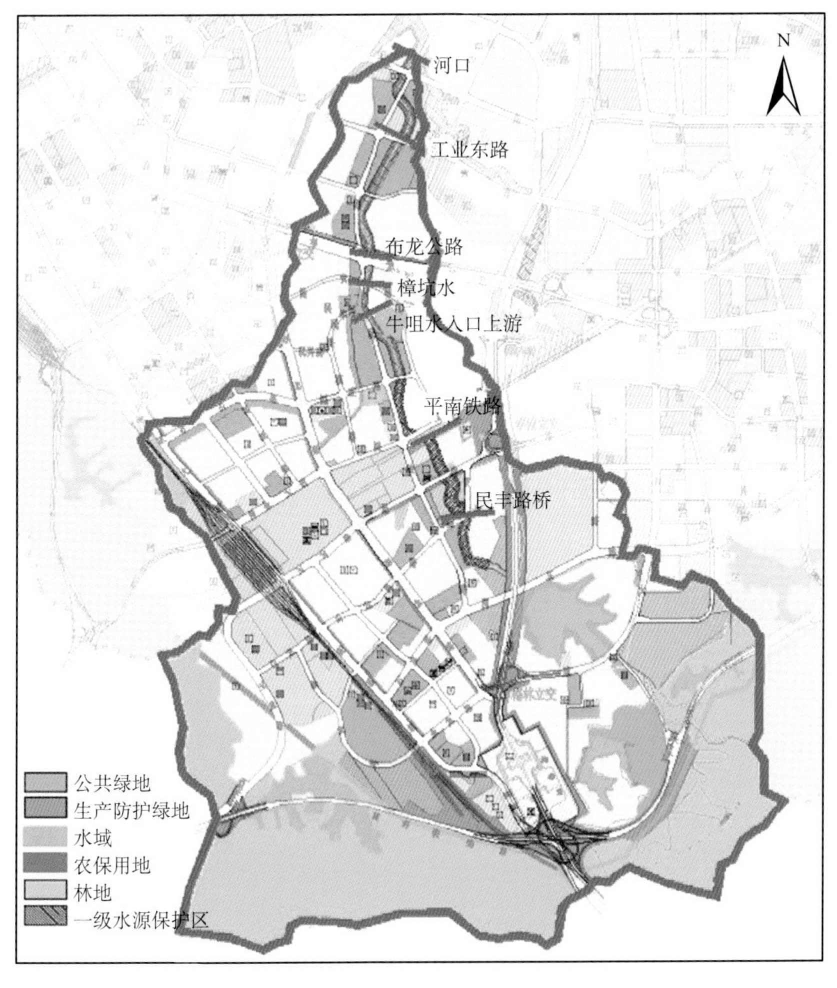

图 5-2　民治办事处绿地规划图

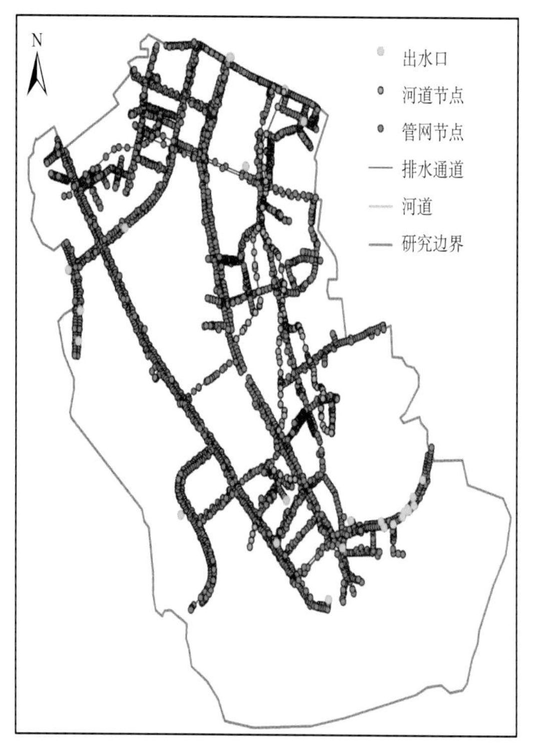

图 5-7　研究区管网概化图

图 5-8　子汇水区初步划分

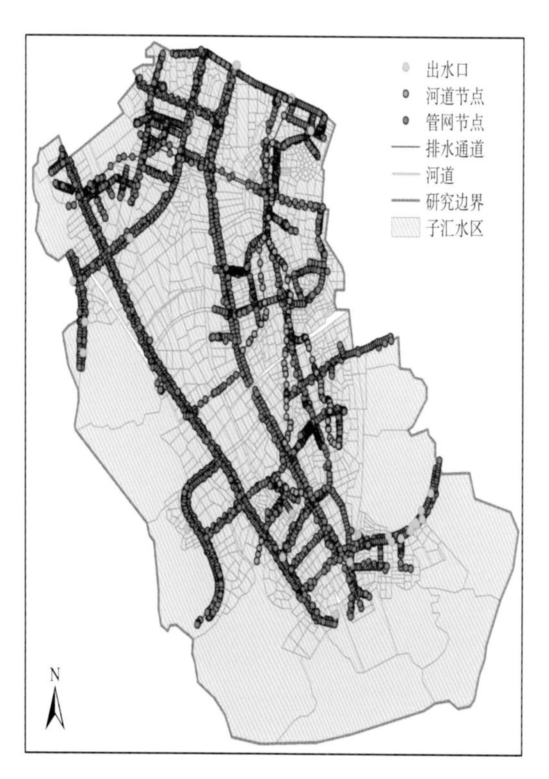

图 5-9　子汇水区细致划分

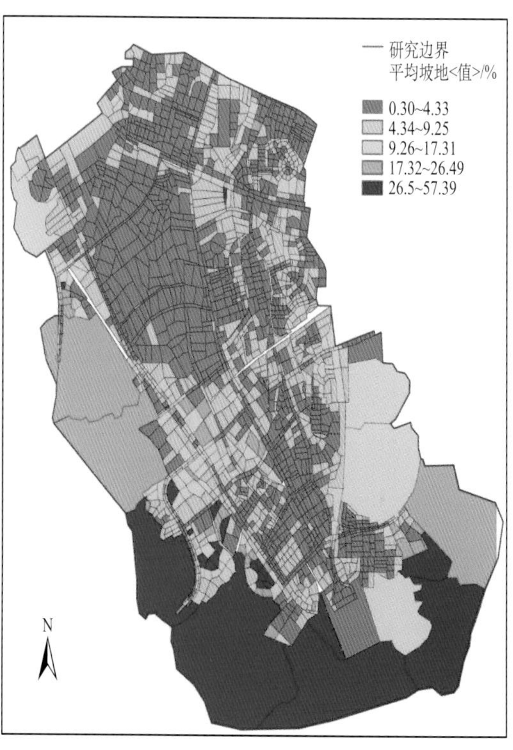

图 5-10　各子汇水区平均坡度

图 5-11　不透水区识别图

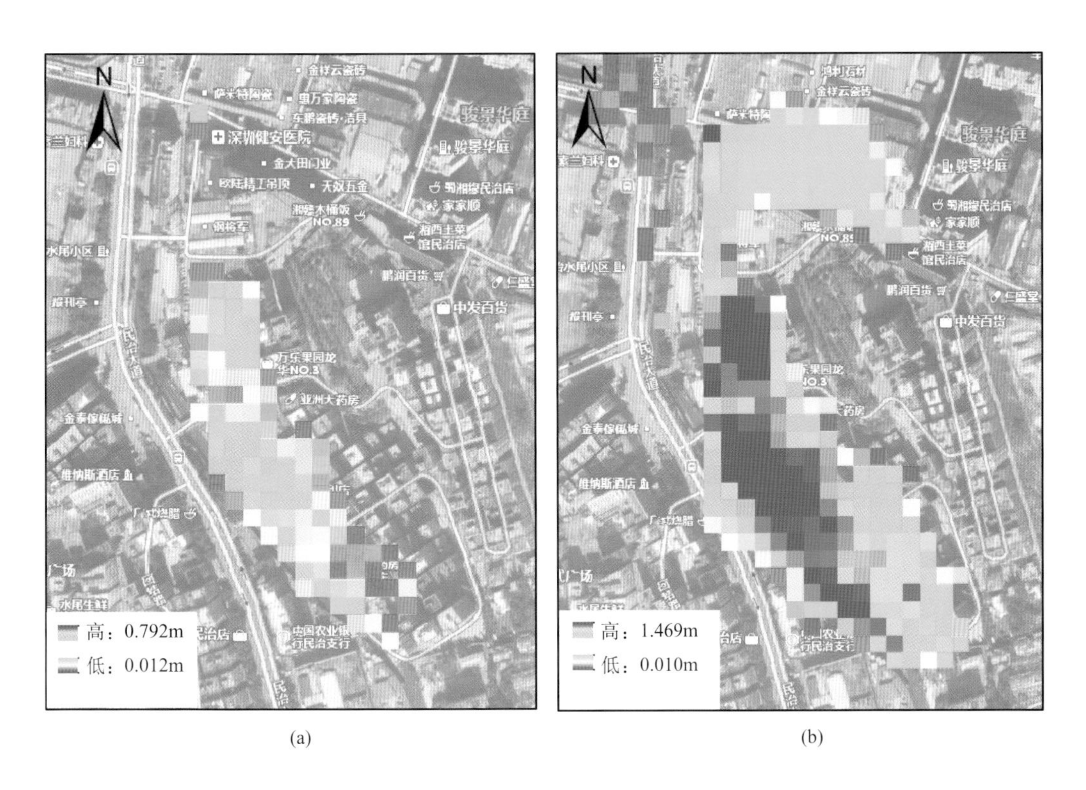

图 5-20　20130830和20140511场次降雨内涝积水水深分布图

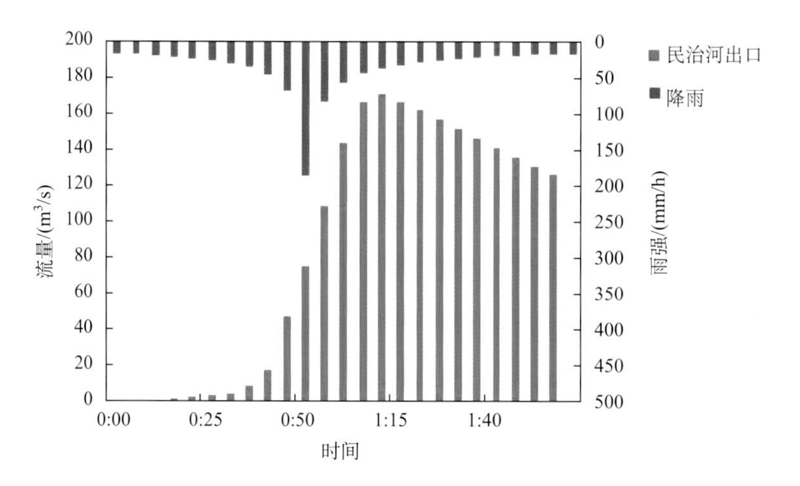

图 5-22　5年一遇条件下民治河出口降雨径流过程

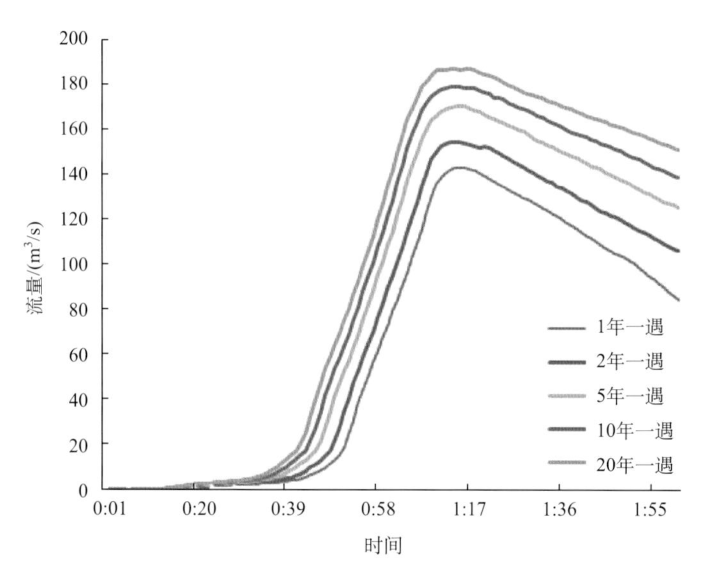

图 5-23　不同重现期设计暴雨量条件下民治河出口流量过程线

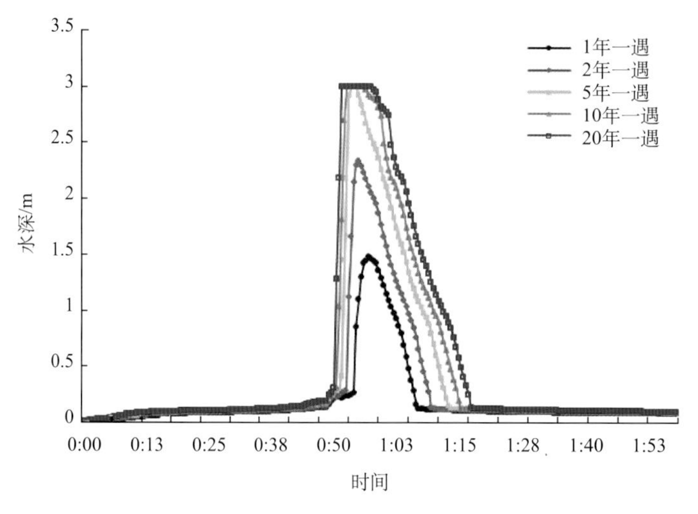

图 5-24　不同重现期设计暴雨条件下节点3Y2020积水深度过程线

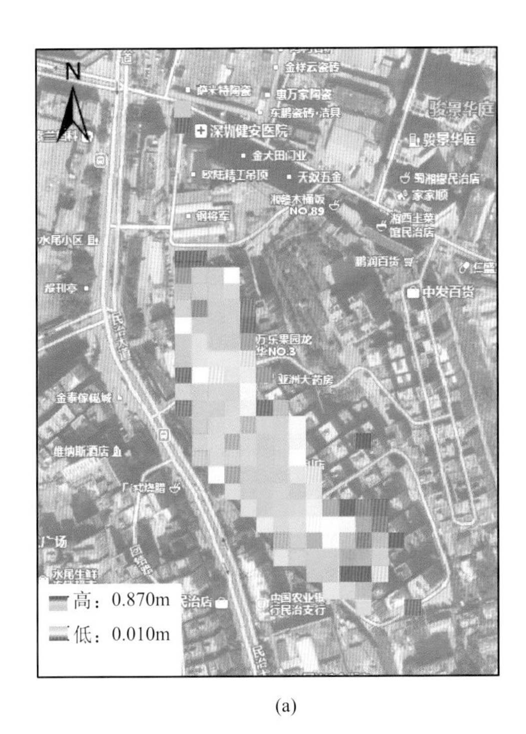

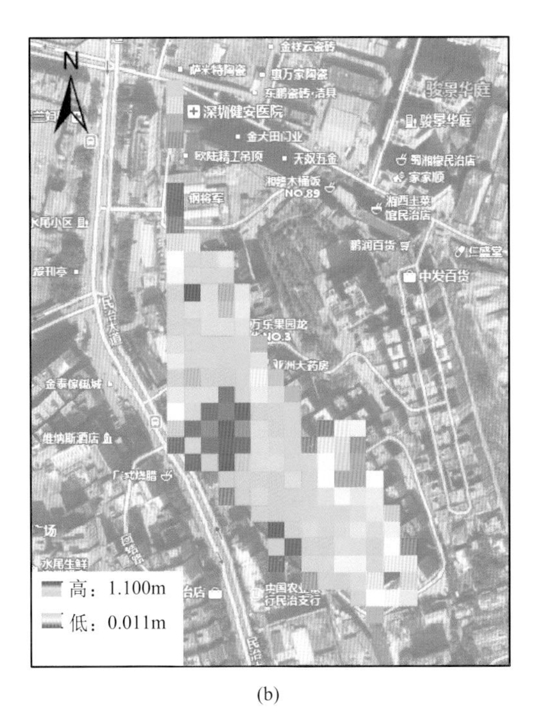

(a) (b)

图 5-25　1年一遇、2年一遇暴雨积水水深图

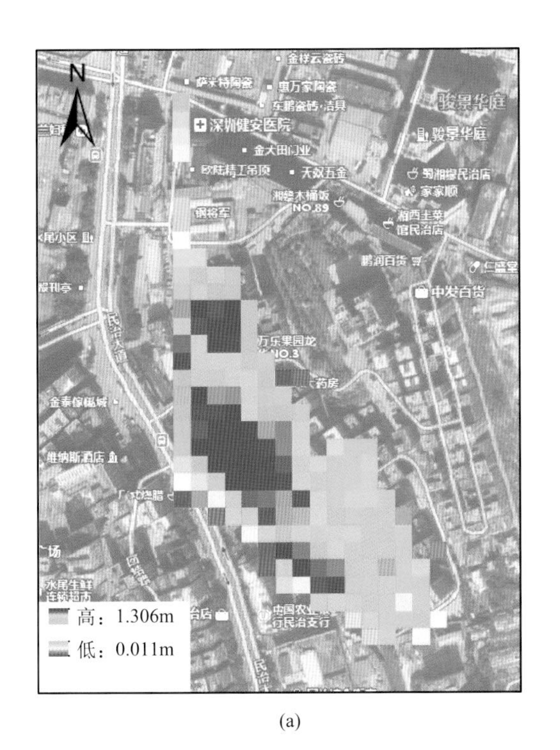

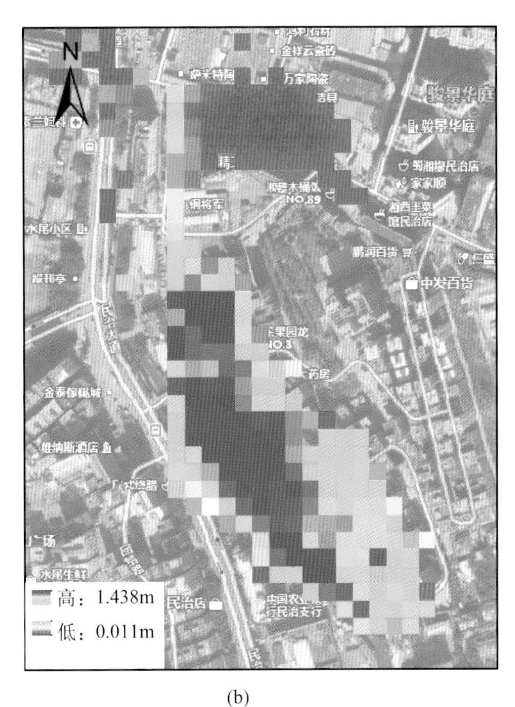

(a) (b)

图 5-26　5年一遇、10年一遇暴雨积水水深图

图 5-33 撤销渲染后的地图窗口

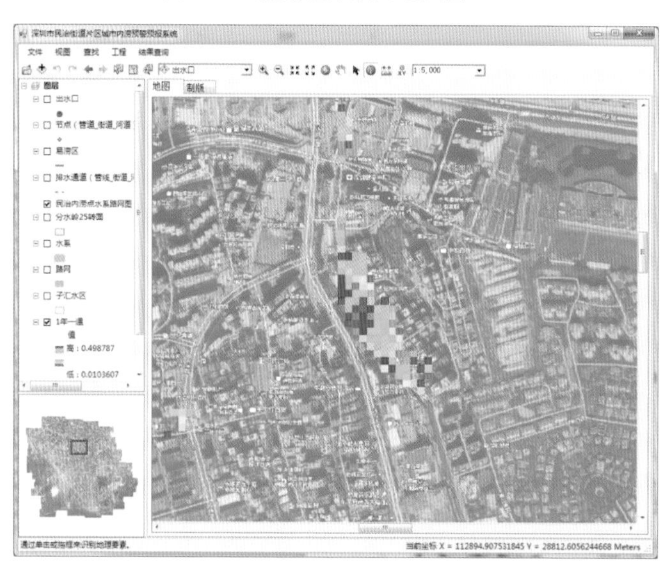

图 5-42 积水显示

图 5-44 涝点分布位置及淹没情况

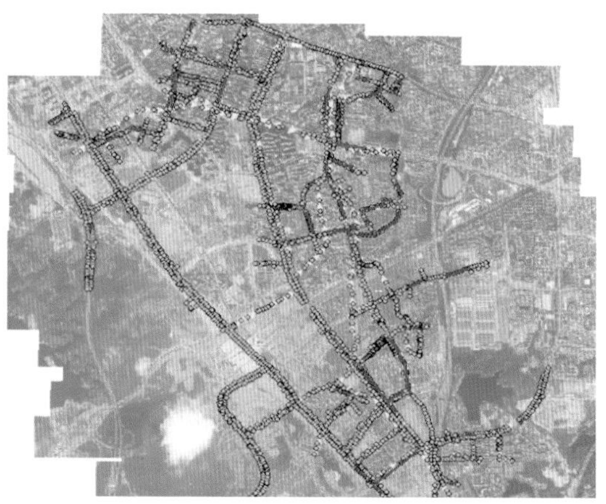

图 5-46 街道淹没位置分布